机器学习系列

基于 Google 云平台的机器学习和深度学习入门

Google Cloud Platformではじめる機械学習と深層学習

［日］吉川隼人　著
薛建彬　张振华　译

机 械 工 业 出 版 社

本书主要介绍了Google云平台中有关机器学习的多种工具，以及如何使用它们来进行机器学习。这些工具对使用者在机器学习理论方面的要求很低，读者可以在仅了解一点有关机器学习基础知识的前提下使用它们。

本书在使用每种机器学习的工具或技术之前，都会对相应的理论进行较为翔实的介绍。但也同时考虑了机器学习理论的复杂性，在对理论知识的介绍中避免了复杂的数学公式，取而代之的是生动浅显的例子。其中很多示例是使用Python代码在Google云平台上实现的。

本书适合刚开始接触机器学习的读者阅读。

北京市版权局著作权合同登记　图字01-2018-5166号。

图书在版编目（CIP）数据

基于Google云平台的机器学习和深度学习入门/（日）吉川隼人著；薛建彬，张振华译.—北京：机械工业出版社，2020.9

（机器学习系列）

ISBN 978-7-111-66003-3

Ⅰ.①基…　Ⅱ.①吉…　②薛…　③张…　Ⅲ.①机器学习　Ⅳ.①TP181

中国版本图书馆CIP数据核字（2020）第118308号

机械工业出版社（北京市百万庄大街22号　邮政编码100037）

策划编辑：顾　谦　责任编辑：闾洪庆

责任校对：张　薇　封面设计：马精明

责任印制：李　昂

北京机工印刷厂印刷

2020年10月第1版第1次印刷

184mm×240mm · 14.5印张 · 323千字

标准书号：ISBN 978-7-111-66003-3

定价：79.00元

电话服务

客服电话：010-88361066

010-88379833

010-68326294

网络服务

机　工　官　网：www.cmpbook.com

机　工　官　博：weibo.com/cmp1952

金　　书　　网：www.golden-book.com

机工教育服务网：www.cmpedu.com

译者序

人工智能技术，近年受到了社会的广泛关注。它也被认为是当今最前沿的技术之一。随着技术的进步，几乎在所有行业中都能越来越多地看到对于人工智能的应用，如文字识别、聊天机器人、打败围棋大师的AlphaGo等。这样的例子不一而足。

以某种角度来看，说人工智能是现代高科技的代表，是引领人类科技发展的排头兵似乎也不为过。100多年前，像凡尔纳这样的科幻作家所描绘的令人神往的未来科技，在今天已变得司空见惯。而就在十年前科幻电影中所憧憬的那些更加令人惊异的未来世界，在今天看来似乎就是人工智能技术的完善而已。

事实上，人工智能技术包含了很多技术的分支，其中机器学习是人工智能中的一个重要分支。同时机器学习也涉及了多个学科间的相互交叉，特别是涉及了多个数学分支的理论知识。

艰深的数学证明和繁杂的数学公式，将机器学习蒙上了一层面纱，使得很多对此有兴趣的工程师和技术人员既心存向往却又感到难以企及。近年来的数据科学家和计算机科学工作者也提出将机器学习“民主化”，也就是推出一些简单易用的工具使普通工程师和大众即使不掌握很多复杂的数学和计算机理论也能使用机器学习这项技术。但是将机器学习变成“傻瓜相机”似的工具还有很长的路要走。不过，这些年也逐渐涌现出了一些有关机器学习的方便工具和平台。

Google云平台就是其中的代表之一。利用Google云平台上提供的多种有关机器学习的工具，工程师可以将自己的大部分精力用在产品的设计上，而无视有关机器学习的具体技术细节，以及复杂的算法。正如前面所述，机器学习需要很强的理论基础和数学知识，关注这方面的知识细节势必会消耗大量精力，而人的精力又是有限的。很多工程师和设计人员所做的和需要的是将多种技术进行组合或集成，而无需或没有过多精力去了解很多技术的细节，所以像Google云平台这样的工具无疑为工程师以及设计人员带来了便利。

本书主要介绍了如何利用Google云平台来进行机器学习。但本书绝不是一本Google云平台的使用手册。它同时花费了大量篇幅讲解了机器学习的很多基本原理。在使用不同的工具前以及书的最前面都介绍了与之相应的理论，避免了读者在使用工具时不知其缘由。本书的理论介绍浅显易懂，对机器学习的理论没有使用复杂的数学公式，取而代之的是浅显的实际例子，很多例子可在云平台上使用短短的几行Python代码就得以实现，将抽象的知识变得形象化。

作者也关注到了学习机器学习或使用机器学习中的痛点。在本书中虽然有很多理论介绍，但却几乎没有一条数学公式，或量化的解释。当然如果读者对机器学习有一定的基础，并且希望能了解更多有关机器学习的数学原理，那本书并不适合他。但如果读者是机器学习的初学者，本书是我见过的最好的入门读物之一。或者读者并不想了解机器学习的技术细节，而想利用 Google 云平台提供的工具进行快速开发，那本书也一样适合他。

译者

原书前言

“机器学习的民主化”，你可能听说过这样的事情。对这个词的解释各不相同，但是“民主”表示一个事实，那就是由被称为数据科学家的研究人员将机器学习的“研究”变为了任何普通工程师和我们都可以使用的“工具”，这不正是“民主化”的表现吗？

但当我学习机器学习时，切身地感受到，机器学习的“民主化”其实并未完全实现。我也经常听到这样的声音“不知道从何开始学习才好”“虽然读了被称作好书的书，但是全是公式不太明白”“在构建环境的地方被卡住了，于是就放弃了”。本书的目的是，在 Google 云平台这样的环境下，尽可能不使用公式，而是通过代码和图形来帮助工程师完成进入这个领域的第一步。

Google 云平台不仅以 API 的形式提供了机器学习的功能，同时还提供了用于执行和操作机器学习的完全托管环境。对于初学者来说，更棒的是可以在“不需要构建环境”的情况下，获得交互式学习环境。通过使用这种交互式环境，本书的内容不依赖于读者的 PC 环境，也不会让读者在最初遇到的构建环境的问题中被绊倒。

在第 1 部分中将使用 Google 云平台中的机器学习 API 来体验机器学习的强大功能。Google 公司的工程师预先准备好了庞大的计算机资源可供你使用，因此你无需使用任何机器学习的知识就能使用各种复杂的高级功能。

在第 2 部分及后面的章节中，将会继续介绍机器学习的原理。但即使在介绍原理的部分中也几乎没有涉及数学表达式。为了使读者更容易读懂，将通过代码和对输出结果图形化来帮助加深理解。

如上所述，书中在原理部分几乎不使用数学表达式。换句话说，它不适合重视机器学习的数学原理，并想学习其中数学知识的读者。此外，在原理复杂但使用简单的地方，本书以“能够理解”为原则，而省略了其详细的理论说明。但是，一旦你读完了本书，将会有助于你进一步学习更复杂的（或有关数学的）机器学习理论。

如果你只读本书的正文部分也可以学习，但是若一边执行样例代码一边阅读的话，会更有助于加深理解。而样例代码都是 Datalab 笔记本的形式，所以可以在 Web 浏览器上交互执行代码。

Datalab 的使用方法和样例代码的下载方法在 2.1 节中有详细介绍。另外，没有必要在本地 PC 上构建执行环境。你只需要 Web 浏览器即可。Web 浏览器推荐使用 Google Chrome。

吉川隼人

人工智能、机器学习和深度学习

在进入本书主要内容之前，先对一些术语给出解释。本书是一本关于机器学习的书，它也包含了部分深度学习的内容。近年来，人工智能（Artificial Intelligence，AI）、机器学习（Machine Learning，ML）、深度学习（Deep Learning，DL）这些词语虽经常被不加区别地使用，但通常它们存在着图1所示的关系。

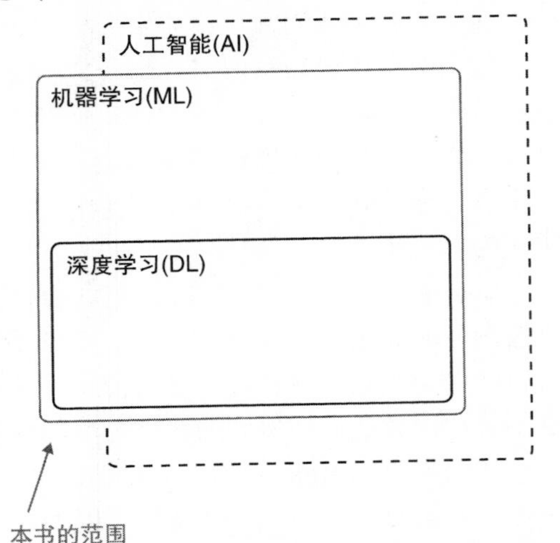

图1 人工智能、机器学习和深度学习的关系

机器学习是一种算法，它允许你从用于学习的数据中，判断出未知的数据。机器学习中有着各种各样的算法（通常称为学习模型），其中一种具有深层次的神经网络被称为深度学习。也就是说，深度学习是机器学习的一种，而机器学习不仅仅只是深度学习。如果能够达到目的（判断未知的数据），就没必要是“深度”的，所以作者在广义上经常使用“机器学习”这个词。

在图1中“人工智能”使用虚线画出来是有原因的。因为“人工智能”这个词是有歧义的，它有很多解释，这是因为人们对它的看法不同。然而，总的来说，它似乎指的是“算法和应用程序像具有智力一样地运行”。就像科幻电影里出现的那样，像人一样思考，什么都能做的人工智能被称为通用型人工智能。另一方面，只有“某项工作才能”的人工智能（如自动驾驶等）被称为特定型人工智能。此外，由于可在不使用机器学习的情况下调用人工智能，所以我们在该范围内绘制了一个框，表示本书的范围，如图1所示。

让我们来更详细地看一看机器学习是什么样子。所谓的机器学习只是一个“函数”。这个函数就是一般意义上的函数，是指在有输入时会输出某些东西。机器学习是指事先输入已知数据，并调整该函数的内部参数，当输入未知数据时这个函数就会输出最合理的结果（见图2）。

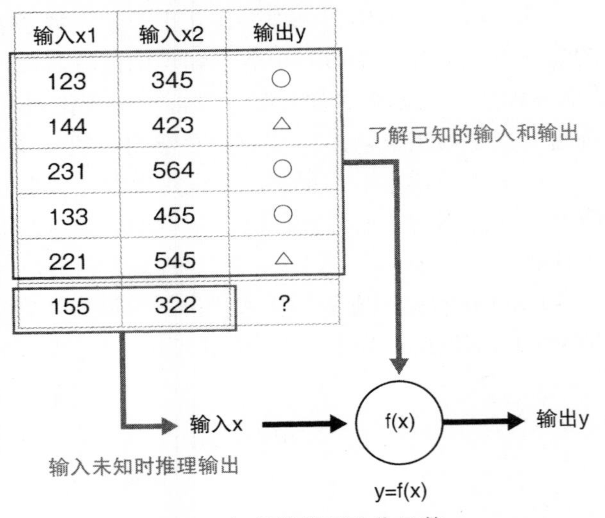

输入x1	输入x2	输出y
123	345	○
144	423	△
231	564	○
133	455	○
221	545	△
155	322	?

图2 把机器学习比作函数

在这种情况下，已知数据包含正确的

答案，它被称为监督式学习。另一方面，也有不管正确答案是什么，都要从已知的数据中学习，用未知的数据来进行判断的算法。本书中仅涉及监督式学习。

另外，根据出现的数据种类的不同，机器学习所解决问题的名称也会不同。如果要输出对某物进行分类的结果（例如，对它是“狗”还是“猫”进行分类），则称其为识别。本书仅涉及有关识别的问题（见图3）。

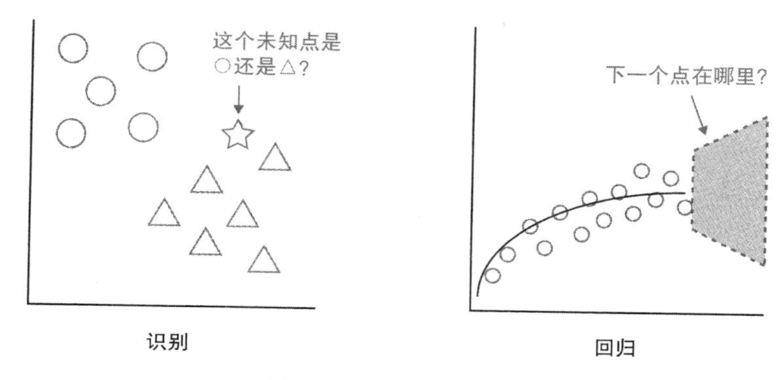

图3　识别和回归的区别

目 录

第 1 部分　GCP 与机器学习

在第 1 部分中，我们将解释如何启动 GCP，如何使用数据分析环境以及机器学习的 API。

第1章 尝试使用 GCP

欢迎来到 GCP（Google Cloud Platform，谷歌云平台）的世界！GCP 是 Google 公司（以下简称 Google）提供的公共云服务平台。最近随着机器学习的人气上升，Google 对机器学习业务相关的 GCP 进行积极投资，这也受到了人们越来越大的关注。

在利用 GCP 的机器学习相关服务之前，第 1 章会先解释 GCP 的基本使用方法。如果你已使用过 GCP，可以跳过本章。

1.1 GCP 概述

本节关键词： GCP，GAE，BigQuery，Cloud ML Engine

与其他可公开服务一样，GCP 提供了全面的服务，如虚拟机（VM）类计算资源、存储及数据库、网络和一般管理。

1.1.1 GCP 服务组与安全

GCP 是 Google 用于其服务（Google 搜索、YouTube、Gmail 等）的基础架构。例如，Google 搜索通常使用负载均衡器，使得 GCP 用户可以获得诸如预热和高速扩展等优势。

此外，在每个 GCP 服务中，即使 GCP 用户没有操作，数据也默认加密。不仅在通信中这样，存储中也是如此。并且，数据会被分割存储于称为块的独立单元中。因此信息在不同的块中会使用不同的密文来存储，所以即使恶意用户得到了密文的密钥，也只能看到被分割的数据片段。基础架构的安全性可以委托给 GCP，因此 GCP 用户可以专注于自己的应用程序的安全性。

表 1-1 显示了不同类别的 GCP 服务。

表 1-1 GCP 服务类别和内容

类别	内容
计算	VM 的计算引擎可以精确到定制机器的类型，快速扩展 PaaS 应用引擎等
存储和数据库	用于对象存储的云存储 Cloud Spanner，它是一个可水平扩展、全局一致的 RDB
网络	云负载平衡可以通过预热 0 扩展，可以在 Google 全球网络上分发内容的云 CDN 等
大数据	用于大数据分析的数据库 BigQuery，批量流数据管理环境的云数据流等
IoT	维护安全的终端管理的 Cloud IoT Core 等
机器学习	Cloud ML Engine，完全管理的 TensorFlow 执行环境，各种机器学习 API 等

（续）

类别	内容
安全	为每个用户账户或服务账户设置的云 IAM，用于管理加密密钥的云密钥管理服务等
管理工具	Stackdriver 不仅涵盖 GCP，还涵盖 AWS
开发工具	各种 SDK 组、专用 Git 存储库等

1.1.2 本书中涉及的 GCP 服务

本书主要涉及与机器学习相关的服务，表 1-2 提供了相关服务的简要说明。

表 1-2 本书涉及的 GCP 服务

服务	摘要
Cloud Datalab	交互式数据分析，机器学习运行环境
Compute Engine	虚拟机服务
Cloud Storage	对象存储服务
BigQuery	用于大数据分析的数据库
Cloud Vision API	图像识别 API
Cloud Translation API	语言翻译 API
Cloud Natural Language API	自然语言解析 API
Cloud Machine Learning Engine	机器学习框架 TensorFlow 的全面管理服务

1.1.3 GCP 的特点

GCP 是在 2008 开始使用 Google App Engine（GAE）的测试版本。在当时 PaaS（Platfrom as a Service，平台即服务）是非常罕见的，它是最近流行的容器技术的早期采用者。在这个环境中，只要短短几行代码就可瞬间处理数百万的访问量，目前这是可以领先竞争对手的一项强有力的服务。从 GAE 开始，作者认为 GCP 服务是以工程师能“专注于创意”为目标的一种环境。只需几行代码即可快速进行扩展，BigQuery 可以在几秒钟内执行查询，甚至可以执行 TB 级数据处理，并可轻松实现机器学习的分布式处理（使用托管 Cloud ML Engine）。众所周知，除了工程师的创意外，GCP 做了所有的事情，而不会妨碍工程师的思考。这里无法介绍书中所有的服务，但如果你有兴趣，可以在本章结束后尝试各种试验。

1.2 创建账户和项目

本节关键字：Google 账户，免费试用，项目

要使用 GCP，首先需要注册一个账户并创建一个项目。在这里，我们将解释每个提示，并会对每个步骤进行介绍。

1.2.1 账户注册

账户注册需要使用 Google 账户和信用卡或借记卡。

Google 用户名是指 Google 邮箱或注册为 G Suite 的企业域名。它还用于 Android、YouTube 和各种 Google 服务。如果你已经有 Google 账户则无需创建新的。如果你没有，可以使用以下 URL 创建一个新的。

URL：https://accounts.google.com/SignUP

信用卡或借记卡必须注册为付款方式，但在免费试用期间不会收取费用。

步骤 1：开始免费试用

要开始使用 GCP，请在浏览器中打开以下 URL。

URL：https://cloud.google.com/

单击屏幕右上角的“免费试用”按钮（见图 1-1）。

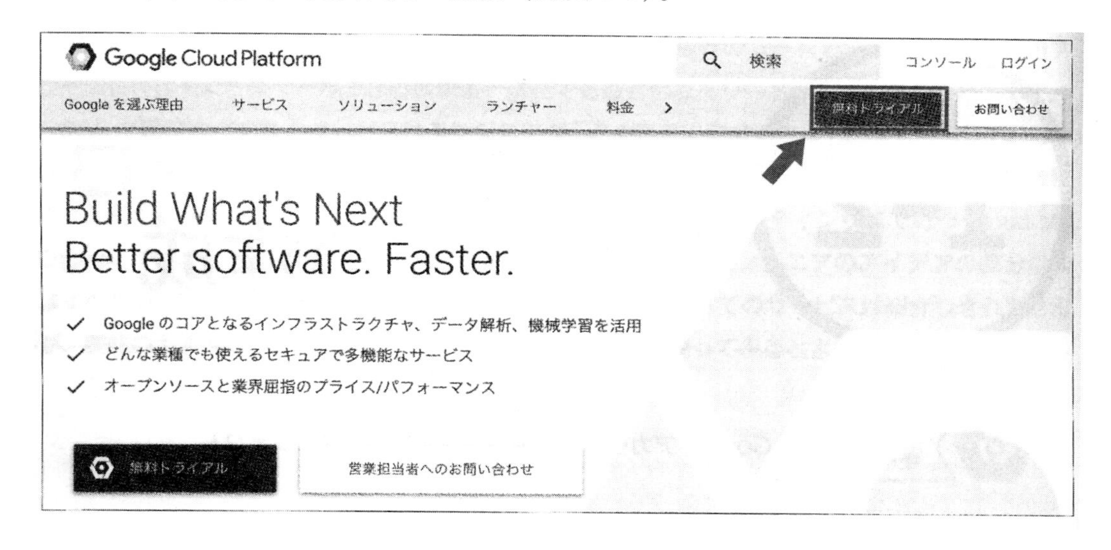

图 1-1　从免费试用开始

步骤 2：国家选择

系统将提示你同意国家选择以及免费试用的条款和条件[㊀]。如果你同意，请选择“是”并单击“同意并继续”按钮以继续。

步骤 3：输入账户信息

接下来输入你的注册账户信息。页面会显示以下条目，输入完成后单击“开始尝试”按

㊀ 自 2017 年 10 月起，免费试用版将为你的账户的所有 GCP 服务增加 300 美元的信用额度。当你在注册后花费 300 美元或 12 个月后，免费试用期结束。免费试用期结束后，不会立即向你收取费用，但你的账户会被暂停。要继续使用该账户，请在 GCP 控制台（稍后描述的管理屏幕）中选择“升级”，然后账户将恢复。请注意，某些服务（如 Google App Engine 和 Google Conpute Engine）可以提供免费的框架，即使免费试用结束后也可继续使用。见 http://cloud.google.com/tree/?hl=ja

钮即可。

- 账户类型（个人/商业）
- 姓名和地址
- 主要联系人（仅限业务）
- 付款方式（信用卡/借记卡）

现在注册账户已经完成。完成后，它将转换到名为 Cloud Console 的 GCP 管理页面（URL：https://console.cloud.google.com/，以下简称 Console）。

1.2.2 创建项目

GCP 会管理每个项目的资源和 API。此外，用户和账单账户可以随意改变与该项目的关联，例如，该项目 A 可以通过 X 账户支付，而项目 B 可以通过 Y 账户支付（见图 1-2）。用户还可以自由地创建新项目[1]。如果你只是创建一个项目，它将是免费的，所以在一个易于管理的单元中创建一个项目会很不错。

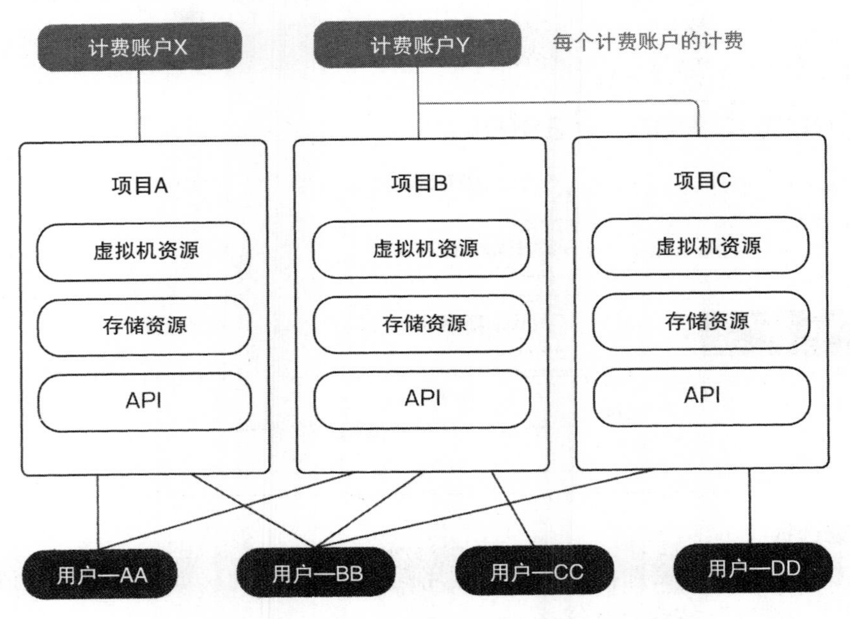

图 1-2 GCP 的项目和计费概念

要创建新项目，请单击控制台屏幕顶部的“选择项目”按钮，然后单击弹出对话框右上角的“+”图标。通常，如果你刚刚使用 GCP 注册了账户，则没有项目，因此会显示一个提示你创建项目的对话框，如图 1-3 所示。

[1] 它仅限于具有项目创建权限的用户。有关详细信息，请参阅以下 URL。https://cloud.google.com/jam/docs/understanding-roles?hl=ja

图 1-3　创建新项目对话框

接下来，设置项目名称和结算账户（见图 1-4），然后创建项目。默认情况下，项目的 ID 是通过项目名称自动生成的，但强烈建议将项目 ID 设置为易于理解的名称，因为它是每个服务的项目标识符。另一方面，项目名称仅用作标签，所以也可以在以后更改[1]。在这之后，本书仅使用项目 ID 来指代项目。

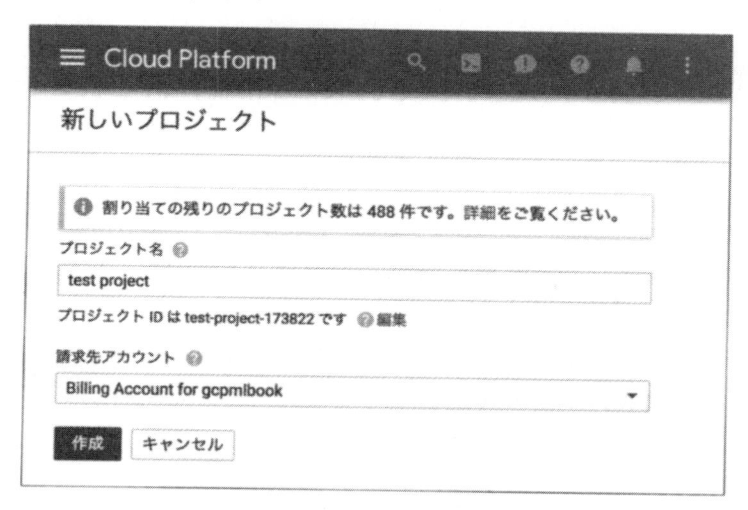

图 1-4　新项目创建页面

[1] 从控制台中选择“IAM 和管理”→“设置”。

1.3 Cloud Shell

本节关键字： Cloud Shell，网络预览，Python

在创建了 GCP 项目后，让我们先试着使用 Cloud Shell。Cloud Shell 是一个在 GCP 虚拟机上运行的交互式 Shell 环境。通常，要管理 GCP 项目和资源，必须在本地 PC 上安装 Google Cloud SDK 并构建 Python 环境，但它们都预先安装在 Cloud Shell 中了。此外，它还提供了用户身份验证，因此你可以继续工作，而不会被认证机制卡住。只要你拥有浏览器，就可以在任何地方使用这些有用的功能，因此，不管是初学者还是高级用户，这都是值得推荐的服务。

1.3.1 Cloud Shell 的功能

Cloud Shell 是 1.4 节中介绍的 Google Compute Engine 虚拟机，它在基于 debian 的 Linux 操作系统上运行。也就是说，它能大致完成 Linux 上所能做的事情（机器底层配置是 f1 – micro），另外，它还有以下功能（见表 1-3）。

表 1-3 Cloud Shell 功能[㊀]

功能	内容
网络访问	从浏览器访问虚拟机的 Shell 环境，可以进行命令行输入
5GB 永久磁盘空间	磁盘安装在$HOME 目录中，并分配给每个用户，文件不会因超时而消失
Google Cloud SDK 其他工具	预安装的文本编辑器，如 vim 和 nano，pip 和 git 等
开发语言	Java，Go，Python，Node. js，PHP，Ruby
网络预览	在虚拟机上运行 Web 应用程序时，使浏览器能够访问的端口功能
访问 GCP 资源的身份验证	从命令行访问 GCP 项目和资源时，访问身份验证已在使用

当非活动状态持续 1h 后，Cloud Shell 会话就会结束。启动 Cloud Shell 实例是免费的，你可以免费使用它。

1.3.2 Cloud Shell 的启动

要启动 Cloud Shell，请单击控制台顶部的“启用 Google Cloud Shell”图标（见图 1-5）。

图 1-5 Cloud Shell 的启动

Cloud Shell 画面将会添加到控制台画面的底部，并显示命令行提示。Shell 会话初始化需

㊀ 本书不涉及 Cloud Shell，但你也可以为 Google App Engine（PaaS 环境）启动开发服务器。

要几秒到几十秒。以上启动开始不久后就会结束。另外，在屏幕画面的底部使用它没有问题，不过还是建议在新建的窗口中使用它，这样能使画面变宽。要在新窗口中显示 Cloud Shell，请单击“在新窗口中打开”图标，它位于 Cloud Shell 画面右上角处（见图 1-6）。

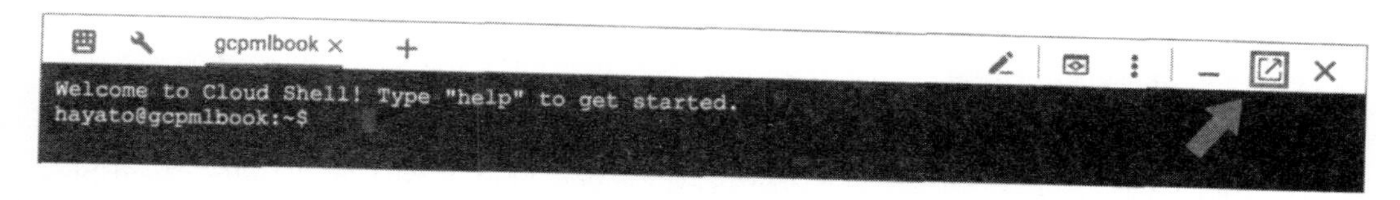

图 1-6　在新窗口中打开 Cloud Shell

1.3.3　网络预览

Web 的预览限制为从 8080 到 8084 的五个端口。该功能允许从浏览器访问在 Cloud Shell 上启动的 Web 应用程序。通常，即使是只能在本地访问的网址，例如 http：//localhost：8080，也可以从 Web 浏览器访问。本书在 Datalab（第 2 章）和 TensorBoard（7.9 节）中也使用了此功能。

为了更轻松地使用 Web 预览功能，让我们在 Python 中启动 HTTP 服务器。因为 Python 默认具有 HTTP 服务器功能的模块，所以不需要编程就能启动 HTTP 服务器。

步骤 1：启动 Cloud Shell

首先启动 Cloud Shell，如果它已经在运行，则无需重新启动。

步骤 2：创建 index. html 文件

在 Cloud Shell 的命令栏中输入以下命令：

```
$ echo 'Hello Cloud Shell!' > index.html
```

至此你已经创建了当前目录下的 index. html 文件。

步骤 3：启动 HTTP 服务器

接下来，在 Python 中启动 HTTP 服务器。请使用下面的命令。当使用 -m 选项启动 Python 时，将执行指定的模块。这里我们指定在端口 8080 上执行名为 SimpleHTTPServer 的模块选项。

```
$ python -m SimpleHTTPServer 8080
```

输入后输出状态如下，HTTP 服务器处于启动状态。

```
Serving HTTP on 0.0.0.0 port 8080 ...
```

步骤 4：Web 预览启动

接下来，单击 Cloud Shell 屏幕右上角的“在 Web 上预览”图标，然后选择“在端口上预览 8080”（见图 1-7）。在浏览器中打开以下网址：

```
https://8080-dot-[数字]-dot-devshell.appspot.com/
```

然后浏览器将自动打开，你将看到之前创建的 index. html 文件中的“Hello Cloud Shell”。此 URL 仅限于运行 Cloud Shell 的用户账户。

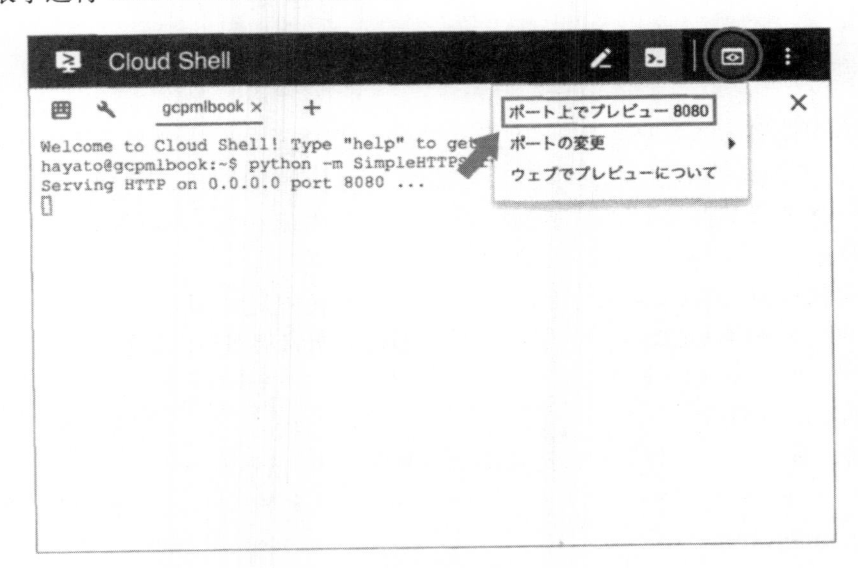

图 1-7　在浏览器上浏览

步骤 5：结束浏览

你可以通过在 Cloud Shell 命令行上输入 control + c（OSX）或 Ctrl + c（Windows）来退出 HTTP 服务器。或者，若不再继续工作，则可以关闭 Cloud Shell 窗口。

1.4　Google Compute Engine

本节关键词：GCE，虚拟机，Compute Engine，VM 实例，SSH

Google Compute Engine（GCE）是 IaaS（基础设施即服务）的服务。本书尽管没有直接使用 GCE，但在第 2 章后主要使用的 Datalab 功能是通过 GCE 作为后台进程来工作的。因此在这里简要介绍这些功能以及如何使用它们。

1.4.1　GCE 的特点

虽然每个云供应商都提供虚拟机服务，但 GCE 具有一些独特的功能。表 1-4 列出了

GCE 的这些独特功能。

表 1-4　GCE 的特点

项目	说明
定制机器类型	可以单独设置 CPU 内核数和内存 GB 数。根据每个实例的资源使用状态，如果控制台超出规范，控制台将提出适当的规范
自动折扣	长期使用时，无需提前申请，即可享受自动折扣（最高 30%）
预设 VM	提供低价高达 80% 的折扣，但会被迫在 24h 内停止。在执行可以批处理、数据分析等中间重复的作业时非常有效
实时迁移	由于虚拟机通常在物理上是托管在某个服务器上的，因此你需要在维护主机时关闭实例。另一方面，GCE 的实时迁移不必关闭实例，因为即使实例处于“运行和加载”状态，它也会自动移动到另一个主机

1.4.2　启动虚拟机

要使用 GCE 启动虚拟机，需要使用 Console、API 或 gcloud 命令。在这里，我们将解释如何从控制台启动虚拟机。

步骤 1：实例创建的入口

从控制台侧面的菜单中，选择“Compute Engine”中的“VM 实例”（见图 1-8）。如果没有实例启动，则会弹出图 1-9 所示的画面，此时单击“创建”按钮。

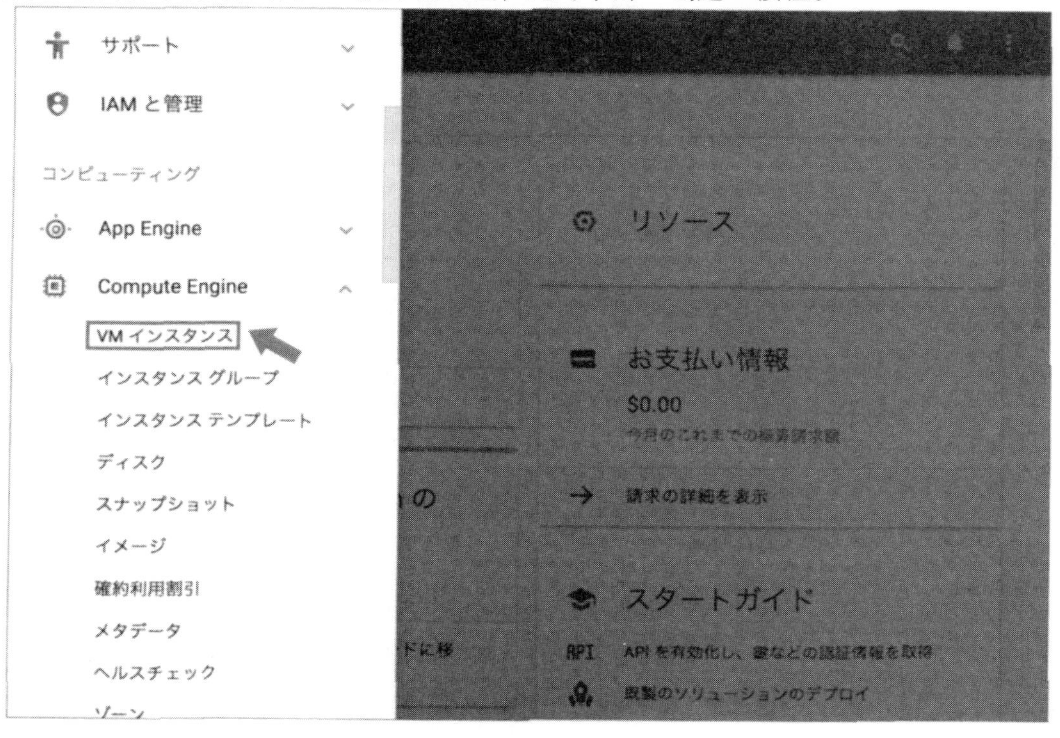

图 1-8　从侧面菜单中选择 Compute Engine

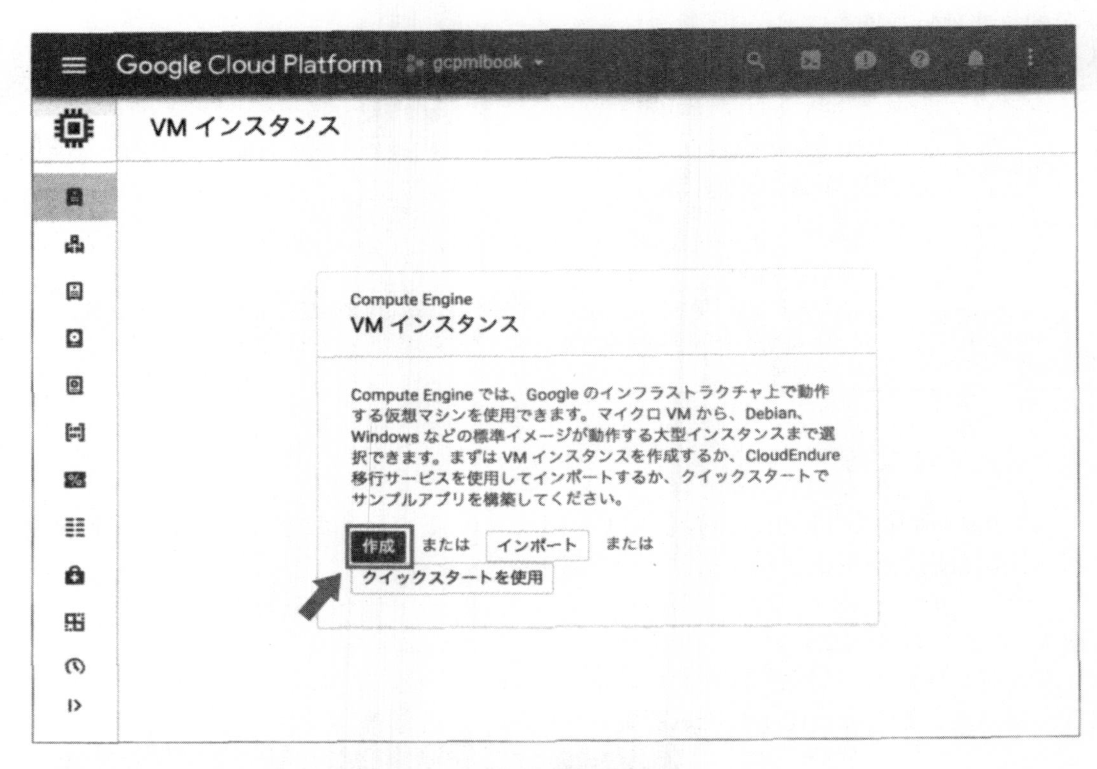

图 1-9　VM 实例创建弹出窗口

步骤 2：实例设置

接下来，配置实例。需要设置以下的项目（见表 1-5）。

每个默认值都已设置，因此单击“创建”按钮并启动实例。

表 1-5　实例设置

项目	说明
名称	实例的名称。它必须是独一无二的
区域	区域中存在着一个表示地理位置的区。例如，日本东京地区是亚洲 - 东北区 1，其中有亚洲 - 东北区 1 - a、亚洲 - 东北区 1 - b 和亚洲 - 东北区 1 - c。某些资源是特定于某些区域的。例如，将磁盘连接到实例，双方必须位于同一区域
机器类型	虚拟机规格。可配置的 CPU 和内存容量。除了预定的规格（如 n1 - standard - 1[①]）之外，还可以单独定制 CPU 内核数和内存容量。CPU 也可以自由添加
启动盘	选择启动盘的容量和操作系统。如果用于机器学习，Ubuntu 和 Debian 是很受欢迎的操作系统
ID 和 API 的接口	设置实例的权限以访问 GCP 服务，如 BigQuery 和 Cloud SQL
防火墙	设置外部网络的访问权限。默认情况下，阻止来自外部网络的所有连接

① 默认的 n1 - standard - 1，磁盘 10GB 每小时收费 0.05 美元。免费试用期间，消耗 300 美元积分。

步骤 3：SSH 连接

等待几十秒后，实例启动，你可以使用 SSH 连接。还有一种方法，可以使用 SSH 客户端应用程序通过 SSH 连接到实例，但最简单的方法是使用浏览器访问它。在 VM 实例界面中，单击已启动实例名称的连接列中的 SSH 按钮，或单击该按钮旁边的三角形图标，然后选择“在浏览器窗口中打开”（见图 1-10），然后终端将在一个单独的窗口中打开，这里允许命令行的输入（见图 1-11）。

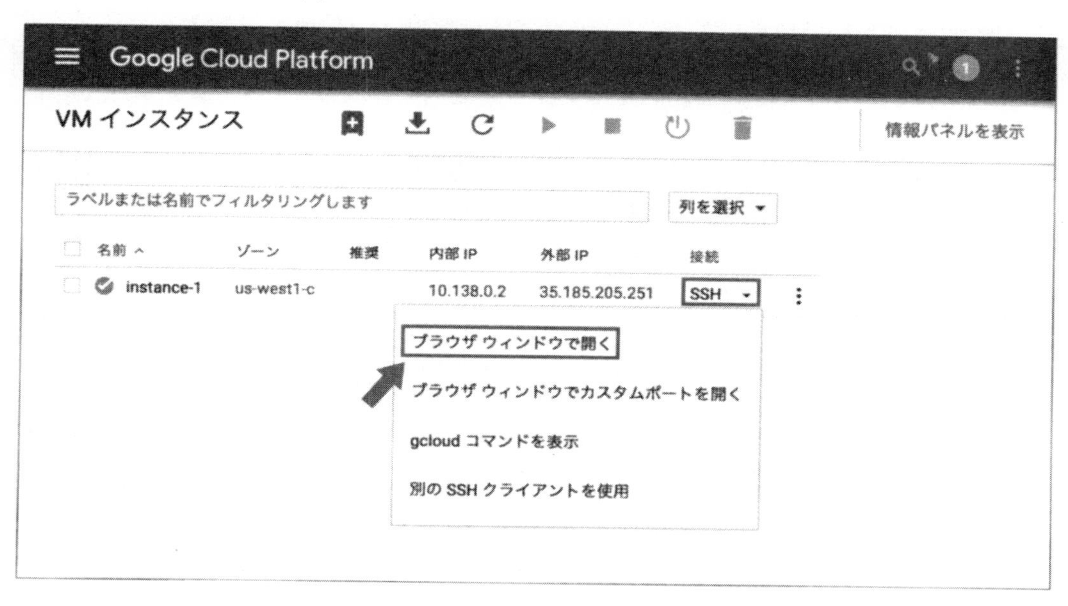

图 1-10　浏览器中的 SSH 连接

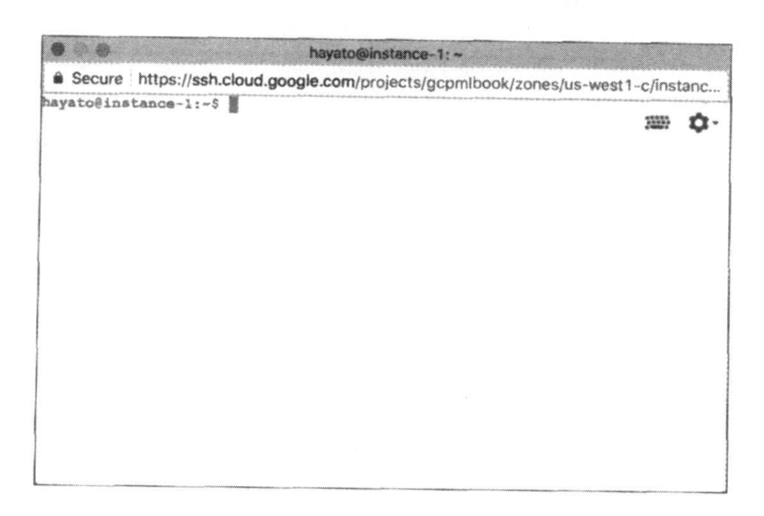

图 1-11　SSH 连接界面

步骤 4：停止并删除实例

要停止实例，请从 VM 实例界面中选中要停止的实例名称旁的复选框，然后单击界面顶部的“停止”按钮（见图 1-12）。

若要重新开始，请单击“开始”按钮。

如果实例停止，将不对实例计费，但将继续对磁盘进行计费。

若要删除磁盘，请先删除实例，或从“Compute Engine”的侧边菜单中选择磁盘，然后选择要删除的磁盘，最后单击“删除”按钮。默认情况下，引导磁盘设置为在删除实例时会同时也被删除。如果你不想删除它，请从实例的编辑界面中取消选中“删除实例时删除启动盘”。

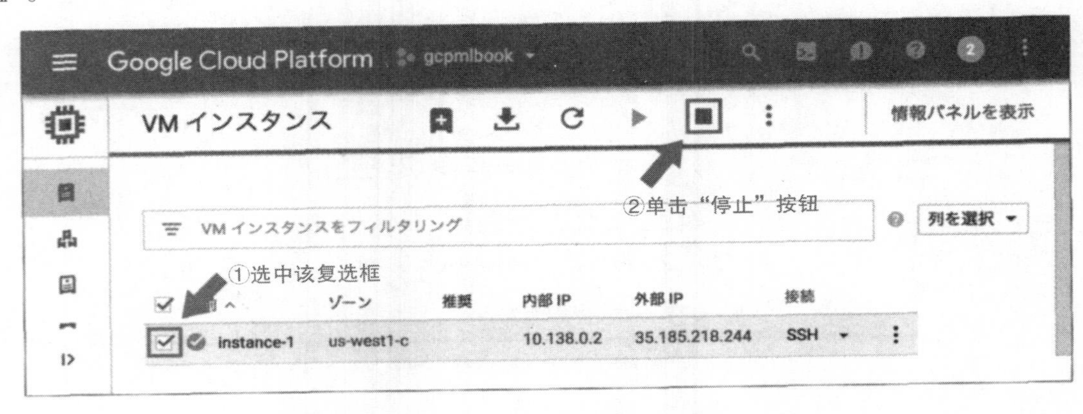

图 1-12　删除实例

1.5　Google Cloud Storage

本节关键词：GCS，对象存储，存储桶，存储类，Multi－Regional，gsutil，Cloud Shell

Google Cloud Storage（GCS，谷歌云存储）是一种对象存储服务。对象存储与通常的以磁盘存储为基础的云存储不同，它是以对象（文件[㊀]）单元为基础的一种存储和计费存储方式。在磁盘存储的情况下，无论使用与否，都要向你收取预留空间的费用，如果存储空间不足，则要扩充它。但对于对象存储仅仅只按实际文件存储总量的大小收费，并且你可以无限制地保存文件。

1.5.1　机器学习服务与 GCS 的关系

在 GCP 的机器学习关联服务中，GCS 可以作为输入、输出目的地来使用（见图 1-13）。例如，在使用执行图像识别的 Cloud Vision API 时，你可以从保存在 GCS 中的文件中选择要

㊀ 对象还包括元数据等，但在本书中将对象和文件等同看待。

识别的图像（请参阅 3.2 节）。此外，GCS 仅由 GCP 支持，而 TensorFlow 是一个机器学习框架，默认支持 GCS 作为学习模型和日志数据的存储目的地（参见 7.8 节）。

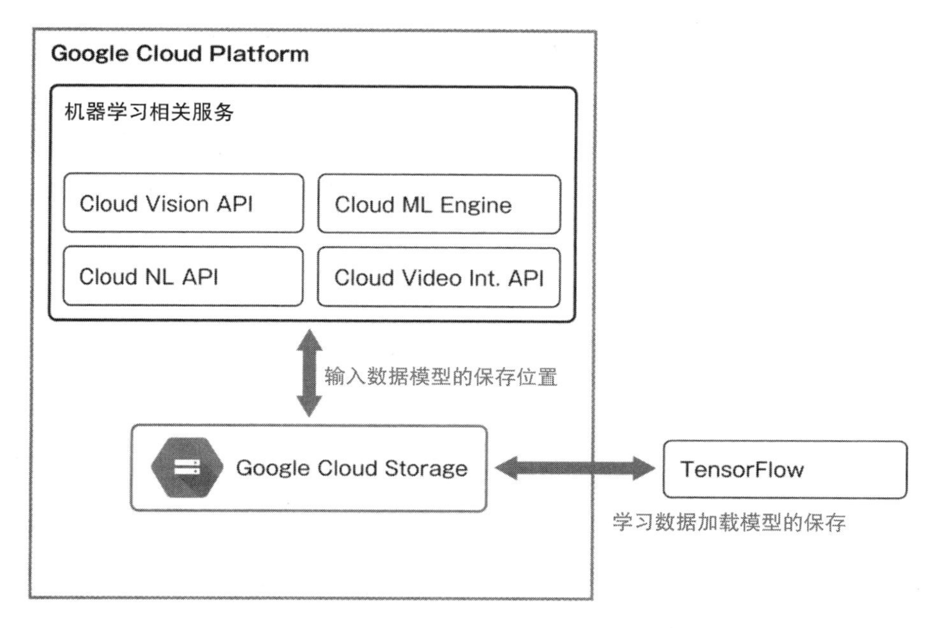

图 1-13　机器学习服务与 GCS 的关系

1.5.2　存储桶和存储类

GCS 没有上面提到的磁盘概念，但我们需要定义一个称为存储桶（Bucket）的对象“容器”。存储桶必须具有唯一名称，并从表 1-6 中选择存储类。

表 1-6　存储类

存储类	说明
Multi - Regional	将数据存储在多个区域并保持地理冗余的存储。可用于存储最有用的数据
Regional	将数据存储在特定区域中。在使用大量数据进行处理时，性能优于 Multi - Regional，因此如果不需要支持地理可用性，它是最方便的选择
Nearline	由于数据单价更便宜，因此通常方式读取数据的成本更高。它适用于每月只访问一次的数据（如用于分析的日志数据）
Coldline	由于数据单价非常便宜，因此通常方式读取数据的成本更高。它适用于每年只访问一次的数据（存档，备份，需要法律保存的数据）

在存储桶中保存对象时，默认情况下会使用你在创建存储桶时设置的存储类。如果在保存对象时单独指定存储类，也可以将其指定为其他存储类。

1.5.3 创建存储桶

要创建存储桶，可以使用控制台、API 或命令行中的 gsutil 命令。在控制台中创建时，请按照以下步骤操作。

步骤 1：菜单选择

从控制台的菜单中选择“存储”→“浏览器”。如果尚未创建存储桶，将显示图 1-14 所示的对话框。单击“创建存储桶”按钮。如果已经有一个存储桶，你将在屏幕顶部看到相同的按钮。

图 1-14 创建存储桶对话框

步骤 2：存储桶的设置

接下来，设置存储桶（见图 1-15）。

名称可以随意设置，但它必须是唯一的。对于存储类和位置，请在“Multi - Regional”中选择“US”“EU”“Asia”或选择“us - central1”等区域。

此外，标签是可选的。标签也将包含在账单中，因此如果你想为每个成本中心添加账单，最好使用它们。

完成输入后，单击“创建”按钮完成存储桶创建。你可以通过单击控制台中的“上传文件”按钮从本地计算机上传文件，在这里请尝试上传相应的文件。

1.5.4 使用 gsutil 工具访问数据

gsutil 是一个可以从命令行访问 GCS 的工具。你只需通过少量管理即可从控制台执行此操作，在复制或删除大量数据时使用 gsutil 会更加方便。你还可以通过它与使用 HMAC 身份验证的其他云存储服务（如 Amazon S3）交换文件。

gsutil 可用 Google Cloud SDK 或 Cloud Shell 来安装。下面介绍 gsutil 命令中经常使用的命令。

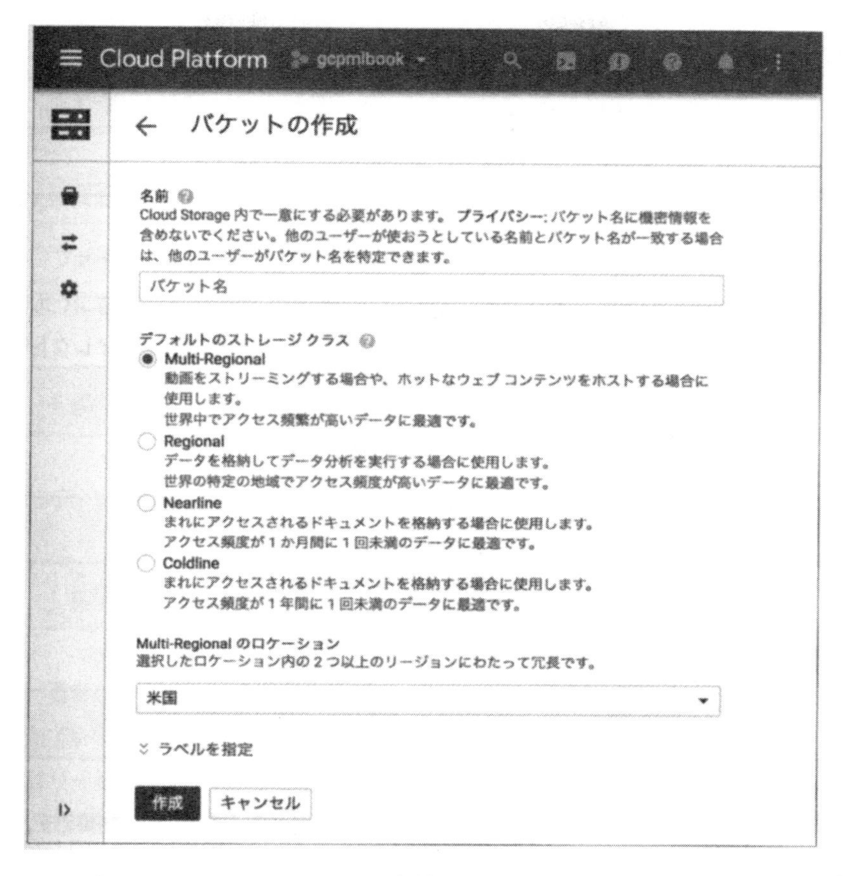

图 1-15　存储桶设置界面

1. gsutil cp/（文件复制）

GCS 和本地计算机之间进行文件复制。从本地把文件调用（上传）到 GCS 时，需要如下步骤。

```
$ gsutil cp example.txt gs://my-bucket/subdir
```

这里，gs://... 表示 GCS 上的文件路径。

路径的构成如下，gs://存储桶名称/目录名称/文件名称。

你可使用通配符指定文件路径，还可以使用 -r 选项按目录复制。

通配符的使用：

```
$ gsutil cp *.txt gs://my-bucket/subdir
```

目录的副本：

```
$ gsutil cp -r example_dir gs://my-bucket
```

复制多个文件时要小心，因为这可能需要很长时间。使用 -m 选项，你可以通过并行处理来进行高速复制。

```
$ gsutil -m cp -r example_dir gs://my-bucket
```

2. gsutil rm/（删除文件）

GCS 上的文件除外。若要删除特定目录中的所有文件，请执行以下操作：

```
$ gsutil rm gs://my-bucket/subdir/*
```

若要删除下层目录中的所有文件，请执行以下操作：

```
$ gsutil rm gs://my-bucket/subdir/**
```

或者，你也可以使用 -r 选项来执行相同的操作。在这种情况下，文件的历史记录也会同时被删除。

```
$ $ gsutil rm -r gs://my-bucket/subdir
```

3. gsutil mv/（移动文件）

移动或重命名文件。要移动目录中的所有文件，你可以按以下内容进行操作。

```
$ gsutil mv gs://my-bucket/subdir/* example_dir
```

重命名目录操作如下。

```
$ gsutil mv gs://my-bucket/olddir gs://my-bucket/newdir
```

与普通文件系统一样，mv 命令在复制文件后会将其删除。GCS 将在 Non - Atomic 中执行此操作（即文件移动期间可以读取原始文件）。

有关其他命令的列表，请参阅官方文档。

URL：https://cloud.google.com/storage/docs/gsutil

1.5.5 从公开存储桶复制数据

保存在 GCS 中的数据可以设置为公开数据，并且可以对任何人显示（默认情况下，它是私有的，所以请放心）。Google 已经发布了一些公开数据桶，你可以自由使用。在这里，让我们尝试将 Google 发布的 Landsat 卫星高分辨率照片复制到你的存储桶中。

步骤 1：打开 Cloud Shell

打开 Cloud Shell（参照 1.3 节的方法）。

步骤 2：复制到我的存储桶

输入以下命令。请使用你创建的存储桶名称替换 my – bucket 部分。

```
$ gsutil -m cp gs://gcp-public-data-landsat/LT05/PRE/108/035/
LT51080351995058HAJ00/*.TIF gs://my-bucket
```

执行时，输出如下所示命令，并复制 7 个文件。

```
Copying gs://gcp-public-data-landsat/LT05/PRE/108/035/LT51080351995058HAJ00/
LT51080351995058HAJ00_B1.TIF [Content-Type=application/octet-stream]...
Copying gs://gcp-public-data-landsat/LT05/PRE/108/035/LT51080351995058HAJ00/
LT51080351995058HAJ00_B2.TIF [Content-Type=application/octet-stream]...
Copying gs://gcp-public-data-landsat/LT05/PRE/108/035/LT51080351995058HAJ00/
LT51080351995058HAJ00_B3.TIF [Content-Type=application/octet-stream]...
Copying gs://gcp-public-data-landsat/LT05/PRE/108/035/LT51080351995058HAJ00/
LT51080351995058HAJ00_B4.TIF [Content-Type=application/octet-stream]...
Copying gs://gcp-public-data-landsat/LT05/PRE/108/035/LT51080351995058HAJ00/
LT51080351995058HAJ00_B5.TIF [Content-Type=application/octet-stream]...
Copying gs://gcp-public-data-landsat/LT05/PRE/108/035/LT51080351995058HAJ00/
LT51080351995058HAJ00_B6.TIF [Content-Type=application/octet-stream]...
Copying gs://gcp-public-data-landsat/LT05/PRE/108/035/LT51080351995058HAJ00/
LT51080351995058HAJ00_B7.TIF [Content-Type=application/octet-stream]...
| [7/7 files][153.7 MiB/153.7 MiB] 100% Done
Operation completed over 7 objects/153.7 MiB.
```

副本的复制现在已完成。让我们看一下控制台中的数据。因为你使用通配符复制了目录中的所有 TIF 文件，所以这里有 7 个 TIF 文件（见图 1-16）。你可以单击文件名以打开（或

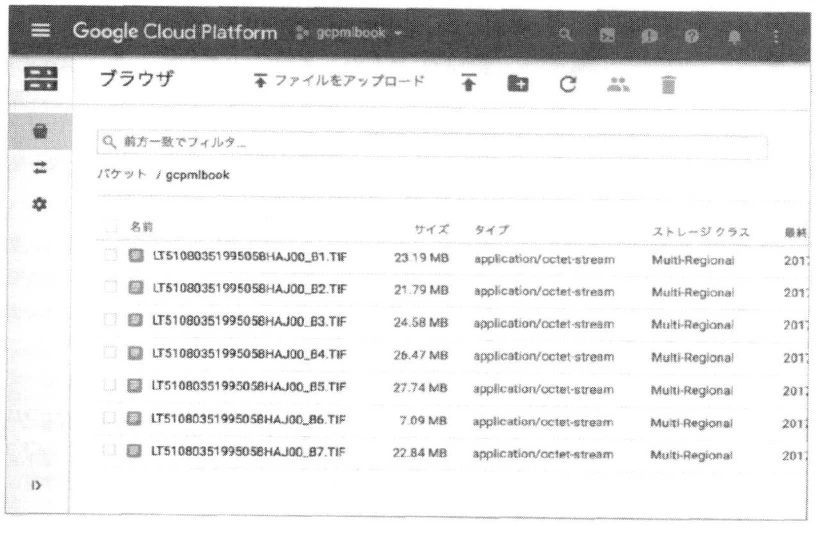

图 1-16　控制台显示了文件列表

下载）该文件。这张卫星照片是日本的天空，如果仔细观察，你可以看到富士山（见图 1-17）。这样，通过 GCS 不仅可以轻松处理自己的数据，还可以轻松处理公开数据。

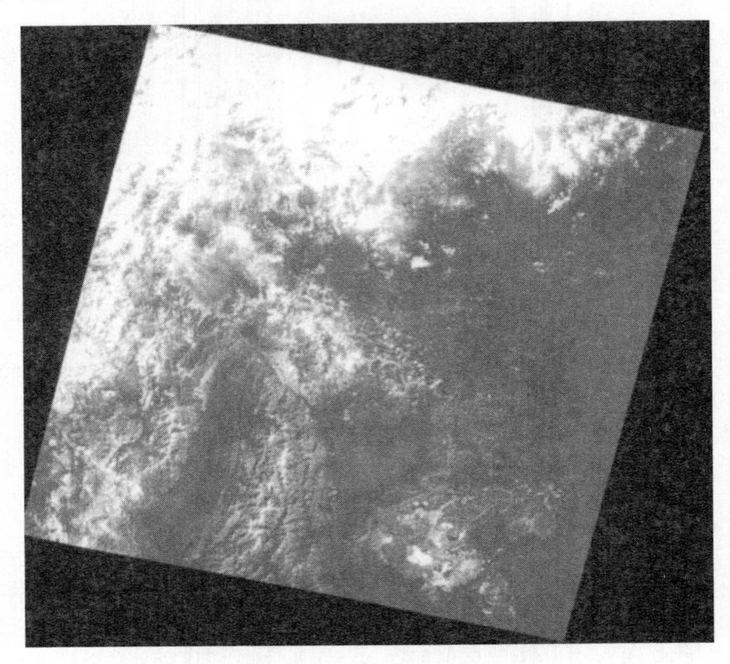

图 1-17　复制的卫星照片

有关使用此公开数据的详细信息，请参阅以下 URL：
https://cloud.google.com/storage/docs/public - datasets/landsat

1.6　BigQuery

本节关键词： BigQuery，DataSet，bp query

BigQuery 是一个用于大数据分析的数据库。在没有索引的情况下，可以在几秒内扫描完成 TB 级的数据，并且可以在几分钟内扫描完 PB 级的数据。另外，GCP 与 BigQuery 的接口整体一致，因此，如果你把将要在机器学习中学习的数据放入 BigQuery，则可以进行检索、存储和分析数据（包括机器学习）等操作，并且可以同时得到反馈。

1.6.1　BigQuery 的组成

BigQuery 是一个完全托管服务，因此你不必准备磁盘或运行虚拟机，它马上就可以使用。BigQuery 的数据层次结构和访问权限的结构如图 1-18 所示。

1. 项目

BigQuery 数据始终与一个项目相关联，并存储访问限制和计费信息。

2. 数据集

数据集可以组织成下面所描述的表并控制对它们的访问。访问权限不是由表控制，而是

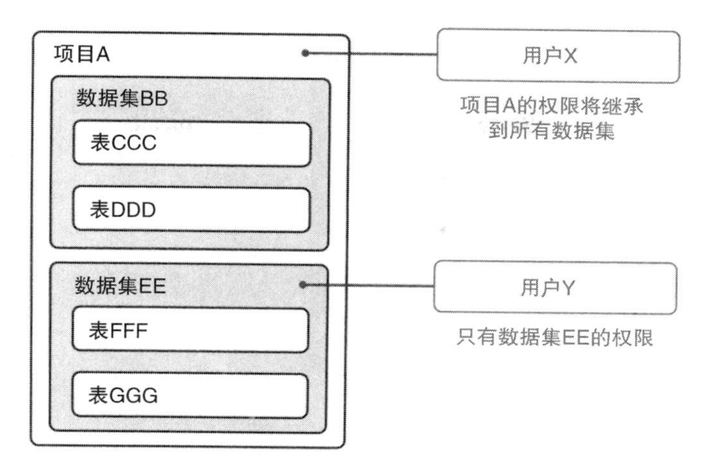

图 1-18 BigQuery 数据层次结构和访问权限

由项目或数据集控制。此外，由于表必须始终属于数据集，因此需要在将数据加载到 BigQuery 之前创建数据集。

3. 表

与典型的数据库的表一样，它是存储数据的位置。每个表都有一个表示字段名称、类型和其他信息的架构。

1.6.2 将数据加载到 BigQuery 中

BigQuery 支持读取以下数据格式：

- CSV
- JSON（换行符）
- Avro 文件
- Google Cloud Datastore 备份

除了将它们作为文件上传外，你还可以从 GCS 或 Google Drive 加载它们[^1]。你可以使用控制台、API 或 bq 命令行工具加载数据。如果使用 bq 命令行工具，则是在下一步执行。

步骤 1：数据准备

我们在这里使用公共数据。在 Cloud Shell 中输入以下命令以复制数据。

```
$ git clone https://github.com/hayatoy/bqsamples.git
```

这是一份美国 2016 年出生的婴儿名单，它是由美国社会保障局根据各州提供的数据编制而成。目标为 bqsamples 的目录包含 name. csv 文本文件和描述架构的 schema. json 文件。让我们使用以下命令显示文件的内容。

[^1]: 你还可以流式传输一条数据记录。你可以查询数据，而不会延迟加载作业的执行。

```
$ head bqsamples/names.csv
WY,F,2016,Hazel,10
WY,F,2016,Jasmine,5
WY,M,2016,Xander,7
AK,F,2016,Charlotte,34
AK,F,2016,Naomi,12
AK,F,2016,Ellie,10
AK,F,2016,Audriana,5
AK,M,2016,Owen,40
AK,M,2016,Mason,39
AK,M,2016,Dominic,11
```

你可以看到它是逗号分隔的文本数据且没有标题。数据按“州”“性别（M：男，F：女）”“出生年”“姓名”和“该姓名中的人数”的顺序排列。让我们看一下架构文件。

```
$ head bqsamples/schema.json
[
  {"name": "state", "type": "string", "mode": "nullable"},
  {"name": "gender", "type": "string", "mode": "nullable"},
  {"name": "year", "type": "integer", "mode": "nullable"},
  {"name": "name", "type": "string", "mode": "nullable"},
  {"name": "count", "type": "integer", "mode": "nullable"}
]
```

架构具有列名称、数据类型和可选模式。nullable 表示此字段可以为空。

步骤 2：创建数据集

要创建数据集，请输入以下命令：

```
$ bq mk testdataset
```

如果显示如下，则创建完成。你还可以输入 bp ls 来查看以前创建的数据集列表。如果系统提示你选择项目，请选择一个要使用的项目。

```
Dataset '[项目ID]:testdataset' successfully created.
```

步骤 3：表上传

使用 bq load 命令，你可以一次性上传数据并创建一个表。

```
$ bq load testdataset.names bqsamples/names.csv bqsamples/schema.json
```

它的运行会在几秒内完成。命令行参数的含义如下：

```
bq load [数据集名称].[表名] [文件总线] [模式]
```

此时可以将模式指定为 JSON 文件，也可以直接以［列名］：［数据类型］的形式指定。随着列数增加而变得容易输入错误，最好事先将其设为文件。

这是用于读取数据和创建表格的。

1.6.3 数据查询

现在已经创建了表，让我们执行查询。以下查询将为你提供美国加利福尼亚州（CA）中最受欢迎的女孩名字。

```
$ bq query "SELECT name,count
> FROM testdataset.names
> WHERE state = 'CA' AND gender = 'F'
> ORDER BY count DESC
> LIMIT 5"
```

输出如下：

```
+----------+-------+
|   name   | count |
+----------+-------+
| Mia      |  2785 |
| Sophia   |  2747 |
| Emma     |  2592 |
| Olivia   |  2533 |
| Isabella |  2350 |
+----------+-------+
```

bq query［查询］命令允许你执行查询。查询可以使用常见的 SQL 语法，但有很多不同的类型，我只会在本书中讨论如何执行这些操作。如果你有兴趣，请参阅官方查询参考。

URL：https://cloud.google.com/bigquery/query-reference?hl=ja

最后让我们完成另一个示例查询。以下查询，对出生婴儿数最高的前 5 个州进行排名。

```
bq query "SELECT state, SUM(count) as sum_count
> FROM testdataset.names
> GROUP BY 1
> ORDER BY 2 DESC
> LIMIT 5"
```

输出如下所示：加利福尼亚州（CA）、得克萨斯州（TX）和纽约州（NY）等。

```
+--------+-----------+
| state | sum_count |
+--------+-----------+
| CA     |    423541 |
| TX     |    350010 |
| NY     |    188393 |
| FL     |    183151 |
| IL     |    121042 |
+--------+-----------+
```

专栏　使用 BigQuery 的注意事项

BigQuery 可以像过去一样快速处理，因此有时可能被过度使用。BigQuery 为扫描的数据容量付费，因此你可以将所需的列限制为易于使用的单位（如年数，也可以在需要时跨多个表运行查询)，让我们在设计的时候就把它做好。此外，如果你使用的数据容量较大，则最好在查询之前使用统一费率计划或检查扫描容量。

- 从控制台检查扫描容量时：单击查询按钮旁边的“验证器”。
- 使用 bq 命令检查扫描容量时：使用 - -dry _ run 选项运行查询。

第 2 章 使用 Datalab

Cloud Datalab 是一种用于数据分析和机器学习的交互式工具。你可以在浏览器、输出图形、表格等诸多地方运行 Python 代码，并可轻松访问 BigQuery 和机器学习 API。

2.1 Datalab 快速浏览

本节关键词：Jupyter，细胞，单元命令，笔记本

Cloud Datalab（以下简称 Datalab）是一个基于 Jupyter⊖的交互式工具，可在 GCE 虚拟机上运行。它在云上运行，因此可以使用浏览器从任何位置访问它，你无需创建繁琐的环境（见图 2-1）。

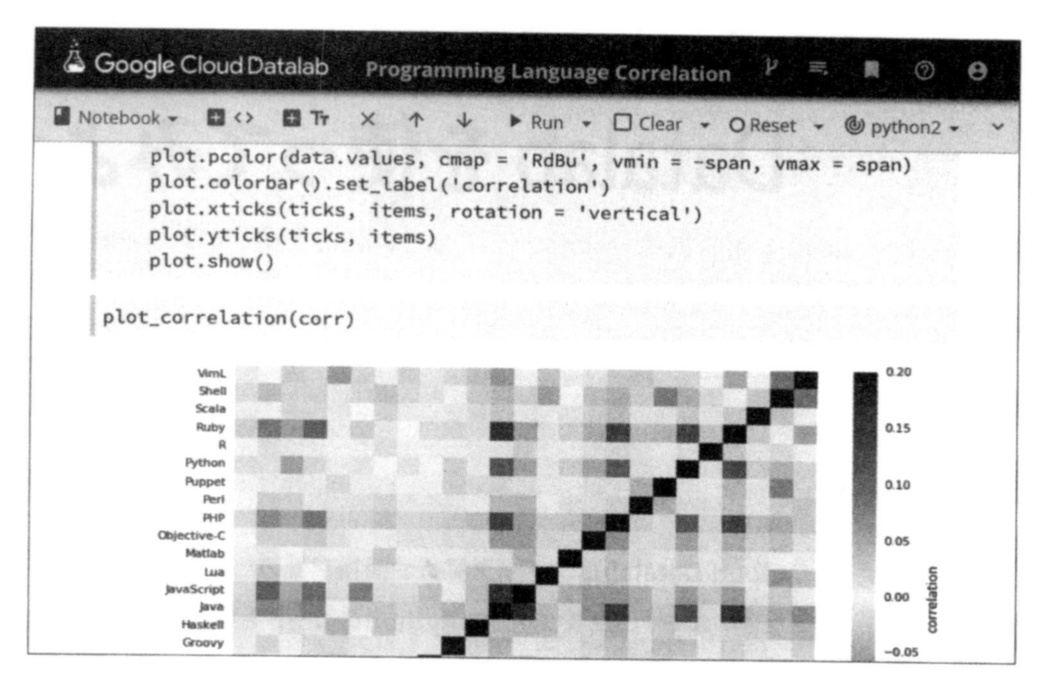

图 2-1　Datalab 界面

⊖　开源互动工具。本书中的大多数示例代码都适用于 Jupyter。见 http://jupyter.org/

2.1.1 Datalab 的配置

Datalab 作为容器打包在 GCE 的虚拟机上，并且已经建立了数据分析和机器学习所需的库和工具。数据自动备份到 GCS，你可以使用 Cloud 源存储库与团队成员共享数据（见图 2-2）。

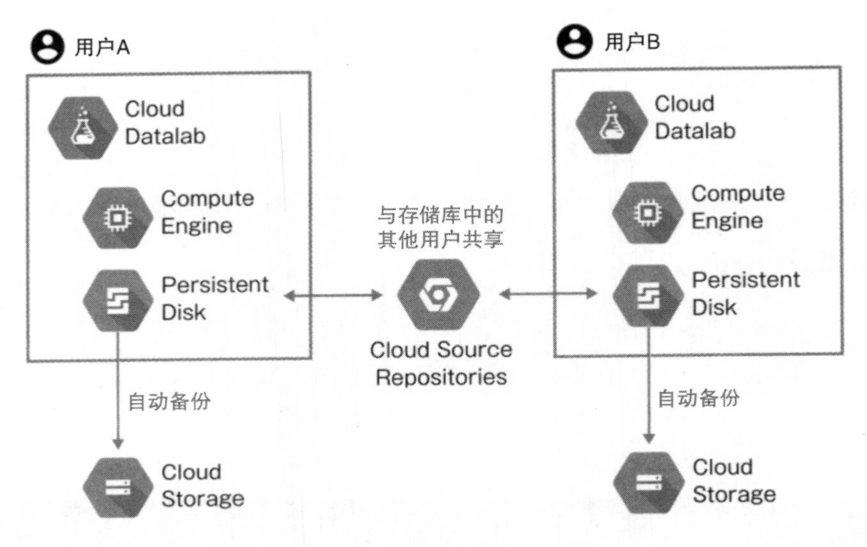

图 2-2 Datalab 的配置

2.1.2 开始和结束

使用 Google Cloud SDK 附带的 datalab 命令行工具可以轻松启动 Datalab。在这里，我们将解释如何从已安装的 Cloud Shell 上启动 datalab 工具。

步骤 1：启动 Cloud Shell

要输入命令，请启动 Cloud Shell（有关如何启动命令，请参阅 1.3 节）。

步骤 2：使用 datalab 命令创建和启动 Datalab

使用 datalab 命令操作 Datalab。输入以下命令以创建和启动 Datalab。这里，Datalab 的实例名称设置为 testdatalab，但如果名称没有重复，则可以任意设置。

```
$ datalab create testdatalab --zone us-central1-a
```

创建 Datalab 实例可能需要一两分钟。当它建立后，将显示如下。

```
The connection to Datalab is now open and will remain until this command is
killed.
Click on the *Web Preview* (square button at top-right), select *Change port >
Port 8081*, and start using Datalab.
```

Datalab 的实例名称与 GCE 的实例名称相同。可以从控制台中查看 GCE VM 实例的页面。Datalab 还会生成与项目名称同名的 GCS 存储桶，并自动备份数据。如果选中 - - no - backups 选项，则不创建备份。

步骤 3：在 Web 预览中打开 Datalab

在 Cloud Shell 的 Web 预览中打开 Datalab。Datalab 的默认端口是 8081，因此选择“在 Web 上预览”→“更改端口”→“端口 8081”（见图 2-3）。

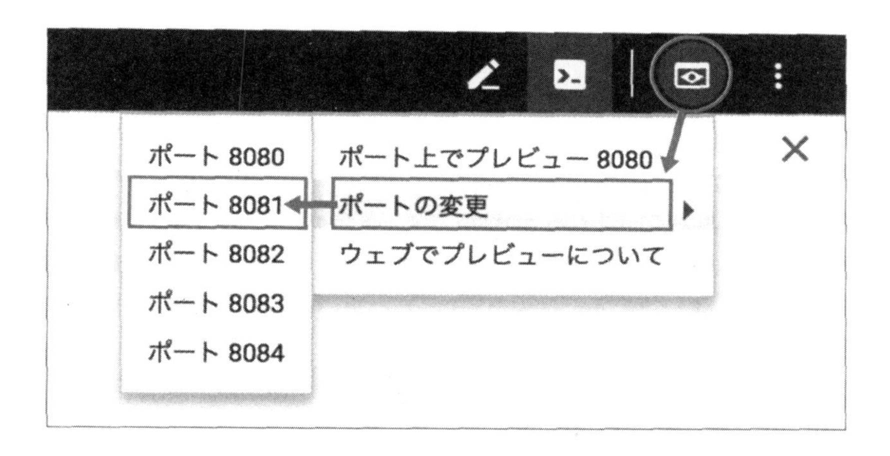

图 2-3　在 Web 预览中选择端口 8081

步骤 4：退出 Datalab

若要退出 Datalab，请单击屏幕右上角的“Account”图标，然后单击“Stop VM”按钮（见图 2-4）。当实例停止时，它将显示在 Cloud Shell 命令行上，如下所示，并且正在执行的 datalab 命令也将终止。

```
Instance testdatalab is no longer running (STOPPING)
```

此命令不仅能与 Datalab 建立连接，而且如果实例是关闭的，执行此命令后也会同时启动实例。

```
$ datalab connect testdatalab
```

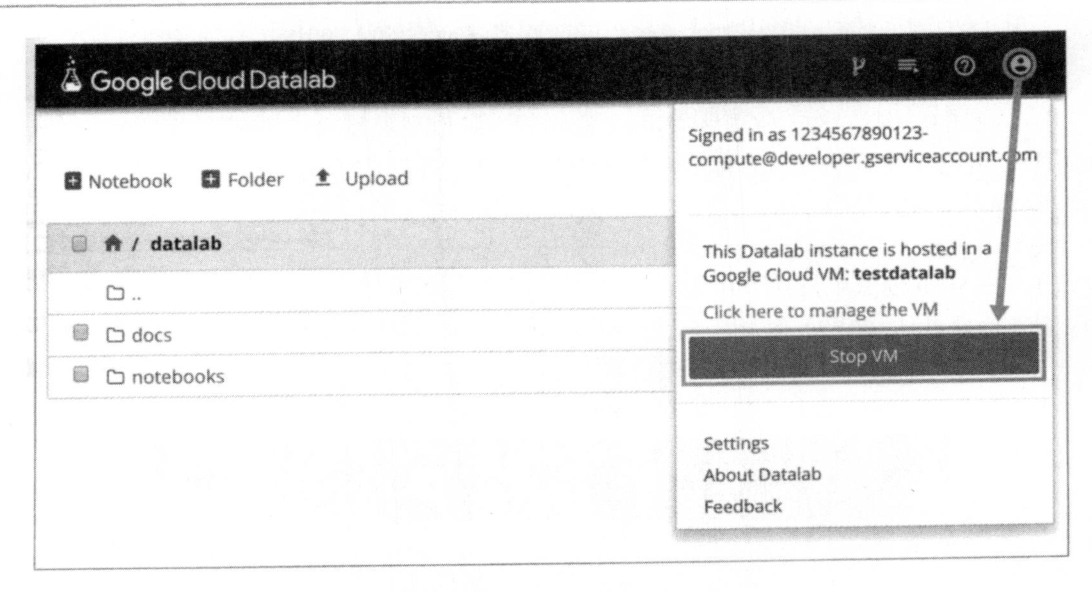

图 2-4　Datalab 的退出菜单

Datalab 的机器类型默认为 n1 – standard – 1，但可以在生成虚拟机时添加 – – machine – type 选项来更改。你也可以在停止后从控制台 VM 实例界面中更改机器类型。

步骤 5：删除 Datalab

要删除 Datalab 实例，请输入以下命令。

```
$ datalab delete testdatalab
```

命令输入后将显示确认提示，输入 y 继续。该实例则会被删除。

推荐设置

Datalab 自动为笔记本（默认 200GB）生成固定磁盘，并将 GCS 存储桶和源共享存储库作为备份。至于运行本书中的这个示例，到目前为止还没有必要进行严格的配置，建议使用以下设置创建 Datalab 实例（区域是 asia – northeast1 – a［东京］，固定磁盘 10GB，没有 GCS 备份，没有存储库）。

```
$ datalab create testdatalab --zone asia-northeast1-a --disk-size-gb 10 --no-backups --no-create-repository
```

2.1.3　Datalab 中笔记本的操作

Datalab 可以将代码、描述、输出图形中的数据等存储在称为 ipynb 的笔记本（Notebook）文件中。启动 Datalab 时显示的文档文件夹包含了许多示例笔记本。要创建新笔记本，请单击屏幕左上角的“Notebook”按钮（见图 2-5）。

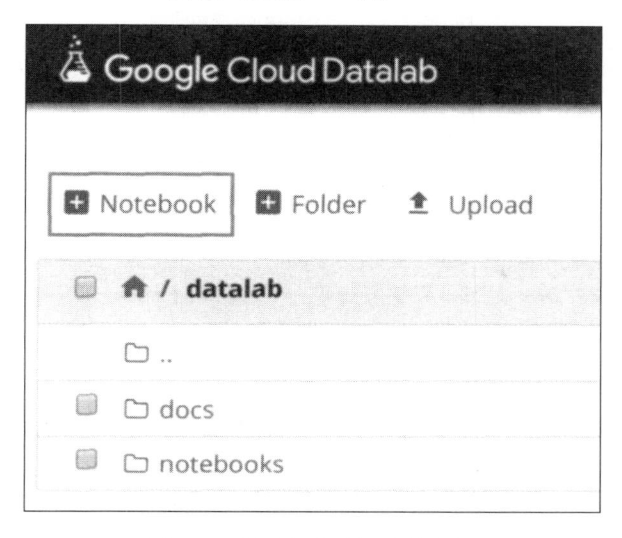

图 2-5　创建新的笔记本的按钮

创建新的笔记本时，浏览器将显示图 2-6 所示的界面。

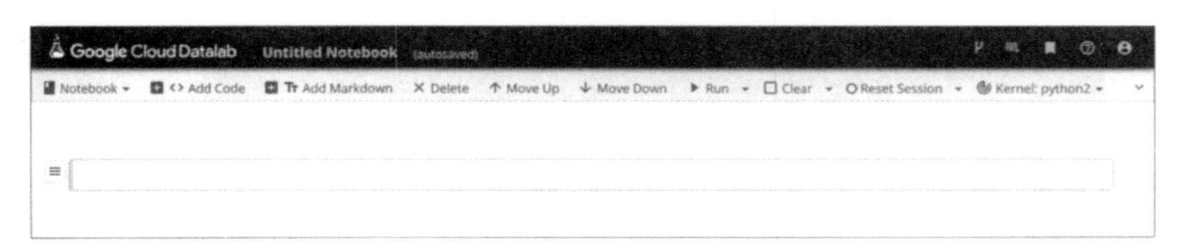

图 2-6　笔记本的界面

中心的方块是一个名为“cell”的输入字段，可以用代码或 Markdown[1]编写。笔记本执行此单元格中的代码。要添加新单元格，请单击界面顶部的“Add Code”按钮。

右端的“Kernel”选项可以切换 Python 2 和 3 的执行环境。（本书中的示例代码已经过验证，可以与 Python 2 代码相兼容。）

1. 命令模式和编辑模式

笔记本中有两种模式：命令模式和编辑模式。在命令模式下，你可以使用键盘快捷键，执行如复制和移动单元格等操作，在编辑模式下，你可以使用键盘快捷键，执行如编辑代码和注释等操作。你可以按如下方式在命令模式和编辑模式之间切换。

- 进入命令模式：“Esc”键。
- 进入编辑模式：“Enter”键（或单击一个单元格）。

[1] 一种可以轻松描述列表和表格等富文本的语言。

2. 有用的键盘快捷键

表 2-1 和表 2-2 是命令模式和编辑模式中常用的快捷键列表。

表 2-1　命令模式快捷键

快捷键	内容
Ctrl + Enter	运行单元格
y	更改为代码单元格
m	更改为 Markdown 单元格
a	在顶部创建一个新单元格
b	在底部创建一个新单元格

表 2-2　编辑模式快捷键

快捷键	内容
Ctrl + Enter	运行单元格
Shift + Tab	显示变量和类信息
Tab	代码完成或缩进
Ctrl + /	注释或取消注释

3. 运行 Python 代码

让我们编写一个简单的代码并运行它。在单元格中编写以下代码，然后单击“运行”按钮或按 Ctrl + Enter 键。

```
a = 10
b = 32
print(a + b)
```

运行它时，你将在单元格底部看到 42。此外，重写最后一个打印语句，如下所示。

```
a = 10
b = 32
a + b
```

这也显示为 42。因此通过这种方式，能够在单元格末尾输出写入的操作和变量。此外，变量 a 和 b 将保留，直到重置“会话”。尝试添加单元格编写 a * b 并运行它。输出为 320。要重置会话，请单击屏幕顶部的“Reset Session（重置会话）”按钮。

由于单元格可以无序执行，因此在多个单元格上重复编辑和执行可能会导致使用过去分配的变量值进行意外操作。你可以使用以下命令重置它或检查变量。

```
%whos
```

执行时，输出如下。

```
Variable    Type    Data/Info
-----------------------------
a           int     10
b           int     32
```

2.1.4 本书示例代码的下载

本书中的所有示例代码均以笔记本格式编写。示例代码在 GitHub 上发布，因此你可以通过在单元格中键入以下命令并执行它来将其复制到你自己的 Datalab 中。

```
!git clone https://github.com/hayatoy/gcpml-book
```

请不要忘记输入前面的“!”。在笔记本中，“!”后面的字符作为 shell 命令执行。复制完成后，在笔记本目录下生成名为 gcpml - book 的文件夹。

2.1.5 添加执行样本代码所需的程序库

默认情况下，Datalab 具有处理各种 GCP API、数据分析和机器学习的库，但你也可以自己添加新库。本书的示例代码使用了最新和更加方便的库，因此，我们将在此处更新和添加库。

步骤 1：打开 setup. ipynb 笔记本

打开本书样本代码的 gcpml - book/setup. ipynb。

步骤 2：运行单元格

setup. ipynb 笔记本有一个单元格，具有以下代码，因此请运行该单元格。

```
%%bash
echo "pip install --upgrade google-cloud-vision==0.27.0" >> /content/datalab/.
config/startup.sh
echo "pip install --upgrade google-cloud-translate==0.25.0" >> /content/datalab/.
config/startup.sh
echo "pip install --upgrade google-cloud-language==0.28.0" >> /content/datalab/.
config/startup.sh
cat /content/datalab/.config/startup.sh
```

如果命令%%bash（以%%开头的命令称为单元命令）放在单元格的开头，则整个单元格将作为 bash shell 脚本执行。这里，安装各种 Python 库的命令被添加到 Datalab 实例的启动脚本中。

步骤 3：重新启动 Datalab 实例

参照 2. 1. 2 节停止实例，并连接 Datalab 命令。实例从计算引擎控制台停止。

Datalab 重新启动后，库添加完成。

浏览器页面不会自动重新加载，请在几秒钟后重新加载。重新启动后，库添加完成。

即使你没有在启动脚本中写入，也可以通过编写代码并执行来安装库！pip install（库名称）在代码单元格中。那时，当实例关闭时，库被重置，因此有必要再次安装它。如果要暂时使用它，则应使用此方法。

> 如果想要在Datalab速度慢或互联网访问受限的情况下打开笔记本，请参阅本书附录中的“Jupyter设置”部分。

2.2 NumPy 和 pandas

本节关键词： ndarray，shape，广播，DataFrame

NumPy 和 pandas 是基于使用 Python 进行数据分析和机器学习的库。它不仅可使代码更简单、更快速，还可以更轻松地链接数据。这里我们解释每种数据类型及其基本用法。

2.2.1 NumPy

NumPy 是一个设计用于高速执行 *N* 维阵列操作的库。本书第 2 部分中描述的机器学习库 scikit - learn 就是基于 NumPy，第 3 部分中描述的 TensorFlow 也与 NumPy 数据表示法兼容。

2.2.2 *N* 维数组 ndarray

NumPy 具有一个称为 ndarray 的 *N* 维数组对象。ndarray 是相同类型和大小的数组，例如，2 ×3 的二维数组，如果数据类型为 int，请按如下方式定义。

```
import numpy as np

a = np.array([[1, 2, 3], [4, 5, 6]], dtype=np.int32)
```

第一个参数是嵌套列表，是数组的数据。传递给下一个参数 dtype 的 np. int32 定义了此数组的数据类型是 32 位整数。阵列见表 2-3。

表 2-3　二维 ndarray 值

1	2	3
4	5	6

表示这个二维数组的维数和每个维度大小的“形”，称为 shape。shape 可以像下面那样进行确认。

```
a.shape  # -> (2,3)
```

以后还可以更改 shape。例如，要将上一个 ndarray 的 shape 从（2，3）更改为（3，2），应执行以下操作。

```
a.reshape((3, 2))
# -> array([[1, 2],
#           [3, 4],
#           [5, 6]], dtype=int32)
```

ndarray 还可以处理非二维数组。对于三维，嵌套的是一个三级列表，如下所示：

```
b = np.array([[[1, 2, 3],
               [4, 5, 6]],
              [[7, 8, 9],
               [0, 1, 2]]], dtype=np.int32)
b.shape  # -> (2, 2, 3)
```

可以按如下方式访问数组的元素：在这里我们访问 0 行 1 列的元素。

```
a[0, 1]  # -> 2
```

2.2.3 ndarray 的生成方法

ndarray 除了可在前面的嵌套列表中生成之外，还可以使用 NumPy 的各种函数生成。

生成元素全为 0 的 2×3 的数组：

```
np.zeros((2, 3))
# -> array([[ 0.,  0.,  0.],
#           [ 0.,  0.,  0.]])
```

一步生成 0 ~ 9 的数组：

```
np.arange(10)
# -> array([0, 1, 2, 3, 4, 5, 6, 7, 8, 9])
```

以 0.1 为增量生成 2 ~ 3 的数组：

```
np.arange(2, 3, 0.1)
# -> array([ 2. ,  2.1,  2.2,  2.3,  2.4,  2.5,  2.6,  2.7,  2.8,  2.9])
```

还提供了其他功能，例如从文件读取的功能和生成随机数的功能等。

2.2.4 通用函数

通用函数（universal function，简写为 ufunc）是执行对 ndarray 的每个元素的操作的函数。它与许多 NumPy 内置函数都兼容，因此易于使用。例如，如果将 ndarray 作为参数传递给乘方的函数 np. power。

```
a = np.array([[1, 2, 3],
              [4, 5, 6]], dtype=np.int32)


# a的2次方
np.power(a, 2)
# -> array([[ 1,  4,  9],
#           [16, 25, 36]], dtype=int32)
```

你可以看到每个元素都是 2 次方的。通过这种方式，即使在普通 Python 中所需要循环的操作里，通用函数也可以写在一行上，因此它们具有高可读性并且可以快速计算（许多内置函数使用 C 语言实现）。

你还可以使 Python 的内置函数和你自己的函数具有通用性。要将这些函数转换为通用函数，请使用 np. frompyfunc。

```
def func(x):
    return 'Label:{}'.format(x)


np_func = np.frompyfunc(func, 1, 1)
np_func(a)
# -> array([['Label:1', 'Label:2', 'Label:3'],
#           ['Label:4', 'Label:5', 'Label:6']], dtype=object)
```

func 是唯一的一个将参数 x 返回为字符串格式的函数。如果输入 ndarray 作为此函数的参数，则返回值将是一个数组字符串，如'Lable:[[1 2 3]\n[4 5 6]]'。另一方面，如果使用 np. frompyfunc 转换为通用函数，则可以看到每个元素都是字符串格式。np. frompyfunc 的第二个和第三个参数分别是原始函数的输入和输出数。

2.2.5 广播

除了上述通用函数之外，用四则运算的运算符 + - * / 也同样可以对数组的每个元素进行操作。例如，如果想将数组的各个元素一律加 10，则进行如下操作。

```
a = np.array([[1, 2, 3],
              [4, 5, 6]], dtype=np.int32)
a + 10
# -> array([[11, 12, 13],
#           [14, 15, 16]], dtype=int32)
```

如果将阵列加在一起，则进行如下操作。

```
a + a
# -> array([[ 2,  4,  6],
#           [ 8, 10, 12]], dtype=int32)
```

为了执行此类操作，NumPy 应用一个称为“广播”（broadcasting）的规则。前面的 a + 10 操作在内部将标量值[⊖]10 扩展到数组（［［10，10，10］,［10，10，10］］）以将元素添加到同一索引。如果一个是标量值或两者都是相同的 shape，很容易理解，但如果 shape 与它不同，规则会稍微复杂一些。

如果将 shape(2,3) 添加到 shape(2,1)：

```
c = np.array([[1],
              [2]], dtype=np.int32)
# 像下面这样扩展
# array([[1, 1, 1],
#        [2, 2, 2]])

a + c
# -> array([[2, 3, 4],
#           [6, 7, 8]], dtype=int32)
```

如果将 shape(2,3) 添加到 shape(1,3)：

```
d = np.array([[1, 2, 3]], dtype=np.int32)
# 像下面这样扩展
# array([[1, 2, 3],
#        [1, 2, 3]])

a + d
# -> array([[2, 4, 6],
#           [5, 7, 9]], dtype=int32)
```

该广播的执行如图 2-7 所示。这样，如果某个维度的大小为 1，则值将重复到维度的方向并扩展到相同的 shape。如果它大于 1，则无法扩展，因此在执行操作时将出现错误。

```
e = np.array([[1, 2],
              [1, 2]], dtype=np.int32)
# 这是不可扩展的

a + e
# -> ValueError
```

⊖ （相对于矢量值是具有大小和方向的量）标量值表示仅具有大小的量。

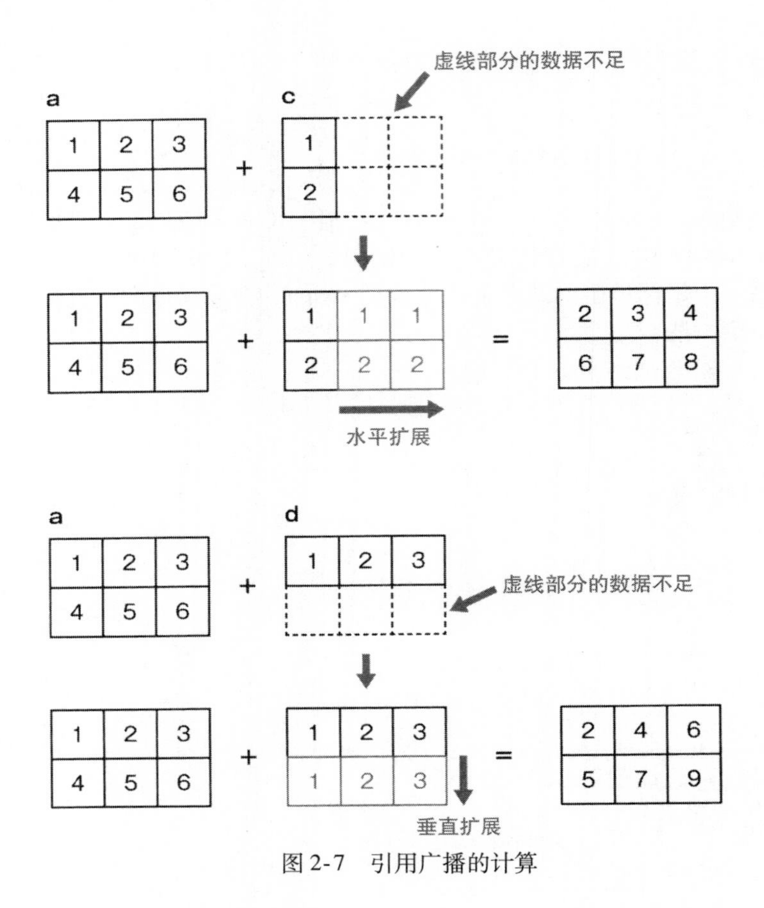

图 2-7　引用广播的计算

2.2.6　pandas

pandas 是一个用于数据分析的 Python 库。它可以处理表类型数据，如 Excel 和 SQL 表。而且，数据接口也非常丰富，不仅可以读写 CSV 和 Excel 文件，还支持 SQL 和 BigQuery 的输入输出。

2.2.7　数据结构

pandas 可以处理表类型数据，其数据结构包括一维数据（仅行数据）、二维数据（行和列的常用表）和三维数据（加上行和列的深度方向）。它的维度和数据对象对应关系与表 2-4类似。

表 2-4　pandas 的数据结构和对象

维度	对象	说明
一维	Series	仅行方向上的数据。当把它看作是一个一行的表时，很容易理解
二维	DataFrame	一般表。有行和列
三维	Panel	具有许多表的数据结构

每种数据结构如图 2-8 所示。此外，由于 Panel 不经常使用，因此本书仅解释了 Series 和 DataFrame。

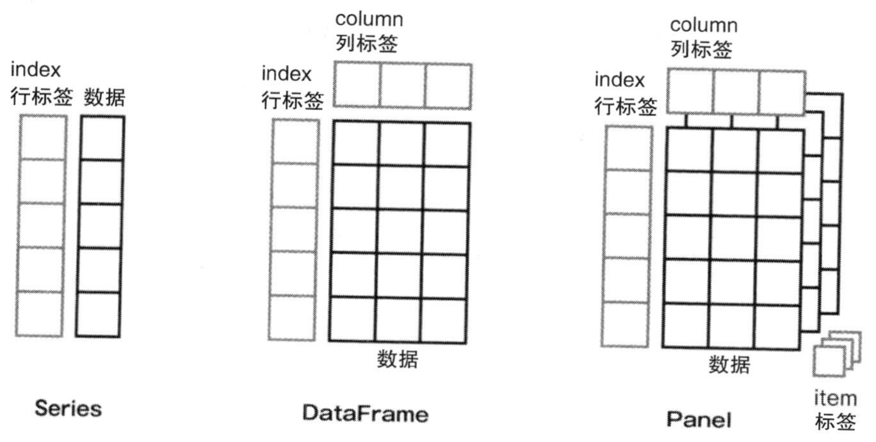

图 2-8 pandas 的数据结构

2.2.8 Series

Series 是仅在行方向上的一维数据，但它可以被视为只有 1 列的表，因为它具有称为 index 的行标签。实际上，DataFrame 是表数据，它是 Series 的容器。可以从列表（或 np. array）生成 Series，如下所示。

```
import pandas as pd

series_a = pd.Series([1.1, 2.2, 3.3])
series_a  # ->
# 0    1.1
# 1    2.2
# 2    3.3
# dtype: float64
```

如果输出它，你可以看到，除了行数据的 1.1、2.2、3.3 之外，它还具有 0、1、2 的索引（行标签）。如果不指定索引，则会自动添加索引，但除了数字之外，还可以指定字符串或日期类型。

```
series_b = pd.Series([10, 20, 30], index=['Apple', 'Orange', 'Grape'])
series_b  # ->
# Apple     10
# Orange    20
# Grape     30
# dtype: int64
```

因为 pandas 输入输出形式非常灵活，从 dict 也可生成包含了 index 和数据的 Series。如果要从 dict 中生成，请在 key 上输入 index 的标签，并在 value 中输入值。

```
series_c = pd.Series({'Apple': 120, 'Orange': 80, 'Grape': 300})
series_c  # ->
# Apple     120
# Grape     300
# Orange     80
# dtype: int64
```

index 用作引用数据的索引。除了简单地引用其中一个数据外，你还可以以“从这里到此处”的形式对行进行切片。

```
series_c['Orange']  # -> 80


series_d = pd.Series([2, 4, 6, 8, 10, 12])
series_d[1:3]  # ->
# 1    4
# 2    6
# dtype: int64
```

2.2.9 DataFrame

DataFrame 是具有常见行和列的数据表。除索引外，还添加了列标签。在列表中传递数据时，将其作为嵌套列表，如 NumPy。

```
df_a = pd.DataFrame([[1, 2, 3],
                     [4, 5, 6]],
                    columns=['a', 'b', 'c'],
                    index=['A', 'B'])
df_a  # ->
#    a  b  c
# A  1  2  3
# B  4  5  6
```

由于 DataFrame 也是 Series 的容器，因此你还可以从 DataFrame 中检索 Series。

```
df_a.a  # ->
# A    1
# B    4
# Name: a, dtype: int64
```

若要检索 Series，你可以引用列名称的属性 df_a.a 或将列名称作为键来检索它，例如df_a ["a"]。

2.2.10 各种计算方法

pandas 不仅可以保存数据，还可以应用各种操作。例如，要查找 DataFrame 中每列的平均值。

```
df_a.mean()  # ->
# a    2.5
# b    3.5
# c    4.5
# dtype: float64
```

同样，要查找每行的平均值。

```
df_a.mean(axis=1)  # ->
# A    2.0
# B    5.0
# dtype: float64
```

axis =1 表示列方向。在这种情况下，每一行执行一个操作，找到列方向的平均值。类似地，axis =0 表示行方向。请记住，axis 参数可以指定使用 mean()以外的函数执行操作的方向。

常用功能见表 2-5。

表 2-5 典型函数

函数	说明
cumsum	求累积和
max	求最大值
min	求最小值
mean	求平均值
median	求中位数
std	求标准差
sum	求和

你也可以使用自定义函数。例如，计算每个列的最小值和最大值之间的差值如下。

```
def func(x):
    mn = x.min()
    mx = x.max()
    return mx - mn

df_a.apply(func, axis=0)  # ->
# a    3
# b    3
# c    3
# dtype: int64
```

apply 将参数给出的函数应用于 DataFrame。此处为 axis = 0，行方向的数据（即 Series）被传递到第一参数的 func，func 为一函数。在 func 函数中，最小值是通过 Series 的 min( ) 获得的，最大值是通过 max( ) 获得的，并返回它们之间的差值。这适用于所有的列。

2.3 链接 Datalab 和 BigQuery

本节关键词：查询，Google Charts，地理图

Datalab 不仅具有 BigQuery 的交互式输入和输出，而且还具有多种数据可视化方法。在这里，我们将解释如何使用 Datalab 中的 BigQuery 以及如何将其可视化。

2.3.1 数据准备

在执行 BigQuery 查询之前准备数据集。这与 1.6 节相同，因此如果你已经创建了数据集和表，则可以跳过这一部分。可以运行以下代码单元格来复制数据，以便一次创建数据集和表。

```
# 创建名为testdataset的数据集
!bq mk testdataset
# 从CSV文件和架构创建表
!bq load testdataset.names ../datasets/names.csv ../datasets/schema.json
```

2.3.2 从 Datalab 中执行查询

在 1.6 节中，我们使用 bq query 命令从命令行执行查询。当然，你可以通过从 Datalab 代码单元格中添加“!”来执行此操作，但这里有一种更智能的方法。

```
%%bq query
SELECT
  name,count
FROM
  testdataset.names
WHERE
  state = 'CA' AND gender = 'F'
ORDER BY
  count DESC
LIMIT 5
```

如果在 Datalab 代码单元格中列出 %%bq query 单元格命令，则整个单元格将识别为 BigQuery 的查询输入。下面是一个查询，它显示在加利福尼亚州（CA）出生的女孩中所使用的名字最多的前 5 名。执行时，查询结果显示在表格中，而不是文本中，如图 2-9 所示。

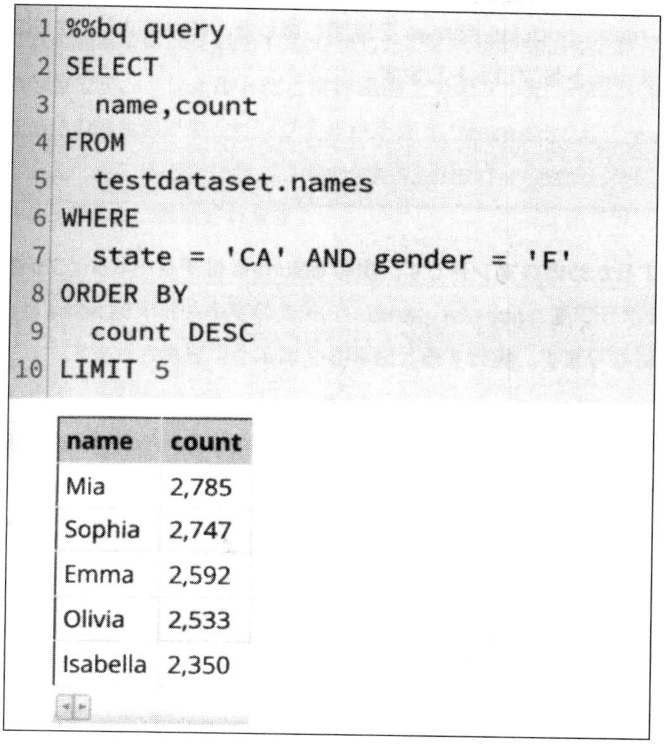

```
1 %%bq query
2 SELECT
3   name,count
4 FROM
5   testdataset.names
6 WHERE
7   state = 'CA' AND gender = 'F'
8 ORDER BY
9   count DESC
10 LIMIT 5
```

name	count
Mia	2,785
Sophia	2,747
Emma	2,592
Olivia	2,533
Isabella	2,350

图 2-9　在 Datalab 中查看 BigQuery 查询结果

2.3.3　在图表上绘制查询结果

查询结果也可以直接绘制在图表上。重写前面的代码单元格如下。

```
%%bq query --name popular_names
SELECT
  name,count
FROM
  testdataset.names
WHERE
  state = 'CA' AND gender = 'F'
ORDER BY
  count DESC
LIMIT 10
```

在%% bq query 命令中添加了 - - name popular _ names。这允许你命名查询。接下来，绘制图表。

```
%chart columns --data popular_names --fields name,count
```

% chart 是绘制图表的命令。后面的 columns 表示图表类型为条形图。下面是一个命令，用于绘制带有常用名称数据的字段值名称和计数的条形图。执行时，如图 2-10 所示。

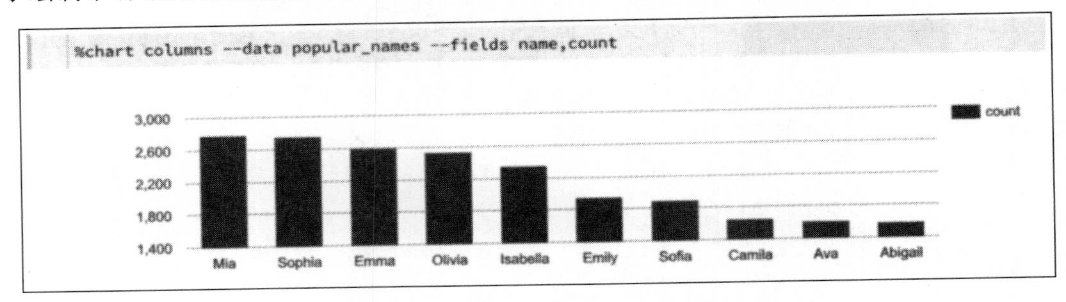

图 2-10　在条形图中显示查询结果

Google Charts[1]用于绘制此图表，因此除了条形图之外，你还可以绘制各种图表。现在，让我们在另一个查询中的地理图上绘制它。

```
%%bq query --name count_by_state
SELECT
  state, SUM(count) as sum_count
FROM
  testdataset.names
GROUP BY
  1
ORDER BY
  2 DESC
```

这是一个按州计算出生人数的查询。要使用 Google Chart 将其映射到地图上。

```
%chart geo --data count_by_state
{"region": "US", "resolution": "provinces"}
```

它变成了 geo，而不是 columns。绘制地理图时，第二行的 dict 是可选项。在默认情况下，这是世界地图上的映射，因此我们将 “resolution” 设置为 “provinces” 以指示将 “US” 映射到 “region” 的详细信息。其他详细的选项符合 Google Chart 规则。执行时，如图 2-11 所示。

从图中一看就明白，内陆出生的人数很少。这样，你可以使用字符可视化数据，使数据的特征更易于理解。

[1] https://developers.google.com/chart/

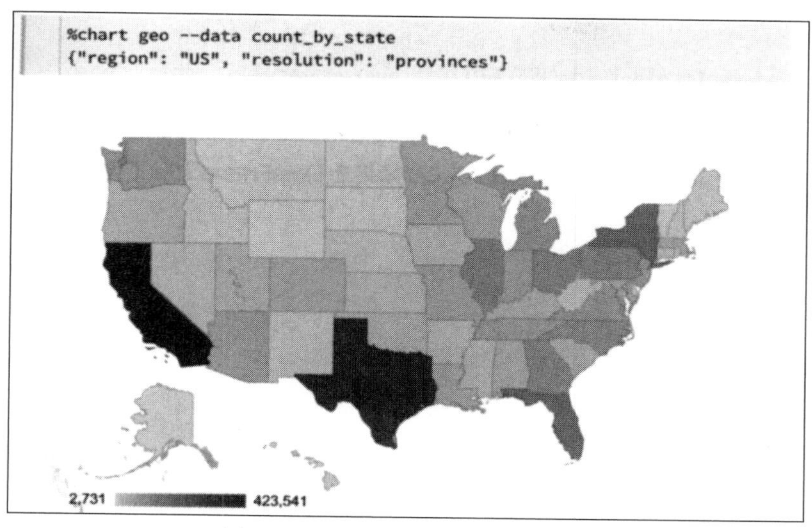

图 2-11　在地理图中查看查询结果

2.3.4　使用 pandas

BigQuery 可以从 pandas 中读取数据，因此你不仅可以使用 pandas 的数据处理功能，还可以使用它来绘图[⊖]。若要立即查看数据，请使用 bq query 命令；若想处理各种数据或将其用于机器学习，则请使用 pandas。

将 BigQuery 加载到 pandas 的 DataFrame 中的方法如下。

```
import pandas as pd

query = """
SELECT
  name,count
FROM
  testdataset.names
WHERE
  state = 'CA' AND gender = 'F'
ORDER BY
  count DESC
LIMIT 5
"""

df_names = pd.read_gbq(project_id='PROJECTID', query=query)
```

⊖ 自 2017 年 5 月发布 pandas 的 0.20.0 版本以来，BigQuery 的 Cert 一直是一个单独的软件包，因此，如果要在更高版本中使用此方法，则需要使用 pip install pandas - gbq 命令进行安装。

执行时，查询日志输出如下，查询结果可以作为 DataFrame 的方式获得。

```
Requesting query... ok.
Query running...
Query done.
Processed: 2.1 Mb

Retrieving results...
Got 5 rows.


Total time taken 1.13 s.
```

你也可以以同样的方式从 DataFrame 写入 BigQuery 表。使用 to _ gbq 函数将其写入表。

```
df_names.to_gbq(project_id='PROJECTID',
                destination_table='testdataset.names2')
```

在这种情况下，在 testdataset 数据集的 names2 表里写入了 df _ names DataFrame 的数据。

使用 pandas，你可以轻松地与 BigQuery 连接。但是，由于 pandas 正在将内存中的数据[㊀]扩展到最后，因此可从 BigQuery 中获取所有数据，而这些数据可能具有几百万行的数据量。如果你这样做，你的笔记本可能会挂起。最好将 LIMIT 添加到查询中，或提前检查数据行数。

2.4 用 Datalab 绘制各种图形

本节关键词： Matplotlib，seaborn，heatmap，pairplot

Datalab 支持使用 Matplotlib 和 seaborn 进行图形绘制，以及使用% chart 命令进行图形绘制，如 2.3 节所述。在这里，我们将解释如何轻松地使用它们，并绘制机器学习中常用的图形。

1. 数据集的准备

数据集使用 datasets 文件夹中的 tips. csv。这也是 seaborn 样本中的一个文件，但我们会将其保存到 BigQuery 中，以了解数据分析流，然后分析 BigQuery 上的数据。首先，从 CSV 文件创建一个表。

```
!bq load --autodetect testdataset.tips ../datasets/tips.csv
```

在这里，我们在 testdataset 数据集中创建了一个 tips 表。如果尚未创建测试数据集 testdataset，可以使用！bq mk testdataset 命令创建它。

创建表后，将其加载到 pandas 的 DataFrame 中。

㊀ 从数据库中取出数据（记录）。

```
import pandas as pd

query = """
SELECT * FROM testdataset.tips
"""

df = pd.read_gbq(project_id='PROJECTID', query=query)
df.head()
```

加载完成后，DataFrame 中存储了 244 行数据。运行 df. head( ) 以显示前 5 行中的数据(见表 2-6)。这样，你可以在正确加载数据的同时获得数据的概述。顺便说一下，这些数据是一个服务员收到小费金额的摘要，它包括“支付总额（美元)”“性别”“是否为吸烟者”“星期几”“午餐时间或晚餐时间”和“团体人数”。

表 2-6　df. head( ) 结果

	total_bill（支付总额）	Tip（小费）	Gender（性别）	Smoker（吸烟者）	Day（星期几）	Time（就餐时间）	Size（团体人数）
0	8. 58	1. 92	Male	True	Fri	Lunch	1
1	3. 07	1. 00	Female	True	Sat	Dinner	1
2	10. 07	1. 83	Female	False	Thur	Lunch	1
3	7. 25	1. 00	Female	False	Sat	Dinner	1
4	23. 68	3. 31	Male	False	Sun	Dinner	2

2. DataFrame 抓取数据绘图

DataFrame 具有可以用来绘制图形的 Matplotlib 方法。Matplotlib 是一个 Python 的第三方库，可用于绘制二维图表（也可以是三维的)。默认情况下已安装了 Datalab。通常，要在 Jupyter 笔记本上绘制，你需要运行 %matplotlib inline 内联命令，但不需要使用 Datalab。

要使用 DataFrame 的内置函数绘制图形，输入下面的一行代码。

```
df.plot()
```

执行时，图 2-12 中的图形会显示在笔记本上。

除了默认折线图之外，DataFrame. plot( ) 函数还支持散点图、直方图、条形图等，你可以通过为条形图添加 kind =“bar” 参数来更改它。如果需要在散点图指定 X 轴和 Y 轴的内容，可以指定列的名称，如 df. plot （kind =“scatter”, x =“total_ bill”, y =“tip”)。

单独使用它可以做很多事情，但是你可以使用 seaborn 来使图形更容易进行数据分析。seaborn 是一个 Matplotlib 包装器库，因此它具有 Matplotlib 可以执行的功能，以及它自己独特的功能。使用 seaborn 如下所示。

```
import seaborn as sns

sns.lmplot(data=df, x='total_bill', y='tip')
```

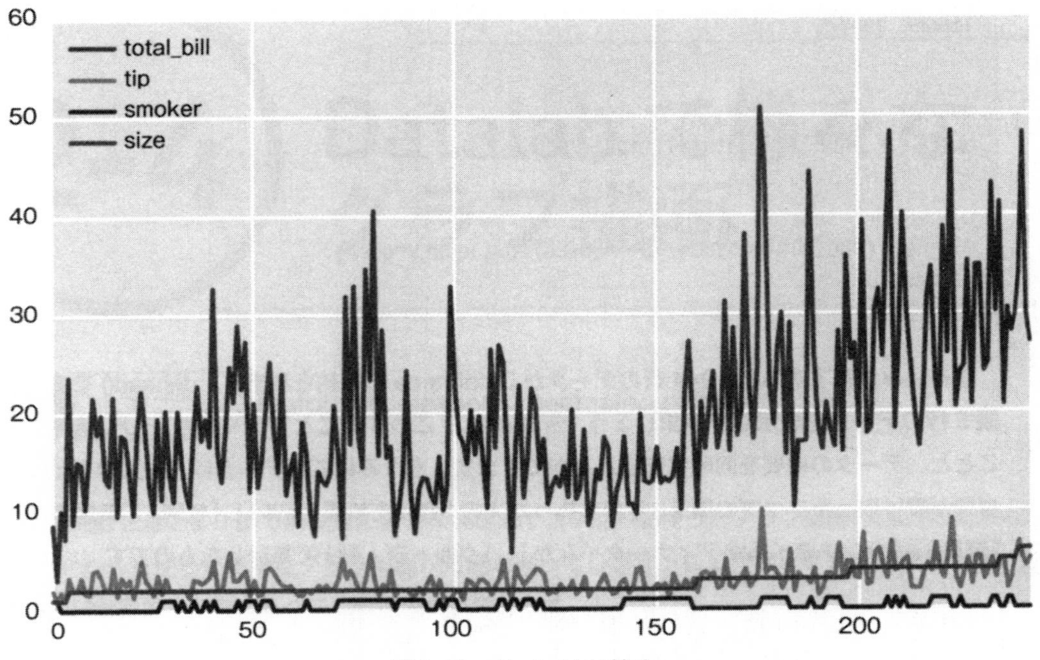

图 2-12　df. plot( )的输出

Implot 在散点图上绘制回归曲线。seaborn 还可以绘制漂亮的彩色图，允许你在默认情况下绘制漂亮的图表。输出如图 2-13 所示。这表示支付总额与小费数量之间的相关性，似乎支付总额越高，小费金额越高。

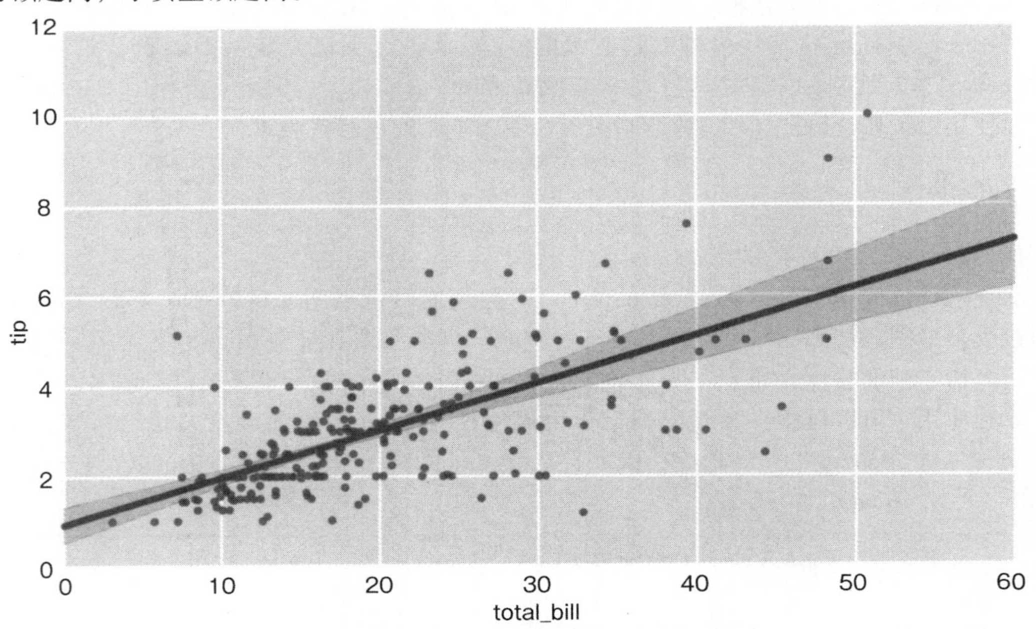

图 2-13　使用 seaborn 绘制的散点图和回归曲线

至于传递数据的方式，有一种方法可以将 DataFrame 传递给 data 参数，并将列名指定为 x 和 y，但是还有一种方法可以直接将 Series 传递给 x 和 y，如下所示。

```
sns.kdeplot(df.total_bill, df.tip)
```

kdeplot 是一个绘制二维密度分布的函数，称为 KDE（核密度估计）。它显示数据集中在等高线的位置。这个参数传递给了 Series，它可以正常工作。同样，它是支付总额和小费金额的数据，但我认为我注意到抓取数据的方式发生了变化。前面提到了支付总额和小费金额的相关性，支付总额越高则小费金额越高，这次显示了当支付总额为 10 美元，小费金额是 2 美元的情况最多（见图 2-14）。所以，如果更改图表类型，则可以更改在相同数据中看到的内容。

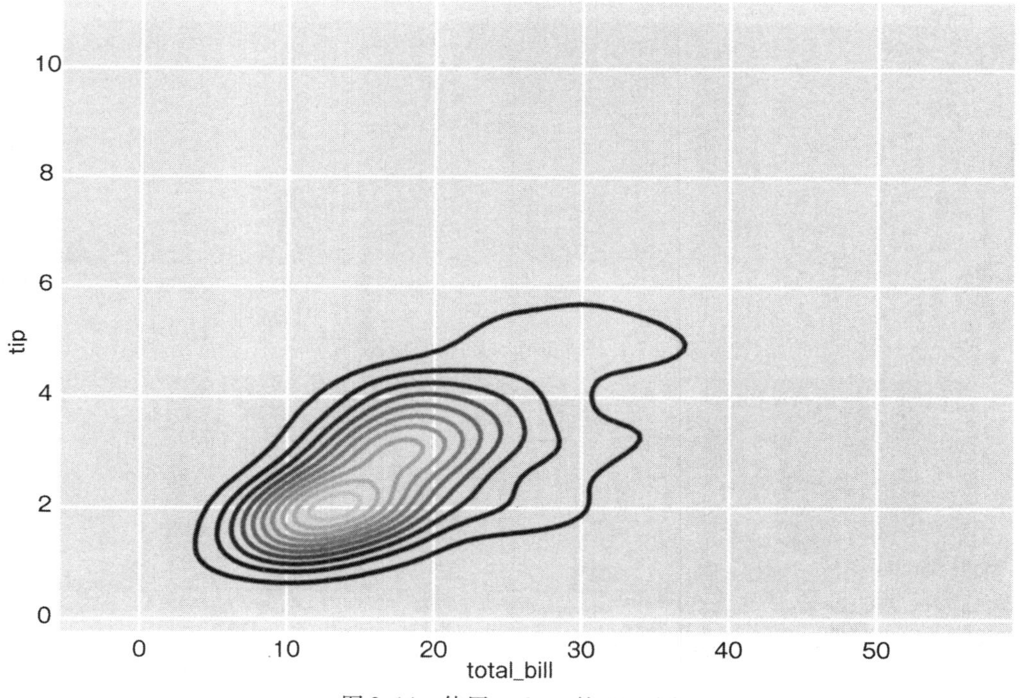

图 2-14　使用 seaborn 的 KDE 图

distplot 可用于查看单个列的方差。除了正常的直方图外，distplot 还可同时绘制 kdeplot 密度估计曲线（见图 2-15）。

```
sns.distplot(df.total_bill)
```

要查看每列的相关性，请结合 DataFrame 的 corr 函数和 seaborn 的 heatmap 函数。corr 函数返回矩阵中每列的相关性。heatmap 函数以阴影显示给定的矩阵数据。这样，通过这种方式，你可以一目了然地看到无论你是否为吸烟者，小费的数量与支付总额不是很相关（见图 2-16）。

```
corr = df.corr()
sns.heatmap(corr)
```

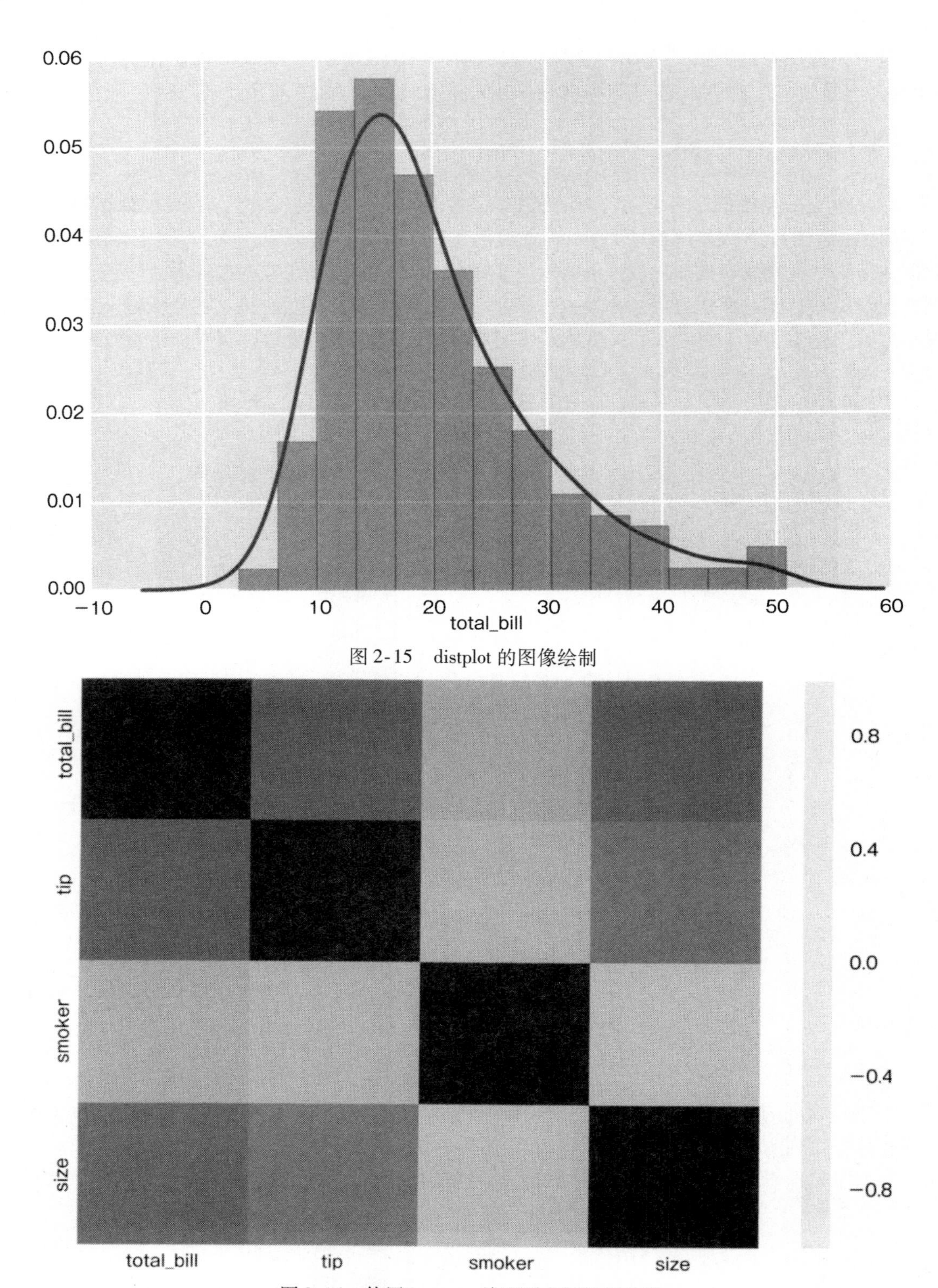

图 2-15　distplot 的图像绘制

图 2-16　使用 heatmap 检查列之间的相关性

最后，我将介绍最有可能使用的图表。图 2-17 是散点图和所有列组合的直方图（称为 pairplot）的组合。这很复杂，但你可以用 seaborn 来绘制一行。

```
sns.pairplot(df, hue='time')
```

散点图的颜色随着 hue 参数中指定的列的值的变化而变化。只需绘制一个图形，即可一目了然地了解数据是如何相互关联的，以及数据是如何分散的。通过这种方式使数据可视化，你可以看到数据中的一些变化趋势。从本书的第 2 部分开始，你将能够学习机器学习的原理并能够自动捕捉这些趋势，但机器学习的内容并非全面。最重要的是让设计师了解数据的趋势。不要忘记可视化数据，如本节所示，而不是突然将数据用于机器学习中。

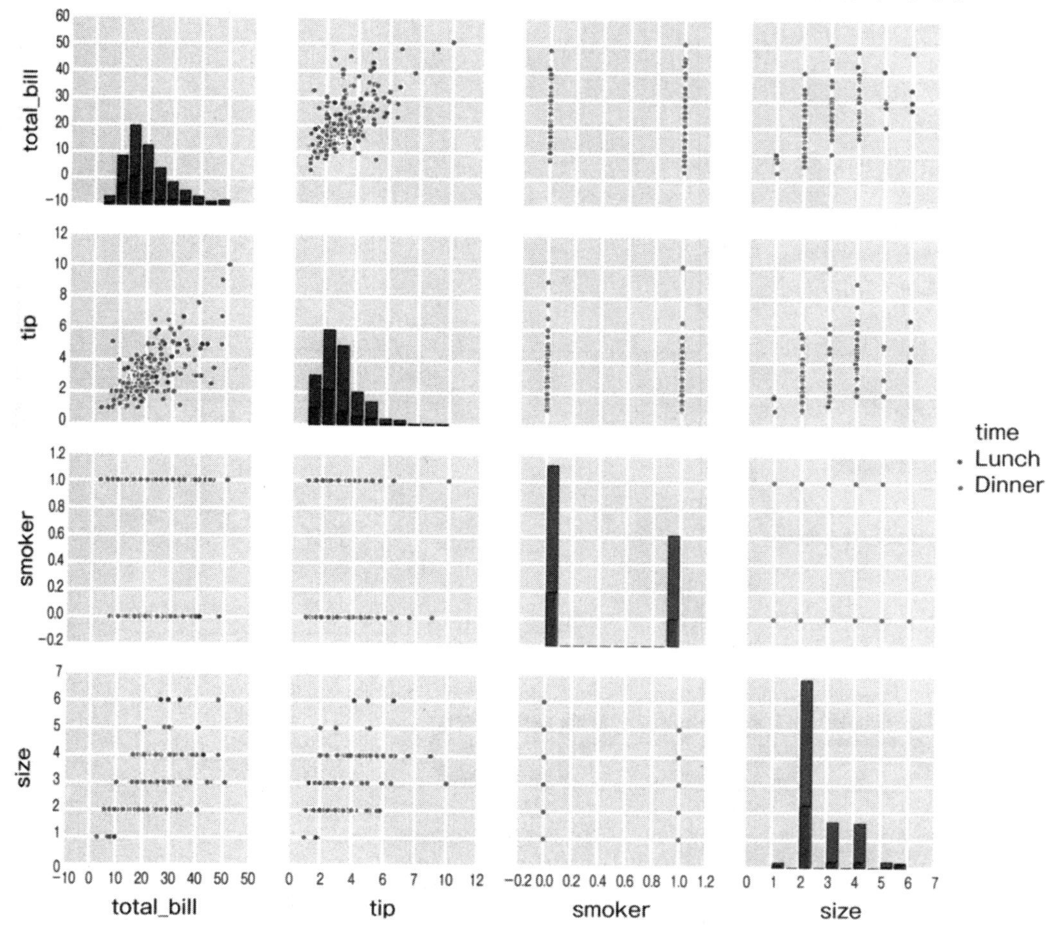

图 2-17　用 pairplot 俯瞰全局

第 3 章 使用 GCP 轻松进行机器学习

GCP 中有一个机器学习 API，可以很容易地使用。在这里，我们将解释如何从 Datalab 的笔记本中调用此 API 并使用它。

3.1 GCP 的机器学习相关服务

本节关键词： REST API，JSON，URI

在解释 GCP 的机器学习 API 之前，我将简要介绍 GCP 机器学习相关服务的定位（见图 3-1）。正如本书开头所解释的那样，机器学习可以提前学习大量数据，并且可以在未知数据到来时预测某些值。

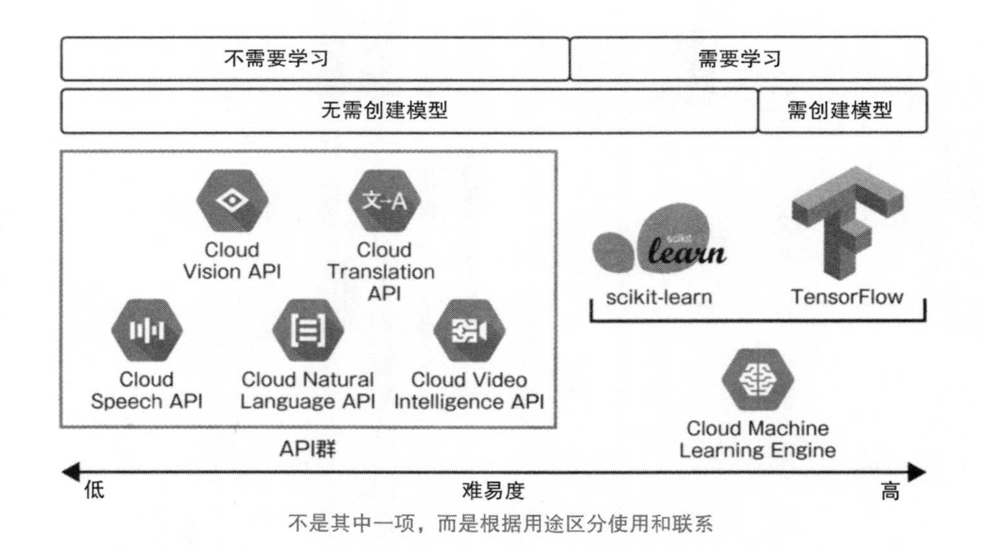

图 3-1　在 GCP 上的机器学习服务

但是，如果要进行高级预测（如识别照片中的内容），则需要大量的学习数据和复杂的学习模型。GCP 提供基于大量数据的模型并提前学习，你可以通过 API 使用它们，而无需任何机器学习知识。

另一方面，也有“仅凭这个不能做自己想做的事！”的情况。GCP 也能应对这些需求。

如果你可以创建自己的学习模型并具有学习数据，那么还有一个环境，你可以在其中执行此操作并做出预测。

但是，创建自己的学习模型需要一定的知识。关于这些知识，就让我们从本书的第 2 部分开始慢慢地学习吧。在这里，我们将首先利用 API，它可为我们提供易于使用且高级的机器学习功能。

3.1.1 GCP 的机器学习 API

GCP 提供了与机器学习相关的 API，见表 3-1。对于所有这些事情，很难自己创建类似的模型。因此，如果你可以使用这些 API 执行这些功能，我们则建议你使用这些 API，而不是自己创建类似的模型。

表 3-1 GCP 机器学习 API（截至 2017 年 8 月）

API 名称	主要功能
Cloud Natural Language API	文字分析 文本的情感分析 文本的语法结构分析 单词分类分析
Cloud Speech API	语音文字化（支持 110 多种语言）
Cloud Translation API	将文本翻译成语言（支持 100 多种语言）
Cloud Vision API	图像分析（静止图像） 图像标签 检测不适当的图像 产品徽标检测 地名检测 OCR（文本提取） 人脸检测 在 Web 上搜索类似的图像
Cloud Video Intelligence API	视频分析 视频标签 场景变化检测 拍摄位置检测
Data Loss Prevention（DLP）API①	从敏感信息提取文本和从图像中提取处理个人信息等时需要注意的信息

① DLP API 未被归类为与机器学习相关的 API，但被归类为与安全相关的 API。

在本书中，我们将解释 Cloud Vision API、Cloud Translation API 和 Cloud Natural Language API 的具体用法，这些是本书中最常用到的实用案例。此处也简要介绍了其他 API。所有这些 API 都可以在官方网页上的试用网页上运行。

3.1.2　Cloud Speech API

https://cloud.google.com/speech/

将语音转换为文本。由于现代智能手机操作系统具有标准语音输入功能，因此这种 API 的应用更适用于呼叫中心将文字转化为语音，而非面向于终端用户。

3.1.3　Cloud Video Intelligence API

https://cloud.google.com/video-intelligence/

提取视频中每个场景中的对象（例如，如果视频中有狗，则提取“狗”标签；如果有火车在视频中，则提取“火车”标签，或检测场景的变化）。可以说它的应用范围非常广泛，例如，从拍摄的内容中分类出许多视频文件，并仅在监视摄像机的视频中出现特定对象时提取（见图 3-2）。

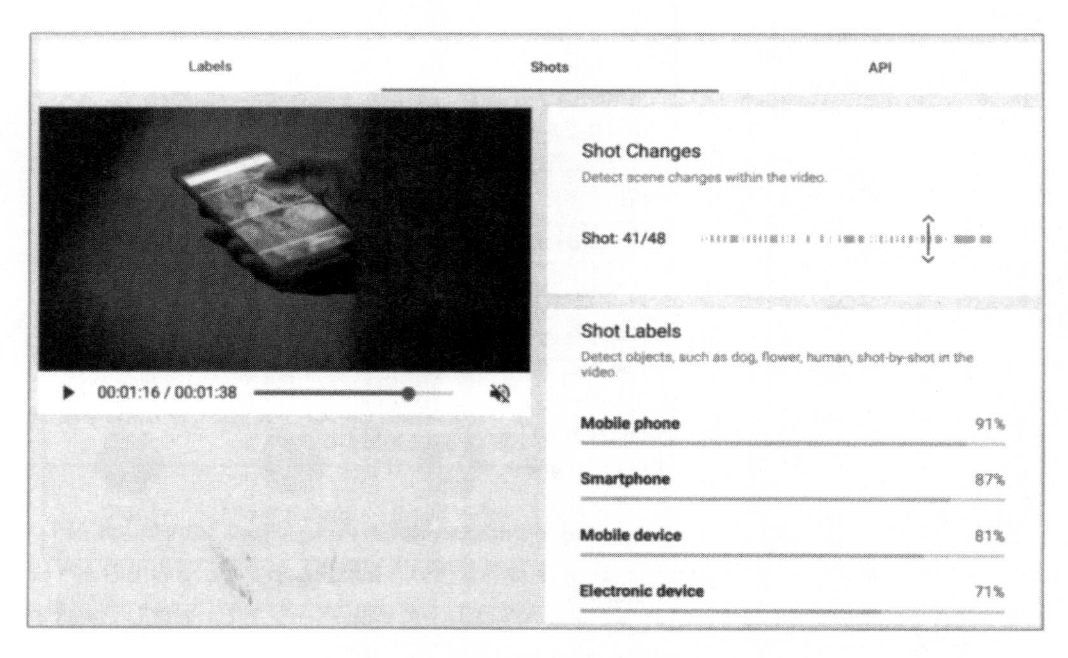

图 3-2　带有视频标记的演示屏幕

3.1.4　Data Loss Prevention（DLP）API

https://cloud.google.com/dlp/

这不是与机器学习相关的 API，而是与安全相关的 API。你可以从文本中提取个人信息和重要安全项目（见图 3-3）。例如，如果文本包含貌似是电话号码或信用卡号的信息，则将返回相关部分的位置和准确度。作为一种应用，可假设有一个应用程序在网站上显示客户查询的内容作为常见问题解答。如果在询问内容上没有注意到客户的联络方式，就那样在

Web 公开的话会变得很糟糕。你可以预先使用此 API 扫描内容，并在发布 Web 之前，通过警告个人信息已被列出或屏蔽相关内容，以防止信息泄露。

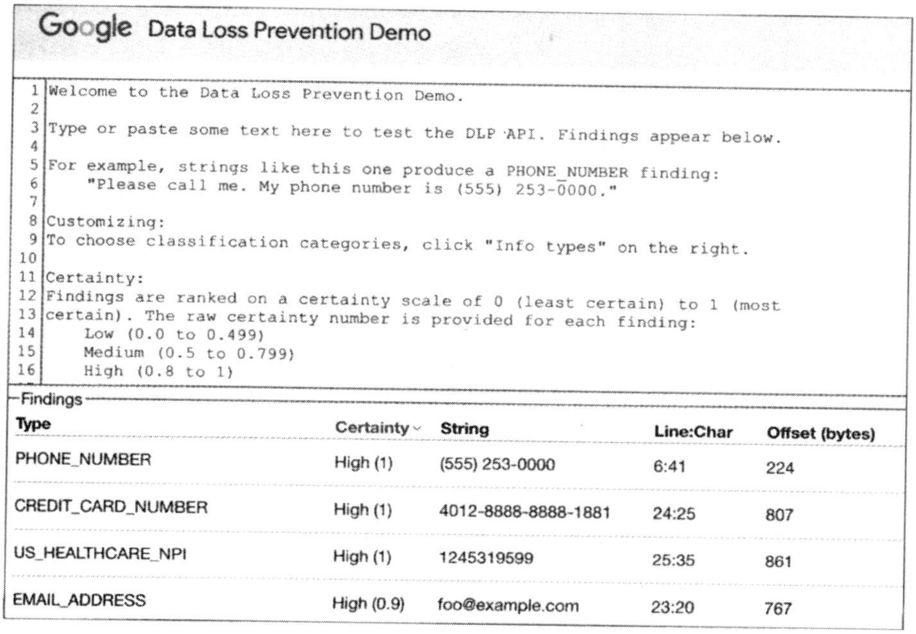

Google Data Loss Prevention Demo

```
 1 Welcome to the Data Loss Prevention Demo.
 2
 3 Type or paste some text here to test the DLP API. Findings appear below.
 4
 5 For example, strings like this one produce a PHONE_NUMBER finding:
 6     "Please call me. My phone number is (555) 253-0000."
 7
 8 Customizing:
 9 To choose classification categories, click "Info types" on the right.
10
11 Certainty:
12 Findings are ranked on a certainty scale of 0 (least certain) to 1 (most
13 certain). The raw certainty number is provided for each finding:
14     Low (0.0 to 0.499)
15     Medium (0.5 to 0.799)
16     High (0.8 to 1)
```

Findings

Type	Certainty	String	Line:Char	Offset (bytes)
PHONE_NUMBER	High (1)	(555) 253-0000	6:41	224
CREDIT_CARD_NUMBER	High (1)	4012-8888-8888-1881	24:25	807
US_HEALTHCARE_NPI	High (1)	1245319599	25:35	861
EMAIL_ADDRESS	High (0.9)	foo@example.com	23:20	767

图 3-3　提取句子中个人信息的演示（https://cloud.google.com/dlp/demo/）

3.1.5　REST API

本节所述的 API 可以称为 REST API。REST（Representational State Transfer，表述性状态转移）API 是一个通过 HTTP 交换的简单接口，通常使用被称为 JSON[㊀]（JavaScript Object Notation，JavaScript 对象表示法）的文本格式交换数据。

乍一看，这似乎很困难，但其配置与在浏览器中实际查看网站时没有太大区别（见图 3-4）。在浏览器中查看网站时，可以在 URL 输入栏中输入 http://google.com/以显示网页。这仅是请求 URL 的“页面信息”，并且 Web 服务器返回称为 HTML 的纯文本页面信息。然后，浏览器将 HTML 中存在的图像文件、脚本等请求到 Web 服务器，并绘制整个页面。

然而，在 REST API 中，如果请求 URI（Uniform Resource Identifier，统一资源标识符）这种 URL 时，它会以 JSON 文本格式进行回复，这和 URL 是不同的。它不仅可以接收信息，还可以创建、更新和删除信息。例如，使用 Cloud Vision API，将图像数据发送到 URI 后将返回标记数据、OCR 结果等。实际上，这个库完成了大部分处理，因此无需了解详细的规范，但请记住，我们正在以这种方式进行通信。

㊀ 没有规定只在 REST 中处理 JSON，但今天许多 API 提供商（如 Google）都采用 JSON。

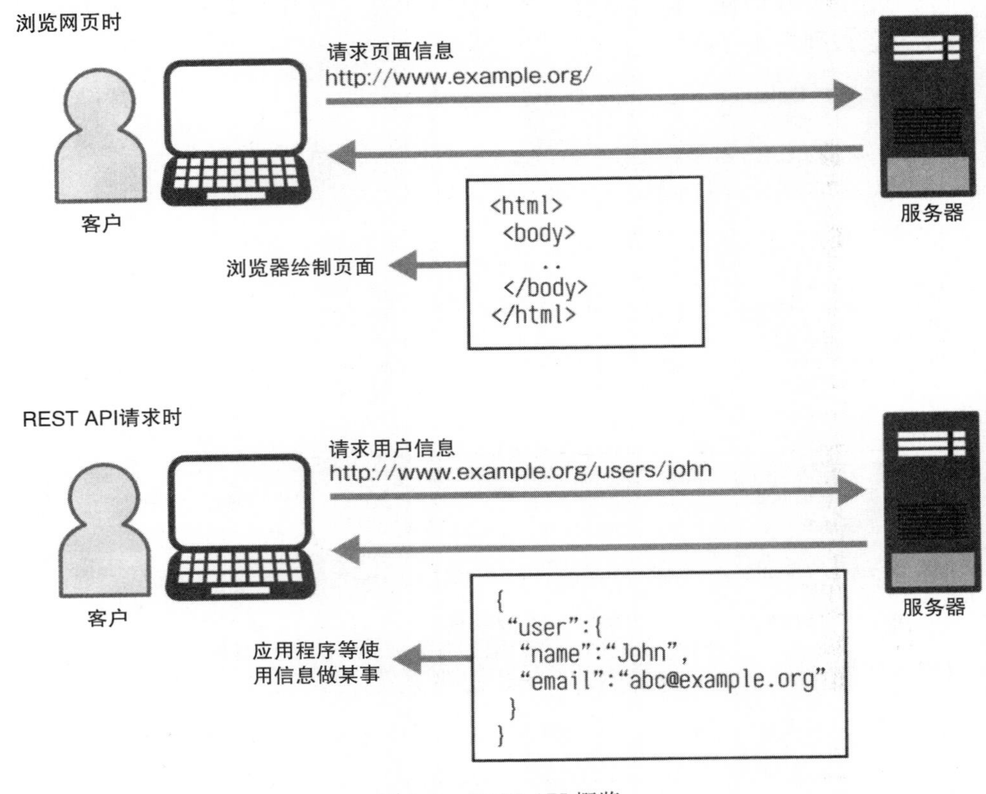

图 3-4　REST API 概览

3.2　Cloud Vision API

本节关键词：标签检测，人脸检测，地标检测，OCR（文本检测）

Cloud Vision API 是一种非常有趣的 API，可以有多种使用方式，例如，从图像中标记图像中的对象，或从面部表情中猜测人的情绪。在这里，你将学习如何在编写调用 API 的代码时使用它。

3.2.1　启用 Cloud Vision API

默认情况下是禁用 Cloud Vision API 的，因此在开始编写代码之前需要先启用它。打开控制台，然后从左侧菜单中打开“API 和服务”的“仪表板”。单击屏幕左上角的“启用 API”以显示 API 列表。如果在搜索框中键入“Cloud Vision API”，它将显示出来，因此选择并单击屏幕顶部的“启用”以激活它（见图 3-5）。

3.2.2　图像标签检测

首先，我们来谈谈图像标签检测。图像的标签检测是指对图像中映射的物体进行命名。让我们看看在图 3-6 所示的图片中它是如何工作的。这是一张在海滩上休憩的海鸥的照片。

图 3-5　API 的启动画面

图 3-6　海鸥图片

1. 创建客户端

创建一个客户端来访问 API。如果直接使用 REST API 的话，需要自己进行认证，这是非常困难的，但如果使用库及在客户端中包装的 HTTP 请求的话，这个工作则会变得非常简单。创建客户端，如下所示。

```
# 导入Vision API客户端库
from google.cloud import vision

# 创建客户端的实例
vision_client = vision.Client()
```

使用 Datalab 时，已经通过了认证，所以即使没有设置也可以使用。在非 Datalab 环境下运行，你必须设置相应的认证（参见 3.3 节）。

2. 指定图像和调用 API

有两种方法可以将图像发送到 API：使用 Base64 代码并将其包含在请求参数中或指定 GCS 路径。库可以按照以下方式指定图像，而无需进行这些繁琐的预处理。

使用本地文件时

```
image = vision_client.image(filename='seagull.jpg')
```

指定 GCS 路径时

该文件需要事先保存在 GCS 中。

```
image = vision_client.image(source_uri='gs://my-test-bucket/seagull.jpg')
```

使用原始数据时

```
# 在这里，我们从图像文件中读取原始数据
with open('seagull.jpg', 'rb') as image_file:
    image_array = image_file.read()

image = vision_client.image(content=image_array)
```

你现在拥有一个包含客户端信息和图像信息的 Image 类。你所要做的就是向此类中的 API 发出请求。

3. 执行标签检测

通过调用前面创建的 Image 类的 detect_labels 函数向 API 发出请求。如果成功，标签信息将作为列表返回，因此 for 循环将打印标签信息的分数（检测到的标签的准确度）和描述（标签描述）。

```
# 执行标签检测
labels = image.detect_labels()

print('Labels:')
for label in labels:
    print('Score:%f, Label:%s' % (label.score, label.description))
```

该代码的执行结果如下。

```
Labels:
Score:0.962896, Label:bird
Score:0.911664, Label:beak
Score:0.907058, Label:vertebrate
Score:0.861525, Label:gull
Score:0.845544, Label:fauna
Score:0.781382, Label:seabird
Score:0.619073, Label:sea
Score:0.574355, Label:charadriiformes
```

分数是标签检测准确度（确定性），并且判断越接近 1.0（值从 0.0 到 1.0），准确度越

高。利用该结果，可以高准确度地检测出“鸟”“喙”“脊椎动物”“海鸥”等。“海”也是正确的，但准确度稍低。然而，从这张照片来看，即使我们看着是海也未必就是海（也可能是湖），所以可以说标签检测在某种意义上是准确的。

另外，由于该标签的种类每天都在更新，根据执行 API 的时间不同可能会检测出不同的标签。下面是整个标签检测的代码摘要，这是另一种检测方法，但它与创建 Image 类相同。

```
# 导入Vision API客户端库
from google.cloud import vision

# 创建客户端的实例
vision_client = vision.Client()

# 在使用本地文件的情况下创建一个Image类
image = vision_client.image(filename='seagull.jpg')

# 执行标签检测
labels = image.detect_labels()

print('Labels:')
for label in labels:
    print('Score:%f, Label:%s' % (label.score, label.description))
```

3.2.3 人脸检测

人脸检测可以检测画面中的多个人脸。还可以猜测眼睛和鼻子的位置，面部的方向，以及人的情绪。让我们从图 3-7 所示的照片中找到一张脸。这是一张三个人对着前方的照片，而且左边的人带着太阳镜。

图 3-7　合影（由 Dhruva Reddy 拍摄，见 unsplash. com）

和以前一样，我们先创建一个客户端，导入图像，并创建一个 Image 类。调用 detect_faces 函数进行面部检测。参数限制了要检测的最多人脸数量（如果未指定，默认数量为 10）。如果请求成功，检测结果将在列表中返回。这里，在检测结果中还打印出了对面部表现情绪的推测。

```
image = vision_client.image(filename='face.jpg')

# 执行面部检测
faces = image.detect_faces(limit=20)

# 打印出情绪推测结果
for face in faces:
    print(face.joy)
    print(face.anger)
    print(face.sorrow)
    print(face.surprise)
```

该代码的执行结果如下。

```
Likelihood.VERY_LIKELY
Likelihood.VERY_UNLIKELY
Likelihood.VERY_UNLIKELY
Likelihood.VERY_UNLIKELY
        :
Likelihood.VERY_LIKELY
Likelihood.VERY_UNLIKELY
Likelihood.VERY_UNLIKELY
Likelihood.VERY_UNLIKELY
```

这是对情绪类型和准确度的解释。下表中有 4 种情绪，并判断它符合多少。

种类	说明
joy	喜悦
anger	愤怒
sorrow	悲哀
surprise	惊讶

另外，准确度（判断的确定性）在以下 5 个等级中给出。

判定	说明
VERY_LIKLY	非常符合
LIKELY	符合
POSSIBLE	有可能
UNLIKELY	不符合
VERY_UNLIKELY	完全不符合

也就是说，上面的对情绪的推测结果是，“joy（喜悦）”这种情绪是“VERY_LIKLY（非常符合）”的，而其他情绪的推测结果则是“VERY_UNLIKELY（完全不符合）”的。

另外，由于可以监测到面部的每个部分（眼睛和耳朵）的位置，所以可以将监测结果绘制成图像。

```
import matplotlib.pyplot as plt
import numpy as np
from PIL import Image

# 用Matplotlib绘制图像
plt.figure(figsize=(8, 6))
im = Image.open('face.jpg', 'r')
plt.imshow(np.asarray(im))

# 绘制每个人脸的检测结果
for face in faces:
    # 在矩形中绘制面部的轮廓
    bbox_x = [v.x_coordinate for v in face.fd_bounds.vertices]
    bbox_y = [v.y_coordinate for v in face.fd_bounds.vertices]
    bbox_x.append(bbox_x[0])
    bbox_y.append(bbox_y[0])
    plt.plot(bbox_x, bbox_y, 'g-', linewidth=1)

    # 绘制面部每个(眼睛和耳朵)部分的位置
    lm = face.landmarks
    landmarks_x = []
    landmarks_y = []
    for landmark_name in vars(face.landmarks):
        landmark = getattr(face.landmarks, landmark_name)
        landmarks_x.append(landmark.position.x_coordinate)
        landmarks_y.append(landmark.position.y_coordinate)
   plt.plot(landmarks_x, landmarks_y, 'go', markersize=1)
```

脸部轮廓信息存储在 fd_bounds 属性中。而 fd_bounds 属性具有 4 个顶点。它们分别是矩形区域的左上角、右上角、右下角、左下角的（X，Y）坐标（x_coordinate，y_coordinate）。下一个列表（bbox_x，bbox_y）在检索到的矩形区域中，追加到列表中的 index0 只是为了方便在 Matplotlib 中绘制。

此外，脸部的每个部分（眼睛和耳朵）的位置在 landmarks 属性里都有。一些部分，如 left_eye（左眼）和 upper_lip（上嘴唇）等因为无法全部列举，所以用 vars 取得它们名字的列表，用 getattr 取得着它们的位置信息。如果只需要特定部分的位置信息，可以按照以下方式取出。

```
# 获得左眼的X，Y坐标
x = landmarks.left_eye.position.x_coordinate
y = landmarks.left_eye.position.y_coordinate
```

有关所有面部部分的列表，请参阅 API 参考文档：

https://cloud.google.com/vision/docs/reference/rest/v1/images/annotate#Type_1

执行结果如图 3-8 所示，除了照片前面的三个人，我们可以确认还能检测到后面的两个人。此外，不仅左侧带墨镜的那个人可以正常检测出，其眼睛的位置也能隐约看到。

图 3-8　人脸检测结果

3.2.4　地标检测

不管是自然景物还是人工景物，都能从图像中判断出有名的地点（观光地或商店），并能返回其地名和地点的位置（经纬度）。该位置信息不是从 Exif（Exchangeable image file format，可交换图像文件格式：图像文件中保存的摄影条件等信息）中检测出来的，而是根据图像识别检测到的地名来确定位置。

我们赶紧试试吧。现在准备了图 3-9 所示的图像。这是在悉尼歌剧院拍摄的。它不是从普通明信片的角度拍摄的，但它是如何识别的呢？

下面的代码指定了 Image 类中本地文件的图像，并使用 detect_landmarks 获取列表中的地标信息。

图 3-9 悉尼歌剧院照片

```
image = vision_client.image(filename='sydney.jpg')

# 检测地标
landmarks = image.detect_landmarks()

for landmark in landmarks:
    print(landmark.description)
    print(landmark.locations[0].latitude, landmark.locations[0].longitude)
```

该代码的执行结果如下。

```
Sydney
(-33.857765, 151.21450099999998)
Sydney Opera House
(-33.857123, 151.213921)
```

在 description 中含有检测到的地标的名称。locations 包括纬度 latitude 和经度 longitude。同时，作为地标候选的两个名称，“Sydney（城市名，悉尼）”和“Sydney Opera House（建筑物名，悉尼歌剧院）”被查出。画一个矩形，看看图像中哪些地方被识别为这些地标。

```
# 载入图像用Matplotlib绘制
im = Image.open('sydney.jpg', 'r')
plt.imshow(np.asarray(im))
for landmark in landmarks:
    # 获得每个地标的矩形区域
    bbox_x = [v.x_coordinate for v in landmark.bounds.vertices]
    bbox_y = [v.y_coordinate for v in landmark.bounds.vertices]
    bbox_x.append(bbox_x[0])
    bbox_y.append(bbox_y[0])
    # 绘制一个矩形
    plt.plot(bbox_x, bbox_y, 'g-', linewidth=2)
    plt.text(bbox_x[0], bbox_y[0] - 10, landmark.description, color='g')
```

地标边界属性有 4 个顶点。这与用于面部检测的 fd_bounds 具有相同的配置，在矩形区域的左上角、右上角、右下角和左下角具有（X，Y）坐标（x_coordinate，y_coordinate）。执行此操作的结果如图 3-10 所示。“Sydney”似乎与歌剧院的场景和左边的市区相对应。此外，“Sydney Opera House”对应歌剧院的中心部分。

图 3-10　地标检测结果

3.2.5　OCR（文本检测）

检测图像中的字符。它和之前一样，支持多种语言，可以识别图像中的多种语言。定义 Image 类并调用 detect_text。这里使用图 3-11 所示图像。

图 3-11　用多种语言写的指示牌

```
image = vision_client.image(filename='text.jpg')

# 运行OCR
texts = image.detect_text()

# 打印扫描的文本
for text in texts:
    print(text.description)
```

该代码的执行结果如下。

```
YCAT
横浜シティ·エア·ターミナル
(空港行きバス·高速バス)
Airport Bus-Expressway Bus /공항버스 고속버스
機場巴士·高速巴士/机场大巴,高速巴士

YCAT
横浜
シティ
  ⋮
```

虽然图像是由日语、英语、中文（简体）和韩语四种文字混合构成，但可以正确检测出文本。后半部分返回将文本分成单词和块的结果。和之前一样，让我们绘制边界并显示检测到的结果。

```
# 加载日语字体
from matplotlib.font_manager import FontProperties
fp = FontProperties(fname=r'../NotoSansMonoCJKjp-Regular.otf', size=8)

# 加载图像并使用Matplotlib显示它们
im = Image.open('text.jpg', 'r')
plt.imshow(np.asarray(im))

for text in texts:
    # 获取每个文本的矩形区域
    bbox_x = [v.x_coordinate for v in text.bounds.vertices]
    bbox_y = [v.y_coordinate for v in text.bounds.vertices]
    bbox_x.append(bbox_x[0])
    bbox_y.append(bbox_y[0])
    # 绘制矩形
    plt.plot(bbox_x, bbox_y, 'r-', linewidth=1)
    plt.text(bbox_x[0], bbox_y[0], text.description,
             color='r', fontproperties=fp)
```

Matplotlib 的默认字体无法显示日语和其他多字节字符串，因此 FontProperties 用于在此处设置字体。执行结果如图 3-12 所示。

图 3-12　OCR 结果（文本交叉，因此它向上移动并显示）

可以看出它可以监测出整个文本区域。这幅照片的拍摄角度有些倾斜，但可以看到这个文本区域也产生了倾斜，以此来适应拍摄角度。另外，左侧飞机图标中的“YCAT”是一个颜色反转文字（带有反转文字颜色和背景颜色的字母），但也可以正确检测到。因此，可以很容易地设计应用程序，例如根据文本内容对图像进行覆盖显示。

3.3　Cloud Translation API

本节关键词：多语种翻译，语言识别，服务账户

Cloud Translation API 是一种用于多语种翻译的 API。它支持 100 多种语言，包括日语在内的一些语言使用了神经网络算法，其具有非常自然的翻译功能。

3.3.1　启用 Cloud Translation API

在默认情况下是禁用 Cloud Translation API 的，因此在开始编写代码之前需要启用它。打开控制台并从左侧菜单中打开“API 和服务”的“Dash board”。单击画面左上角的“启用 API”可查看 API 列表。你可以在搜索框中输入“Cloud Translation API”，选择它并单击屏幕顶部的“启用”以完成激活。

3.3.2　将日语翻译成英语

让我们轻松将日语翻译成英语。虽然导入目标不同，但在开头创建客户端实例与 Vision

API 相同。要执行翻译，只需在参数中指定代表客户端翻译功能的字符串和翻译语言即可。

```
# 加载客户端库
from google.cloud import translate

# 创建客户端的实例
translate_client = translate.Client()

# 要翻译的句子
text = u'GCPで機械学習が簡単に学べました。'
# 目标语言
target = 'en'

# API的执行
translation = translate_client.translate(
    text,
    target_language=target)

print(u'翻訳元: {}'.format(text))
print(u'翻訳後: {}'.format(translation['translatedText']))
```

执行后输出如下所示。另外，请注意，Translation API 每天都在不断发展，因此如果你在一段时间后再次运行它，其翻译的文本可能会略有不同。

```
翻訳元: GCPで機械学習が簡単に学べました。
翻訳後: I learned machine learning with GCP easily.
```

API 的返回值采用 JSON 格式。翻译的字符串存储在 translatedText 键中。这里，在翻译请求时仅将翻译的语言指定为 target_language。如果未指定要翻译的语言，语言识别功能会自动检测语言并将 detectedSourceLanguage 添加到返回值。

```
{u'detectedSourceLanguage': u'ja',
  'input': u'GCPで機械学習が簡単に学べました。',
  u'translatedText': u'I learned machine learning with GCP easily.'}
```

通常，你不需要指定源语言，但短句（如单词）可能无法在多种语言中产生相同的句子，因此它可能不是你预期的翻译。例如，让我们进行以下翻译。

```
wrong_translation = translate_client.translate(
    u'手紙',
    target_language='en')
wrong_translation['translatedText']
```

当源语言为日文时，“手紙” 被翻译成英文的 “letter（信件）”。这当然是正确的。但如果源语言是中文该怎么办呢？这是要添加 source_language 来指定源语言。

```
right_translation = translate_client.translate(
    u'手紙',
    source_language='zh',
    target_language='en')
right_translation['translatedText']
```

翻译结果是 “Toilet paper（卫生纸）”。这两个结果都没错，但如果应用程序设计者没有预期到不同的翻译结果，那就与犯错一样。你可以根据应用程序的使用情况决定是否根据需要添加 source_language。

顺便说一句，我使用 zh 和 en 等字符串来指定语言，但这是旧的代码 ISO 639 - 1[㊀]。执行以下代码时，输出对应语言列表和 ISO 代码。

```
results = translate_client.get_languages()

print(u'対応言語数:{}'.format(len(results)))

for language in results:
    print(u'{name} ({language})'.format(**language))
```

在撰写本书时（2017 年 8 月），所支持的语言数量大概是 104 种。

3.3.3 使用 Datalab 以外的 API

因为已经为 Datalab 分配了一个服务账户来使用 API，所以可以在没有任何身份验证相关设置的情况下使用它。Google App Engine 和 Google Compute Engine 也是如此（创建实例时，“Cloud API 访问范围” 设置为 “对所有 Cloud API 的完全访问权限”）。如果你在任何其他环境中使用 API，请创建服务账户。

1. 创建服务账户

1）从控制台侧菜单中，选择 “IAM 和管理” → “服务账户”。

2）单击屏幕顶部的 “创建服务账户” 按钮。

3）为 “服务账户名称” 指定描述性名称，选中 “提供新的私钥”，“密钥类型” 选择 “JSON”（角色未选中即可）。

4）因为下载了 JSON 文件，所以复制到使用 API 的环境中。

2. 服务账户的使用方法

如果默认情况下未设置账户，则客户端库会引用先前下载的服务账户密钥。要使客户端库能够引用服务账户密钥，请将密钥 “GOOGLE_APPLICATION_CREDENTIALS” 添加

㊀ https://ja.wikipedia.org/wiki/ISO_639 - 1

到系统环境变量中并设置 JSON 文件路径。如果在 Python 脚本上动态设置它，它看起来像这样：

```
import os
os.environ['GOOGLE_APPLICATION_CREDENTIALS'] = '/[JSONファイルのパス]/PROJECTID-0123abcd4567.json'
```

现在你可以使用像 Datalab 这样的 API。处理服务账户密钥时请小心。这是一种假定无法从第三方看到密钥的方法，例如在服务器之间使用 API。如果你错误地创建它，则可以从控制台中删除它，因此请仅保留所需的最低密钥。

3.4 Cloud Natural Language API

本节关键词：实体分析，情感分析

Cloud Natural Language API 解析文本的结构和含义。你可以找出文本所指的地点或人物，并分析情感。

3.4.1 启用 Cloud Natural Language API

在默认情况下是禁用 Cloud Natural Language API 的，因此在开始编写代码之前需要启用它。打开控制台，然后从左侧菜单中打开“API 和服务”的“Dash board”。单击屏幕左上角的“启用 API”以显示 API 列表。你可以在搜索框中输入“Cloud Natural Language API”，选择它并单击屏幕顶部的“启用”以完成激活。

3.4.2 实体分析

实体分析是指分析文本中包含的实体（名人、地名等固有名词）的信息。虽然这么说，但是很难想象其具体是什么样子，所以先试着进行分析吧。首先制作客户端的实例，这个也和以前一样。

```
# 导入NL API客户端库
from google.cloud import language

# 创建客户端实例
nl_client = language.Client()
```

接下来，使用 document_from_text 函数创建包含文本信息的 Document 类的实例。除了直接指定纯文本和 HTML 之外，你还可以指定 GCS 路径。指定 HTML 时，需在 document_from_html 中重写。而指定 GCS 路径时，则需在 document_from_url 中重写。Analysis 仅调用analyze_entities 函数。

```
# 句子分析
text = u'六本木ヒルズにあるGoogleのオフィスには山手線駅名の会議室があります。'
document = nl_client.document_from_text(text)

# 运行实体分析
response = document.analyze_entities()

# 结果的表示
for entity in response.entities:
    print('=' * 20)
    print(u'       単語: {}'.format(entity.name))
    print(u'       種類: {}'.format(entity.entity_type))
    print(u'メタデータ: {}'.format(entity.metadata))
    print(u'     重要度: {}'.format(entity.salience))
```

执行结果如下。如果请求成功，则返回实体列表。每个实体都有表 3-2 中的项目。

表 3-2　实体的项目

项目	说明
name	单词名称
entity_type	实体的类型。PERSON（人物）、LOCATION（地名）、ORGANIZATION（组织）等
metadata	相关元数据。如果有信息，则返回 Wikipedia URL 和 Knowledge Graph MID①
salience	重要性、特征和显著性

① 对应 Google Knowledge Graph 条目的 MID（Machine – generated Identifier，机器生成标识符）。关于 Google Konwledge Grape 参照如下链接：https://www.google.com/intl/es419/insidesearch/features/search/knowledge.html

```
====================
       単語: 六本木ヒルズ
       種類: LOCATION
メタデータ: {u'mid': u'/m/01r2_k', u'wikipedia_url': u'http://ja.wikipedia.org/wi
ki/%E5%85%AD%E6%9C%AC%E6%9C%A8%E3%83%92%E3%83%AB%E3%82%BA'}
     重要度: 0.21421166
====================
       単語: Google
       種類: ORGANIZATION
メタデータ: {u'mid': u'/m/045c7b', u'wikipedia_url': u'http://ja.wikipedia.org/
wiki/Google'}
     重要度: 0.19177863
====================
       単語: 会議室
```

```
       種類: EVENT
  メタデータ: {}
     重要度: 0.17811868
====================
       単語: 山手線
       種類: LOCATION
  メタデータ: {u'mid': u'/m/0213pt', u'wikipedia_url': u'http://ja.wikipedia.org/wiki/%E5%B1%B1%E6%89%8B%E7%B7%9A'}
     重要度: 0.1652496
====================
       単語: オフィス
       種類: PERSON
  メタデータ: {}
     重要度: 0.13799447
====================
       単語: 駅名
       種類: OTHER
  メタデータ: {}
     重要度: 0.11264697
```

结果表明，我们可以提取六本木山和山手线等固有名词。像这样，通过从文章中提取要素，使信息的整理和检索等变得容易了。例如，在 Web 上汇总调查结果时，你可以使用它来收集只提及了特定区域或产品的调查结果。

3.4.3 情感分析

情感分析就是分析文本的情感，比如说它是积极的，或是消极的。据了解有些公司会对顾客的邮件咨询进行情感分析，如果发现顾客生气则会提高回复的优先级。情感分析可以很容易地实现。那就是使用 analyze_sentiment 函数。可以对整个文章或是每个句子采用情感值。情感值可以通过表 3-3 中的两个类获得。

表 3-3 情感值参数

参数	说明
score	情感的积极度和消极度得分。在 -1.0 ~ 1.0 的范围内取值，越接近 1.0，越积极，越接近 -1.0，越消极
magnitude	情感的强度。（依据积极或消极）随情感用语的出现频率而增加值

```
# 句子分析
text = u"""
昨日食べたフレンチはとても美味しかったです。
でも値段が高すぎるのでもう行かないでしょう。"""
document = nl_client.document_from_text(text)
```

```
# 执行情感分析
response = document.analyze_sentiment()
sentiment = response.sentiment

print(u'全文の感情値: {}, {}'.format(sentiment.score, sentiment.magnitude))
print('')

print(u'文章毎の感情値;')
for s in response.sentences:
    print('=' * 20)
    print(u'文章: {}'.format(s.content))
    print(u'感情値: {}, {}'.format(s.sentiment.score, s.sentiment.magnitude))
```

执行结果如下。第 1 句的得分是非常积极的 0.9 分，这可能是因“非常好吃”的积极看法。另一方面，第 2 句的得分是消极的 -0.6 分。“価格が高い（价格高）”和“行かない（我不会去的）”单从这些单词来看的话，既可以是积极的，也可以是消极的，但当涉及这句话时，有理由认为它是消极的。正如这里所见，情感分析并不是通过简单的单词或短语来判断，而是通过正确理解句子的结构来分析的。另外，因为全文是积极情感和消极情感的混合，所以其得分是中性的 0.1 分。但情感的“起伏”很大。像这样在看 score 中情感的积极度与消极度的同时，也要配合 magnitude 来判断比较好。

```
全文の感情値: 0.1, 1.6

文章毎の感情値;
====================
文章: 昨日食べたフレンチはとても美味しかったです。
感情値: 0.9, 0.9
====================
文章: でも値段が高すぎるのでもう行かないでしょう。
感情値: -0.6, 0.6
```

专栏　Dataflow 与 ML Engine

第 3 章通过使用你已经学过的 API，可以轻松获得高级的机器学习结果。从第 2 部分之后，将使用自己的数据进行学习。本书示例代码中涵盖的数据不是那么大，因此学习可以很快地完成，但若数据越大（越多），则需创建的分布式环境越多，从而减少学习所需时间。

Dataflow 和 ML Engine 是完全托管的环境，用于分布式数据处理和学习。通常，在进行分布式处理时，必须编写大量分布式处理代码并对其环境进行设计。Dataflow 和 ML Engine 只写入你要执行的处理，其余程序将自动执行分布式处理。因为你可以自由设置要缩放的程度，所以你也可以根据需要快速结束流程。由于使用一台机器 100h 或使用 100 台机器 1h 在即用即付的情况下，所付的金额相同，所以你可以尽早结束并快速完成下一步。这都是 GCP 特有的性能。

第 2 部分　识别的基础

在本书的开头，我介绍了机器学习具有识别和回归性。识别是对事物或事物类型的确定。例如，在有猫和狗的图像中辨别其中的事物是狗还是猫。在这里，“猫”和“狗”被称为类，代表着要被识别的事物。此外，如果存在两种类型的事物，即“猫”和“狗”，则类的数量为 2，因此该识别可称为二类识别问题。除了“猫”和“狗”，如果加上“马”和“羊”，它就变成四个类，相对于二类识别问题，这种识别被称为多类识别问题。

在第 2 部分中，我们将一边编写具体的识别数据的代码，一边解释识别的含义。

第4章 二类识别

在学习机器学习中的识别时，更容易理解对两个类进行识别的原理。首先，我们要理解对两个类进行识别的原理，然后，我们将其扩展到多个类中。

4.1 简单识别

本节关键词：特征向量，识别边界

机器学习还尚未出现在这里。首先，基于简单数据，让我们使用基于规则的识别来进行识别（设计者自己制定的规则），而无需使用机器学习。

4.1.1 基于规则的识别

首先，为了让问题更容易理解，先考虑下述情况。

你是某产品的质量控制经理。虽然产品的生产线可以自动收集各种数据，但最终的产品质量检查取决于人的手。随着对产品需求的增加，我们决定增加一条新的生产线，但是没有足够的人来检查产品的质量。你想用机器弥补劳动力的短缺。

假设能够测量产品的数据 x0 和 x1。此时，如果产品质量为通过，则标签 y 的值为 1，如果为不通过则为 0。这就是负责人所做出的通过或不通过的决定，并在过去对其进行标记的原因。

是否有某种方法，仅通过 x0 和 x1 的值来判断 y 值，即使将来会有某种未知的测量数据加入，也无需通过人力来进行判断的吗？

由于我们希望通过用 0 或 1 来确定标签 y，因此我们可以假定两个类，用 0 和 1 来作为这两个类的类号，所以这是个二类问题。把标签的种类称为类，而 x0 和 x1 称为特征量或特征向量。那么让我们来看看数据的内容吧。

在表 4-1 中列出了一部分假设的数据。

表 4-1 生产线数据摘录

输入 x0	输入 x1	标签 y
0.2	0.7	1（合格）
0.6	0.3	0（不合格）
0.1	0.3	1（合格）
0.3	0.2	0（不合格）
...	...	...

仔细观察数据可以发现它具有以下分布（见图 4-1）。它看起来好像是非常有特点的数据。当人们看到这些数据时会无意识地对这些数据进行识别。例如，假设存在 $x0=0.2$ 和 $x1=0.8$ 的数据。这是一个新的点，不与图上的任何数据点重合，但它是白色还是黑色？大多数人会说是“白色”。那么 $x0=0.8$ 和 $x1=0.4$ 这个点呢？它应该是“黑色”吧！

但如果一个点是 $x0=0.5$ 和 $x1=0.5$，对它的判断则可能会因人而异。换句话说，这个点附近似乎有一条黑白分界线。让我们暂时画出这条分界线（见图 4-2）。

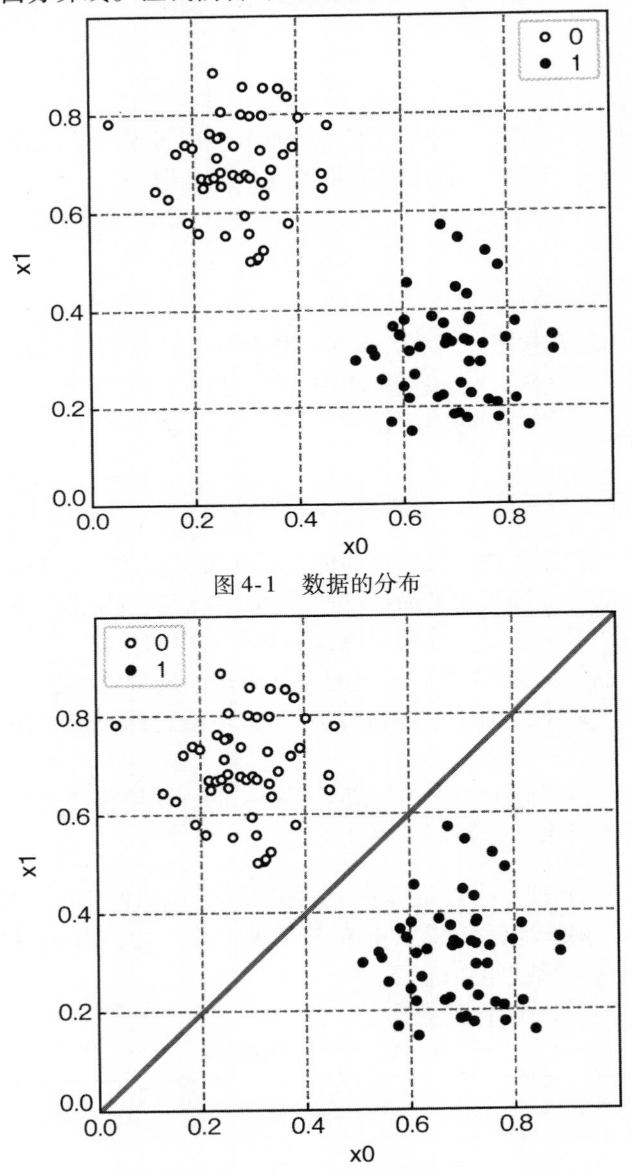

图 4-1　数据的分布

图 4-2　直观地绘制分界线

这是一条 $x0=x1$ 的直线。可以看出标签 $y=0$ 集中在这条分界线的左上方，即 $x0<x1$ 的

区域中。而标签 y = 1 则聚集在分界线的右下方，即 x0 > x1 的区域中。也就是说，这条线是分隔标签不同值的边界，我们称它为识别边界。

现在，即使未知的测量数据出现，我们也可以在不依赖人力的情况下进行判断。为了在不依赖人力（即通过机器）的情况下进行判断，创建一个在输入数据时输出标签的函数。

要输入的数据只有两种类型，即 x0 和 x1，要输出的数据是 y（其值为 0 或 1）。也就是说，如果输入某个点的坐标 x0 和 x1，则这个函数将确定该点是黑色还是白色（y 为 0 或 1）。该函数的原型如下所示（因为它是预测某事物的函数，所以我们用英语将其命名为 predict 函数）。

```
def predict(x0, x1):
    # 从使用了x0和x1的某种判定公式中
    # 求出y。y的值为0或1。
    return y
```

那么要使用什么函数才能得到我们所期待的标签（y）呢？让我们回顾一下之前在图4-2中提到的识别边界。

- 标签 y = 0 位于分界线的左上角，即 x0 < x1 的区域。
- 标签 y = 1 位于分界线的右下角，即 x0 > x1 的区域。

它似乎能够用一个简单的条件分支代码来给出答案。让我们重写这个函数。

```
def predict(x0, x1):
    #也可以使用三元运算符、lambda表达式等来编写更简单的代码
    if x0 < x1:
        y = 0
    else:  # x0 >= x1
        y = 1
    return y
```

在 x0 = x1（分界线）时，y = 1，这是因为它满足 else 的条件分支。但也可以使 x0 = x1 时 y = 0，这时应写为满足条件 x0≤x1 时，y = 0。这样即使有未知数据，使用这个函数也可以不依赖人力而确定标签的值！

让我们使用这个函数来实际地进行一下数据识别吧。该数据其实是使用 scikit - learn 生成的伪数据，scikit - learn 的功能将在 5.1 节详细说明。

```
import numpy as np
import pandas as pd
from sklearn.datasets import make_blobs

X_dataset, y_dataset = make_blobs(centers=[[0.3, 0.7], [0.7, 0.3]],
                                  cluster_std=0.1,
                                  center_box=(0.0, 1.0),
                                  random_state=42)
```

make_blobs 是一个用于生成随机数据块的函数。scikit - lean 为这种实验性的机器学习提供了许多帮助器。我们将会简要介绍该参数。

使用 centers 参数可指定数据的中心坐标。这一次，我们希望在二维坐标 x0 和 x1 中生成两个聚类，因此我们在数组中指定两个二维坐标。cluster_std 是质量的标准偏差，值越高，分布越广泛。

最后一个 random_state 是随机数的种子，如果未指定此值，则每次调用 make_blobs 函数时都会生成不同的数据。数据以元组的形式返回并存储在 x_dataset 和 y_dataset 变量中。在笔记本中，如果将变量放在代码块的末尾，则会显示其内容。

```
In []: X_dataset
Out []:  array([[ 0.74732376,  0.29271711],
                [ 0.21607825,  0.66907876],
                [ 0.50812288,  0.29734861],
                ...
                [ 0.29865028,  0.59422891],
                [ 0.67353432,  0.57201692],
                [ 0.36476885,  0.85230299]])
In []: y_dataset
Out []: array([1, 0, 1, ... , 0, 1, 0])
```

X_dataset 是二维数组，y_dataset 是一维数组。由于很难处理它，所以将其转换为 pandas 的 DataFrame 格式。

```
dataset = pd.DataFrame(X_dataset, columns=['x0', 'x1'])
dataset['y'] = y_dataset
```

在第一行中，将存储在 X_dataset 中的二维数组使用 x0 和 x1 作为列名生成 DataFrame。第二行添加存储在 y_dataset 中的一维数据，其列名称定为 y。现在，你已将所有数据转换为 DataFrame。并让我们确保它正确转换。

```
dataset.head()  # 只显示前五行
```

head 函数输出 DataFrame 的前五行。它在笔记本上的显示见表 4-2。

表 4-2　dataset. head( )的输出结果

	x0	x1	y
0	0. 747324	0. 292717	1
1	0. 216078	0. 669079	0
2	0. 508123	0. 297349	1
3	0. 252083	0. 681434	0
4	0. 602532	0. 378708	1

首先试着确认 predict 函数能否正确识别这个过去的数据。如果对 DataFrame 的各行重复同样的处理，使用 apply 函数会很方便。

```
def predict(x0, x1):
  #也可以使用三元运算符、lambda表达式等来编写更简单的代码
  if x0 < x1:
    y = 0
  else:  # x0 >= x1
    y = 1
  return y

pred = dataset.apply(lambda X: predict(X.x0, X.x1), axis=1)
```

通过设置 axis = 1，可以使每一行应用该函数。X 中包含该行引用，用 predict（X. x0，X. x1）运算的结果作为 Series 格式的列数据存储在 pred 中。

通过 predict 函数识别的结果与原本的标签进行比较，求出准确率（accuracy）。

```
label = dataset.y
cor = (pred==label)
accuracy = cor[cor==True].count()/float(label.count())
print(pred.values)
print(label.values)
print("Accuracy:%f" % accuracy)
```

pred 和 label，分别是以 predict 函数识别和人工识别的标签（完全由 make_blobs 函数创建），并以 Series 格式进行存储。在 cor 中，pred 和 label 各行的值是否匹配可以通过 Boolean 量以 Series 格式的值进行判断。cor［cor = = True］仅过滤 True 行（即 pred 和 label 匹配的行），并使用 count( ) 函数对它们进行计数。通过将其除以标签的总数来获得准确率。

我们来看看输出结果。

```
[1 0 1 0 1 ...  ... 0 0 0 1 0]
[1 0 1 0 1 ...  ... 0 0 0 1 0]
Accuracy:1.000000
```

在第一行和第二行中列出了相应的标签值。第三行的准确率是 1. 000000，用百分比表示的话就是 100％。它似乎能按预期进行识别。但这只是通过已知的数据来判断识别的方式，让我们试着用未知的数据来进行判断吧。修改上面的 make_blobs 函数。

```
data = make_blobs(centers=[[0.3, 0.7], [0.7, 0.3]],
                  cluster_std=0.1,
                  random_state=43)  # 42 -> 43
```

我将 random_state 从 42 改为 43。现在，随机数将生成与以前不同的数据。剩下的参数和以前一样。在笔记本上，重写随机状态值并尝试再次运行。让我们来看看输出结果。

```
[0 0 0 1 1 ...  ... 0 1 1 0 0]
[0 0 0 1 1 ...  ... 0 1 1 0 0]
Accuracy:1.000000
```

标签数据与前一个不同，但准确率为 1.000000。一些读者可能会认为，“如果你有正确的标签，它就不是未知的数据。”确实如此，但你只想确保识别正确，因此不必是完全未知的数据。

4.1.2 识别具有不同趋势的数据

在前面的代码中，我们能够通过定义单个函数来识别未知数据。那么如果数据趋势如图 4-3 所示，会发生什么？

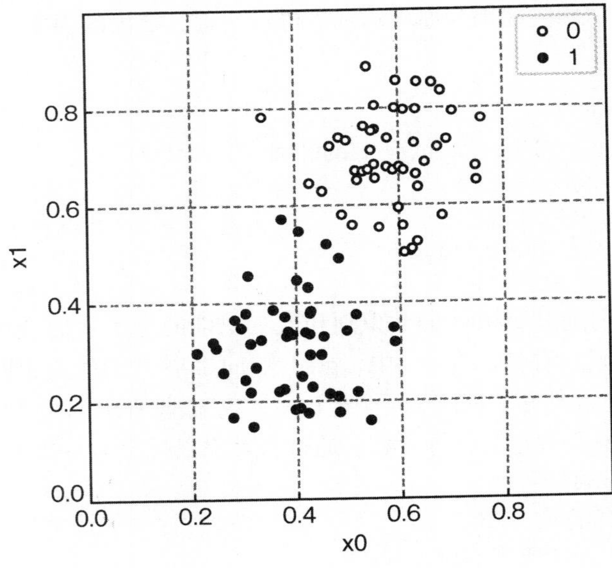

图 4-3 数据有不同的趋势

同样还是绘制一条辅助线来创建识别边界（见图 4-4），并定义函数。如果以表达式来表示辅助线，它是下面的样子。

x1 = -0.8 * x0 + 0.92

这里，梯度和截距是由作者在查看图表时确定的，即使值略有不同，只要能在图上正确绘制边界就没有问题。

若表示为函数，则如下所示。你可以看到 if 语句中的条件判断表达式相较于上一个函数发生了变化。

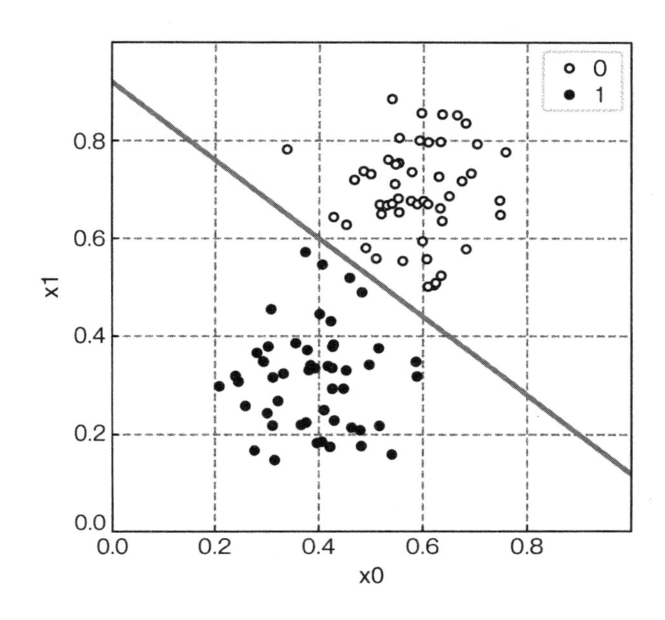

图 4-4　直观地绘制分界线

```
def predict(x0, x1):
  if x1 > -0.8*x0+0.92:
    y = 0
  else:  # x1 <= -0.8*x0+0.92
    y = 1
  return y
```

4.1.3　基于规则的识别限制

到目前为止，我们已经在两个数据集上考虑了基于规则的识别方法（通过人工查看数据来确定表达式）来导出识别函数。为此我们已经准备好了两个函数来应对它们，如果有图 4-5所示的 4 种数据集的话，我们该怎么办呢？

可以看到先前创建的两个函数无法正确识别任何数据。例如，除了创建另外四个函数之外，左上角的数据错综复杂，并且很难确定在何处绘制识别边界。此外，这些数据还是以二维图表示，因此它仍然可以由人工确定，但如果它不能以二维表示（即如果数据超过 x0，x1 等），该怎么办？如果有 100 个数据，那么它将是 100 个维度！

因此，如何使用基于规则的识别方法，其存在一些限制。那么我们该怎么办呢？直觉好的人会意识到如果识别边界能自动划出就好了。接下来，机器学习最终作为自动绘制识别边界的方法出现。

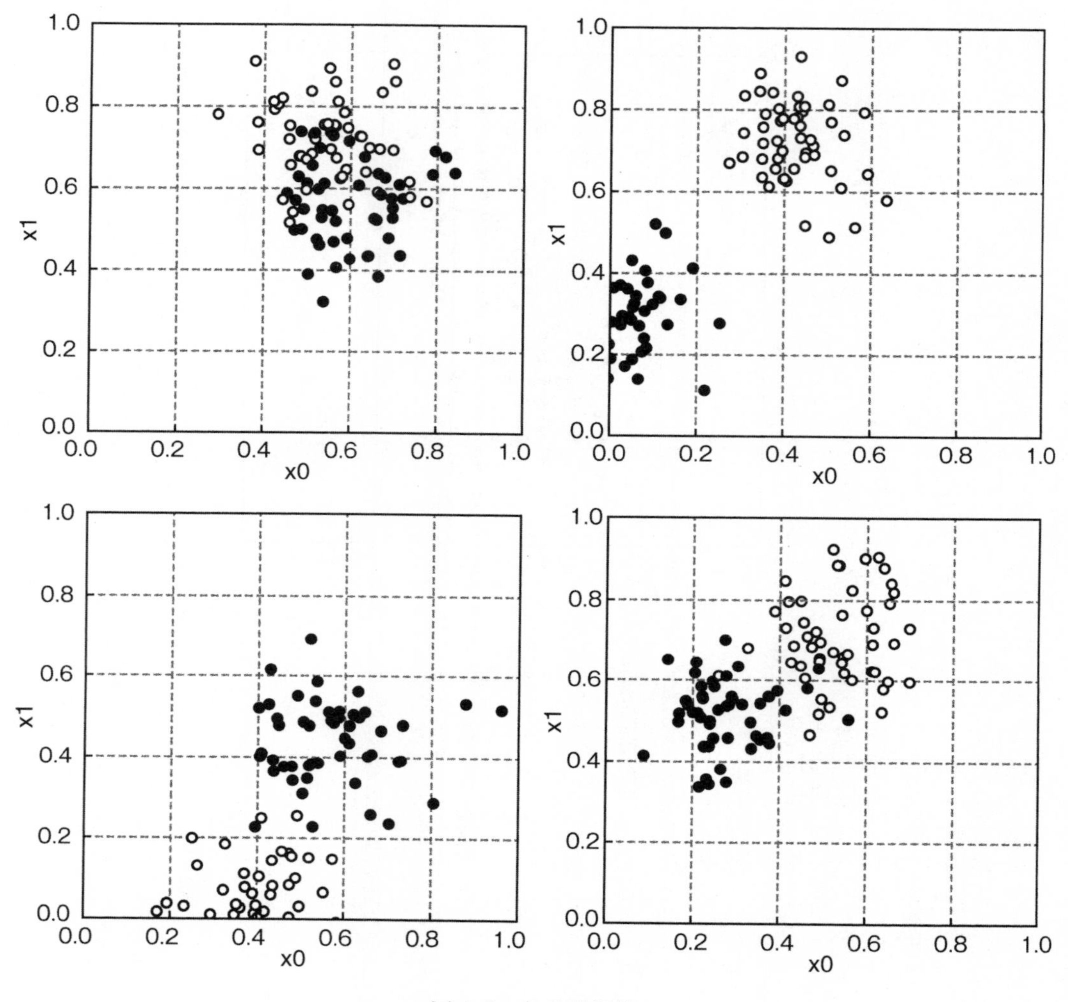

图 4-5　各种数据集

4.2　机器学习的引入

本节关键词：识别函数，训练数据，学习率，发散，收敛，超参数

到目前为止，我们是根据人工的判断找到识别边界，制作了相应的识别函数。现在让我们使用机器学习来自动找到识别边界吧。顺便说一下，已经做好了的函数——predict，它可进行识别，我们将此函数称作“识别函数”。如果你将机器学习视为以某种方式从过去的数据中找到此识别函数的方法，则可以更好地理解机器学习。

4.2.1　识别函数的整理

到目前为止，我们创建了两个 predict 函数，让我们对它们稍微进行一下整理。它们都只是 if 语句代码，只有判断表达式不同。

```
# predict1
if x0 < x1:
# predict2
if x1 > -0.8 * x0 + 0.92:
```

实际上，它们都只使用了线性表达式作为判断表达式，因此如果忽略具体倾斜和截距，则它们可以使用相同的形式表示。

```
# predict1
if x1 > 1.0 * x0 + 0.0:
# predict2
if x1 > -0.8 * x0 + 0.92:
```

它们具有相同的形式！这里如果将斜率和截距设为参数，则这两个不同的函数就可以使用一个 predict 函数来表示。

```
def predict(x0, x1):
    if x1 > a * x0 + b:
        y = 0
    else:
        y = 1
    return y
```

用变量 a 和 b 分别替换斜率和截距。然后对这两个参数进行赋值，使 a = 1.0 和 b = 0.0，则可以获得与 predict1 相同的识别结果，如果使 a = −0.8 且 b = 0.92，则可以获得与 predict2 相同的识别结果。

但是这样下去的话会有一些问题。因为如果识别边界为竖线，a、b 的值将无限大。因此将判断表达式的形式进行如下变更吧。

x1 > a * x0 + b

↓

m * x0 + n * x1 + c > 0

这与 x1 > a * x0 + b 的线性表达式相同。尝试使 m = 0.8，n = 1，c = −0.92，则有 0.8 * x0 + x1 − 0.92 > 0，x1 > −0.8 * x0 + 0.92，这与 predict2 相同。此外，如果 m = 1，n = 0，c = 0，则 x0 > 0，并且可以表示垂直线的识别边界。现在改写 predict 函数吧。这样一来，如果设法求出变量 m、n、c 的话，就能自动识别出各种各样的数据了吧？

```
def predict(x0, x1):
    if m * x0 + n * x1 + c > 0.0:
        y = 0
    else:
        y = 1
    return y
```

4.2.2 通过训练数据进行学习

到目前为止，我们看到了通过人工标记的数据来求识别边界。从这里开始让我们向机器展示这些数据以寻找识别边界吧。这样，用于确定识别边界的数据被称为训练数据。虽然说“向机器展示”，但它仅根据训练数据计算出之前定义的变量 m、n 和 c。为了简化讨论，可以考虑图 4-6 所示的数据。

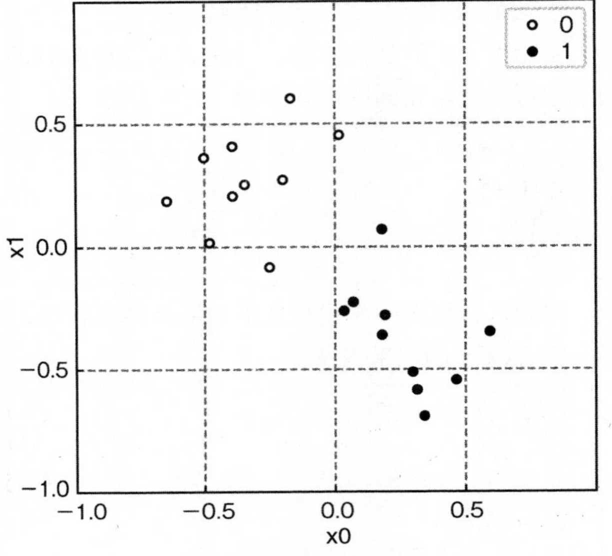

图 4-6 训练数据的分布

这是一个小规模的数据。标签 0 和 1 分别有 10 个。像上次一样，如果是人的话，大体上知道应该在哪个地方画上识别边界。因为机器还不明白，预先为变量代入初始值吧。在这种情况下，$m=0.0$ 且 $n=1.0$，并且为了简化，c 固定为 0。识别边界是水平线，如图 4-7所示。

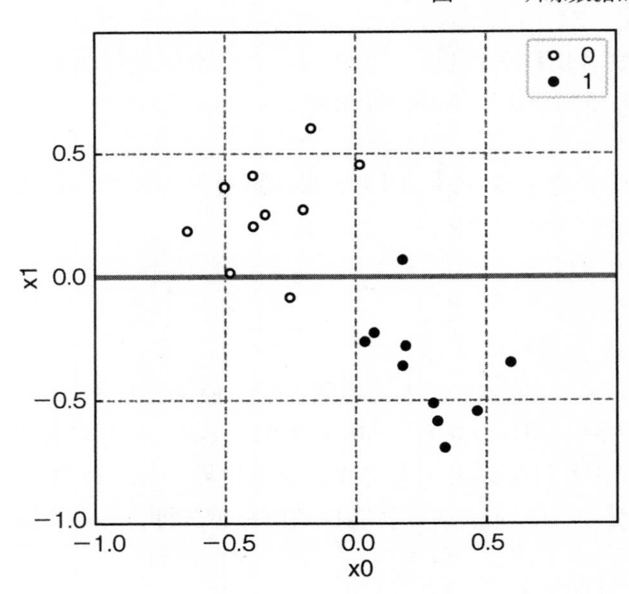

图 4-7 初始值的识别边界

让我们看看具有初始值的判断公式。当 $m=0.0$，$n=1.0$ 且 c 固定为 0 时，我们得到

```
# 0.0*x0 + 1.0*x1 + 0.0 > 0.0
if x1 > 0.0:
    y = 0
else:
    y = 1
```

也就是说，识别边界上侧的标签值为 0，识别边界下侧的标签值为 1，但这好像只是偶然满足的。这里似乎有两个点是错误的，因此让我们修正 m 和 n 的值来移动识别边界。

应如何移动识别边界呢？注意图 4-8a 中的黑点，我们希望这个黑点处于识别边界的下侧，那么只要稍微向逆时针方向旋转识别边界就可以了。同样观察白点，因为希望白点在识别边界的上侧，同样也只需逆时针转动识别边界。那么我们可采取以下的方法。

1）逐点查看训练数据。

2）如果识别错误→稍微旋转识别边界。

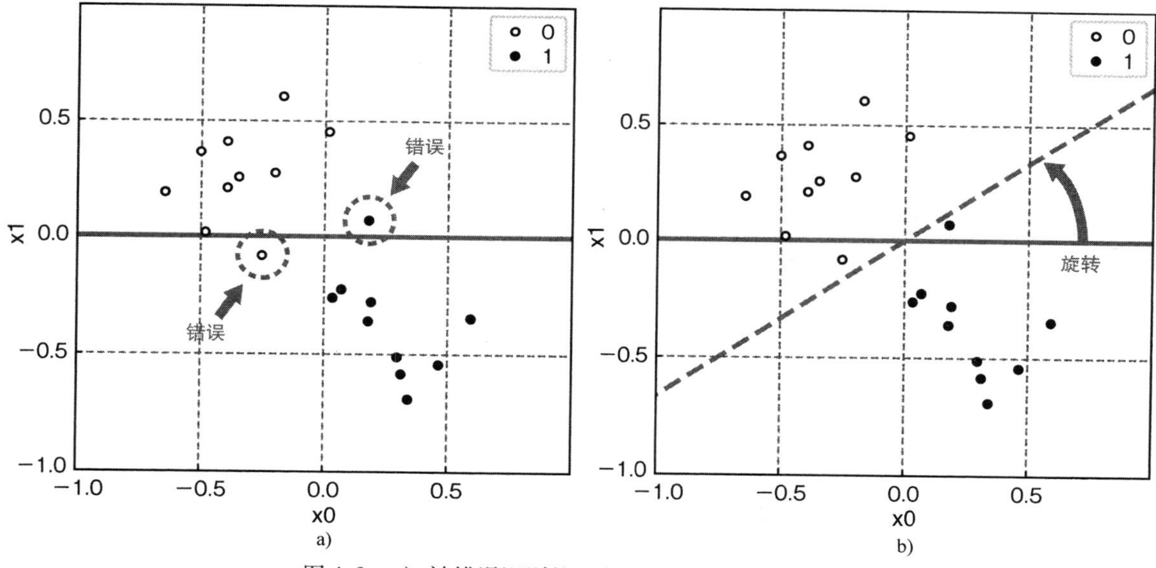

图 4-8　a）被错误识别的地方；b）旋转以正确识别

重新定义一个表示旋转后识别边界的函数。

```
m = 0.0                 # 初始值
n = 1.0                 # 初始值
c = 0.0                 # 固定
learning_rate = 0.1     # 学习率(固定)
def rotate(direction):
    global m, n
    if direction == 1:  # 逆时针方向
        m += learning_rate * -1.0
        n += learning_rate * -1.0
```

```
    else:               # 顺时针方向
        m += learning_rate * 1.0
        n += learning_rate * 1.0
```

参数 direction 沿旋转方向取 0（顺时针方向）、1（逆时针方向）。根据旋转方向，m 和 n 的值会有一点变化（这里为 0.1）（这不是正确的旋转运算公式，但首先为了理解原理，请从简单的运算开始进行）。这里还涉及了“learning_rate”这个系数，将其称为“学习率”，它表示从训练数据中学习了多少的百分比。

接下来对训练数据逐点进行评估，如果做出了错误的判断，则使用前面的 rotate 函数纠正错误的旋转方向。

```
def train():
    for i, (x0, x1, y) in dataset.iterrows():
        pred = predict(x0, x1)  # 用当前识别边界来识别
        if pred != y:           # 因没有正确答案，所以更新m、n
            if (y == 1 and x0 > 0) or (y == 0 and x0 < 0):  # 逆时针方向
                rotate(1)
            else:
                rotate(0)
        else:
            pass                # 因为正确，什么也不做
```

使用 iterrows 函数逐个获取 DataFrame 的行数据。在 i 中包括行 index，以及 x0、x1 和 y 的数据。如果这里的 for 执行，则意味着所有的训练数据都已经确认。这个训练数据的单位叫作“epoch”。由于这次有 20 个训练数据，如果确认了所有 20 个数据，则将是 1 个 epoch。旋转方向的确定稍微容易些，它需判断正确的标签和 x0 是正或是负。

那就运行一下吧。运行过程如图 4-9 ~ 图 4-12 所示。

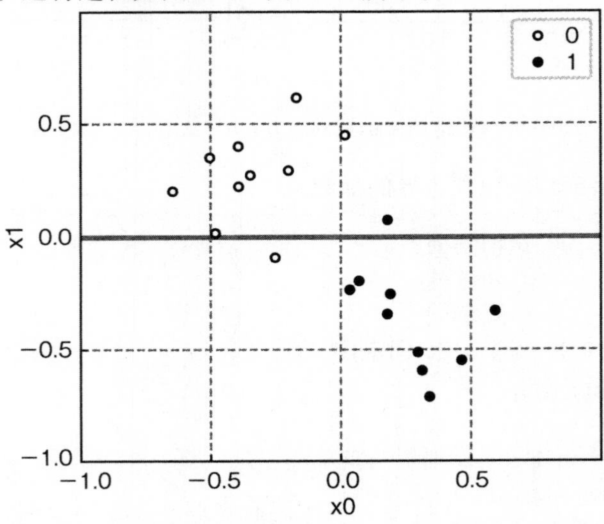

图 4-9　初始值的识别边界（初始值：m = 0.0、n = 1.0）

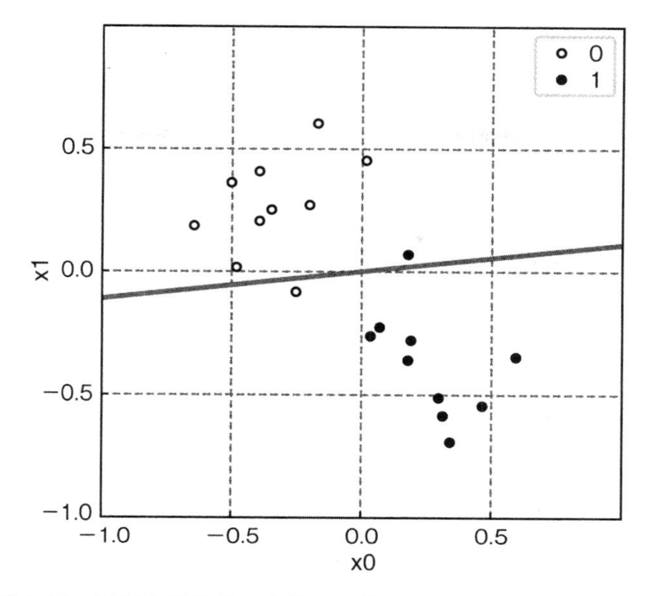

图 4-10　识别边界的第一次修正（修正 1：m = −0.1、n = 0.9）

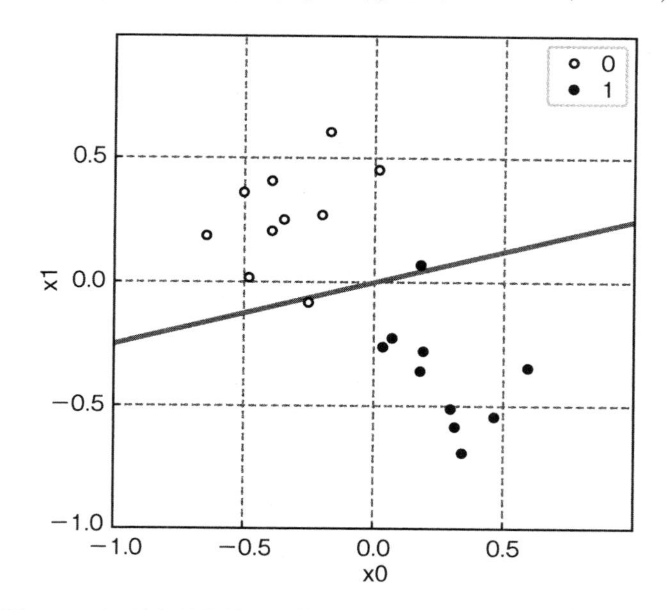

图 4-11　识别边界的第二次修正（修正 2：m = −0.2、n = 0.8）

在初始值阶段有两个点是错误的，因此这条边界旋转了两次。它比默认值更接近正确答案，但这似乎仍然是错误的。因此，让我们先接受 m 和 n 的值并再次尝试 for 循环。换句话说，这是第二项工作。

在第 2 个 epoch 中，由于在第一个错误点修正阶段另外一个错误点也进入了正确的领域，所以修正只进行了一次。这样就能很好地从训练数据中自动地找到识别界限了！

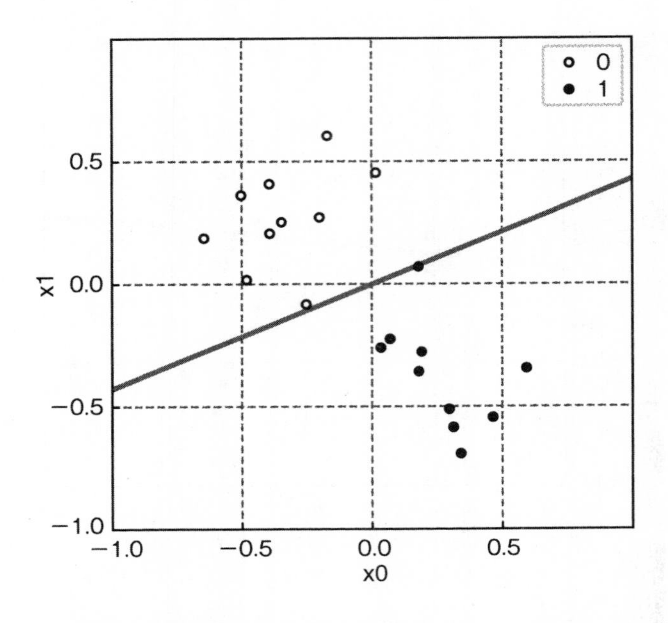

图 4-12 识别边界的第三次修正（修正 3：m = −0.3、n = 0.7）

4.2.3 学习率和收敛的关系

一些读者不是在两个 epoch 中执行 for 循环，而是将 0.1 的增量变为 0.2 的增量（learning_rate 变量的值设为 0.2）使之在一次循环中结束。可能有人认为这就是训练后的正确答案。

那么，如果你更多地增加 learning_rate 的值，学习会更快吗？让我们尝试从 learning_rate = 1.0 开始重新学习（见图 4-13）。

当找到第一个错误点时，它会尝试逆时针旋转识别边界来纠正。但是，这一次会出现一个新的错误点，并尝试通过顺时针旋转识别边界来纠正。这样又会出现错误，逆时针方向…顺时针方向…逆时针方向的话，这样学习到什么时候也不会结束。这样的状态称为学习发散。

那么反过来把 learning_rate = 0.01 设置小一点会怎么样？在这种情况下，因为边界只会一点点的转动，有必要进一步增加 epoch 的数量，直到学习结束。但最终，学习会在某处结束，所以这种学习是收敛的。

在今后阅读本书时，随着数据变得更加复杂，对于训练数据来说，即使学习是收敛的，可能也不会得到 100% 的正确结果，但可通过这种方式调整学习率[㊀]，请记住你可以使学习趋向收敛或发散。

㊀ 学习率不是由机器学习自动确定的，而是需要由人设定的。以这种方式设置的参数称为超参数。

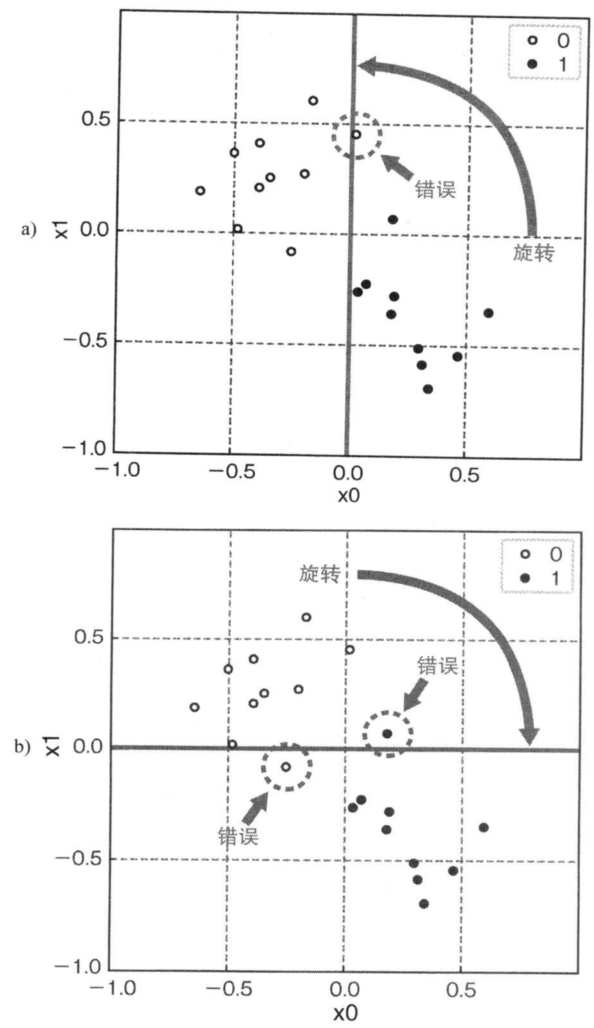

图 4-13　a）在第一次旋转时发生新的识别；b）在第二次旋转（反向旋转）时发生另一次错误识别

4.3　感知器

本节关键词：线性识别函数，线性可分，np. dot( )

前面我们通过自己的学习方法得到了识别函数。在本节中，我们将向你展示如何借用前人的智慧来更准确地识别它们。

感知器（Perceptron）是一种经典方法，在很早以前就出现了（1958 年!），它是用于求二类问题的线性识别函数的方法。线性识别函数是指识别边界为直线[1]的识别函数。虽然它是经典的，但它是大脑中神经元的模型，也是神经网络和深度学习的基础。会有一些公式，

[1] 当特征数是二维的情况。准确地说，它是指识别函数，它是关于特征数 N 维的 $N-1$ 维超平面。

在很难理解它们时，请一边阅读代码一边理解。

4.3.1　感知器的学习规则

前面我们是用自己的方法进行学习的，但是事实上感知器也是用相似的方法进行学习的。旋转识别边界是相同的，但旋转角度不是常数值，而是根据误差的大小改变角度。很难一下理解这个理论，所以让我们逐渐改变以前的代码并理解它。

到目前为止，标签是 0 和 1，让我们把它们替换为 1 和 -1。回想一下本章开头介绍的示例。我们将产品质量标记为 1 的表示为通过，标记为 0 的表示为不通过。也就是说，将此换为，合格为 -1，不合格为 1。因为最后要判断是合格还是不合格，所以在阅读时从中间看它是 0、1，或是 -1、1，就能得到想要的信息。

让我们用标签 1 和 -1 替换先前创建的 predict 函数。

```
def predict(x0, x1):
    if m * x0 + n * x1 + c > 0.0:
        y = 1  # 0 -> 1
    else:
        y = -1  # 1 -> -1
    return y
```

此外，最后一次，在训练函数（train）中，判断实际标签和预测标签是否匹配的代码如下。

```
pred = predict(x0, x1)
if pred != y:
  # 修正了识别边界，因为判断不正确
```

这里的优点是把标签变成 1 和 -1。将标签 y 乘以判定公式 m * x0 + n * x1 + c 。正数×正数得正数，负数×负数得正数，分类正确的话得到的结果是正的，分类错误的话得到的结果是负的。让我们重写代码试试吧。

```
if y * (m * x0 + n * x1 + c) > 0.0:
  pass  # 不做任何事，因为判断是正确的
else:
  # 修正了识别边界，因为判断是不正确的
```

现在它非常简单！接下来是识别边界的修正方法。感知器学习规则仅在错误时纠正变量 m 和 n，如前一种情况，但遵循以下规则。

```
m += learning_rate * y * x0
n += learning_rate * y * x1
```

此处变量 x0、x1、y 表示判定错误点的坐标和正确的标签 y。换句话说，虽然在前一次

添加了固定值，但感知器会添加错误点的坐标。

全部代码如下。

```
def train(dataset, epochs=1):
    learning_rate = 1.0
    c = 0.0  # 固定值
    m = 0.0  # 初始值
    n = 1.0  # 初始值
    for epoch in range(epochs):
        for i, (x0, x1, y) in dataset.iterrows():
            if y * (m * x0 + n * x1 + * c) > 0:
                pass  # 因为是合适的，所以什么也不做
            else:
                m += learning_rate * y * x0
                n += learning_rate * y * x1

    return m, n
```

让我们逐一检查表4-3中的数据，看看它是否可以实际识别。

表4-3 简单的数据集

x0	x1	y
0.4	0.4	1
-0.2	0.3	1
0.3	-0.1	1
-0.4	-0.4	-1
-0.2	-0.3	-1
-0.5	0.2	-1

初始值为m=0.0、n=1.0，因此识别边界为水平线。此时，有两个错误识别点（见图4-14）。在第一次修正时（见图4-15），将错误识别的点x0=0.3、x1=-0.1的坐标与m和n相加。因为标签是1，所以修正后的数值如下所示。

```
m = 0.0 + 1 * 0.3 = 0.3
n = 1.0 + 1 * (-0.1) = 0.9
```

在第二次修正时（见图4-16），将错误识别的点x0=0.5、x1=0.2的坐标与m和n相加。因为标签是-1，所以修正后的数值如下所示。

```
m = 0.3 + (-1) * (-0.5) = 0.8
n = 0.9 + (-1) * (0.2) = 0.7
```

通过这种修正，我们就能够确定一条识别边界，它能正确识别所有的点（见图4-17）。

这个学习规则证明，如果这两类问题的训练数据能够线性可分的话，会在有限的学习次数中收敛。线性可分是指可以用直线分离㊀的。标签交叉时直线就不能分离了，这就需要用曲线方式分离。在第 5 章中你也会学习非线性识别，但要从简单的开始。

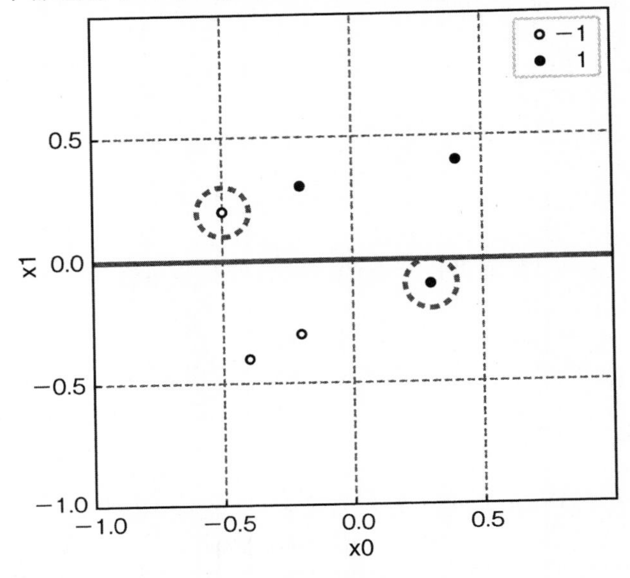

图 4-14　用虚线表示错误识别的点

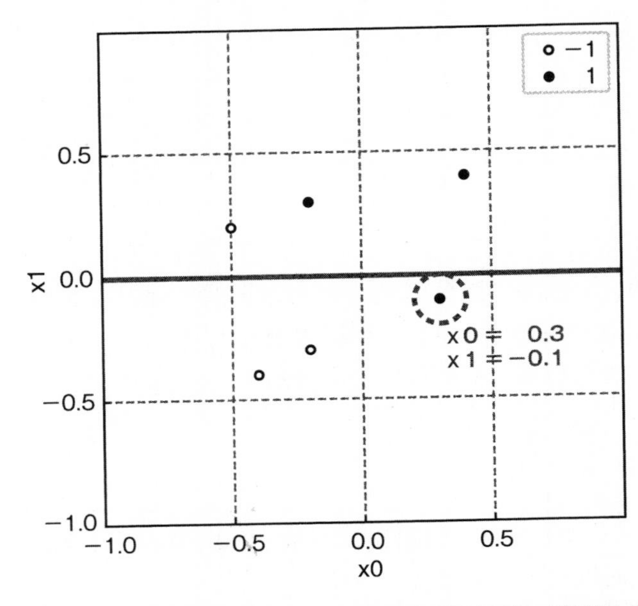

图 4-15　第一次修正（由于虚线中的数据错误而修正识别边界）

㊀ 更一般化地，意味着相对于 N 维特征数在 $N-1$ 维的超平面上可以分离。

修正前：m = 0.0，n = 1.0

修正后：m = 0.0 + 1 * 0.3 = 0.3，n = 1.0 + 1 * (-0.1) = 0.9

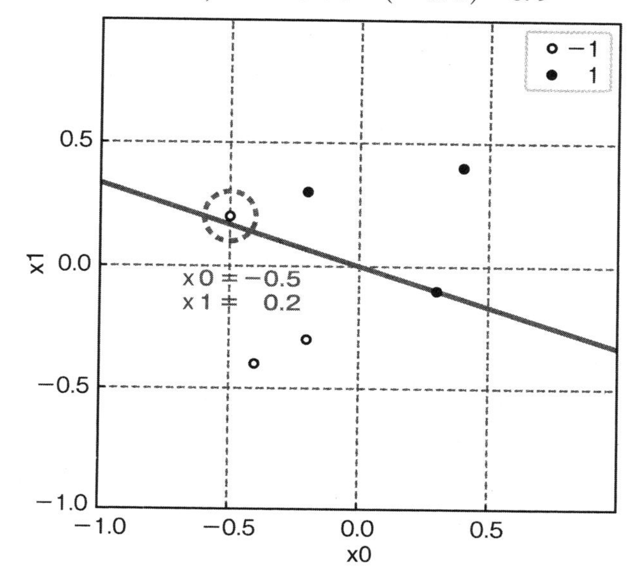

图 4-16　第二次修正（修正识别边界，因为虚线中的数据不正确）

修正前：m = 0.3，n = 0.9

修正后：m = 0.3 + (-1) * (-0.5) = 0.8，n = 0.9 + (-1) * (0.2) = 0.7

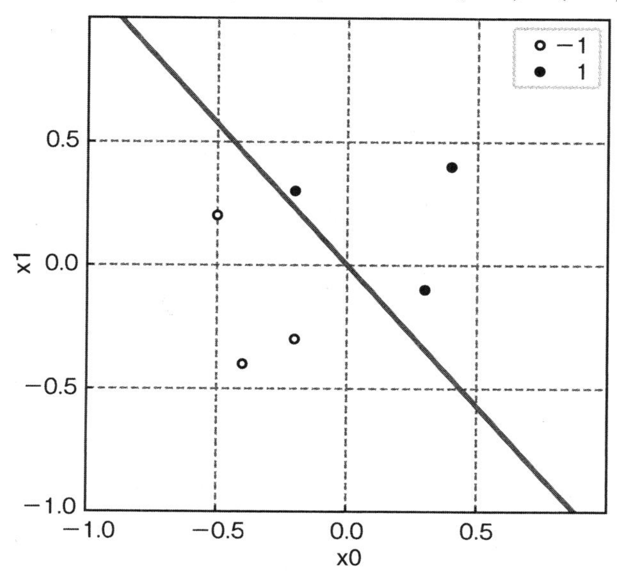

图 4-17　最终识别边界（因为没有错误点而完成）

学习结束：m = 0.8，n = 0.7

4.3.2 用向量表示判定式

到目前为止，在识别时是将截距固定为 0，并且是在识别边界总是通过原点的情况下进行学习的。在我们设置截距前，先来整理一下感应器判定式。

```
if y * (m * x0 + n * x1 + c) > 0.0:
```

在这种情况下，特征的数是二维的，只有两种类型，x0 和 x1。如果向其添加 x2，则变为三维，如下所示。

```
if y * (m * x0 + n * x1 + o * x2 + c) > 0.0:
```

根据学习决定的变量除了 m、n，同时还加入了 o。这些变量可以理解为对输入的特征 x0、x1、x2 施加“权重”。例如，如果 m = 0，则无论 x0 是什么，m * x0 都是 0。当 m = 0.5 时，x0 的值被传递一半，而当 m = 1 时，x0 的值会被全部传递。因此，把这些变量 m、n、o 换成权重（weight）的首字母，写成 w0、w1、w2。另外，截距 c 可以被认为具有一定的偏差（bias），所以取首字母 b 来代替它。

```
if y * (w0 * x0 + w1 * x1 + w2 * x2 + b) > 0.0:
```

这里，w0 * x0 + w1 * x1 + w2 * x2 的部分是向量的内积的形式。向量的内积是数组元素相乘的总和，但可以使用 NumPy 轻松计算。以下是一个简单的计算示例。

```
import numpy as np
w = np.array([1, 2, 3])
x = np.array([4, 5, 6])
np.dot(w, x)  # 结果是1*4+2*5+3*6=32
```

变量 w 和 x 每个都包含 NumPy 数组中的三个元素。w 和 x 的内积可以在 np.dot 中找到。让我们以这种方式重写判定公式。

```
w = np.array([w0, w1, w2])
x = np.array([x0, x1, x2])
if y * (np.dot(w, x) + b) > 0.0:
```

通过使用 np.dot，无论特征数是多少，都可以使用相同的判定公式进行判断！此外，偏差 b 可以包括在该内积中。当包含偏差时，如果输入被视为具有 1 的固定特征，则偏差与 0 的确定公式（即通过原点的识别边界）相同。

```
w = np.array([wb, w0, w1, w2])
x = np.array([1.0, x0, x1, x2])
if y * np.dot(w, x) > 0.0:
```

输入固定为1，其权重由wb元素添加。

现在让我们用它试着修改学习部分。

```
def train(dataset, epochs=1):
    learning_rate = 1.0
    w = np.array([0.0, 0.0, 1.0])  # 初始值
    for epoch in range(epochs):
        for i, (x0, x1, y) in dataset.iterrows():
            x = np.array([1.0, x0, x1])
            if y * np.dot(w, x) > 0:
                pass  # 因为匹配，什么都不做
            else:
                # 因为错了，所以进行修正
                # 请注意，w和x是np.array
                w += learning_rate * y * x

    return w
```

这里我们使用2.2节中描述的NumPy广播。请注意错误判定时的处理 w += learning_rate * y * x。这里变量w和x是np.array，learning_rate和y是常数。在NumPy中，可以一次性对数组的各个元素乘以常数。

现在让我们检查包含此偏差项的学习规则是否可用于识别。准备以下数据集：

```
X_dataset, y_dataset = make_blobs(centers=[[-0.25, 0.5], [0.15, -0.2]],
                                  cluster_std=0.2,
                                  n_samples=20,
                                  center_box=(-1.0, 1.0),
                                  random_state=42)
dataset = pd.DataFrame(X_dataset, columns=['x0', 'x1'])
dataset['y'] = y_dataset
dataset['y'] = dataset.y.apply(lambda x: 1 if x == 1 else -1)
```

这是一个数据集，其识别边界不通过原点。最后一行使用apply函数将标签从［0，1］转换成［1，−1］（这里转换为0→−1，1→1，但之后只需重新阅读即可，所以有时候也可以进行合适的变换）。调用train函数执行学习。

```
train(dataset=dataset, epochs=20)
```

结果如图4-18所示。我能够正确识别。尝试从1开始增加epochs参数并再次运行。你可以看到，错误的识别正逐渐朝着正确的识别方向发展。一旦收敛，识别边界将不会更新，因此你可以看到，这个数据集在十几个epoch后收敛。

我想我们已经看到，感知器在这次讨论中进行了正确的识别，但实际上我省略了一些描述。现在，让我们看一下损失函数的概念，并介绍省略的部分。

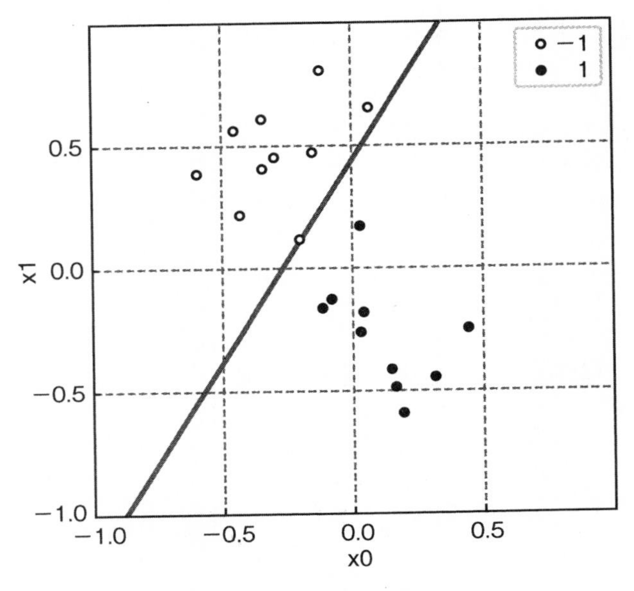

图 4-18　学习后得到了正确的识别界限

专栏　感知器学习规则的补充

然而，为什么如果将错误点的坐标与 w 相加，最终能够将识别边界带进正确的位置呢？如图 4-19 所示，若用向量考虑的话会更容易理解。

权重 w 是识别边界的法向量，如 4.4 节所解释的。将错误的点 x 与该法向量 w 相加。但是，如果 x 为标签 −1，则必须位于本来 np. dot（w，x）为负的位置（即法向量的背面）。将标签 −1 乘以 x，将变为 −x 的向量与 w 相加（见图 4-19a）。这时，错误的点进入了成为法向量 w 的背面，即标签 −1 的正确识别的位置（见图 4-19b）。如上所述，将点坐标相加的操作就是将识别边界向正确的方向旋转的操作。

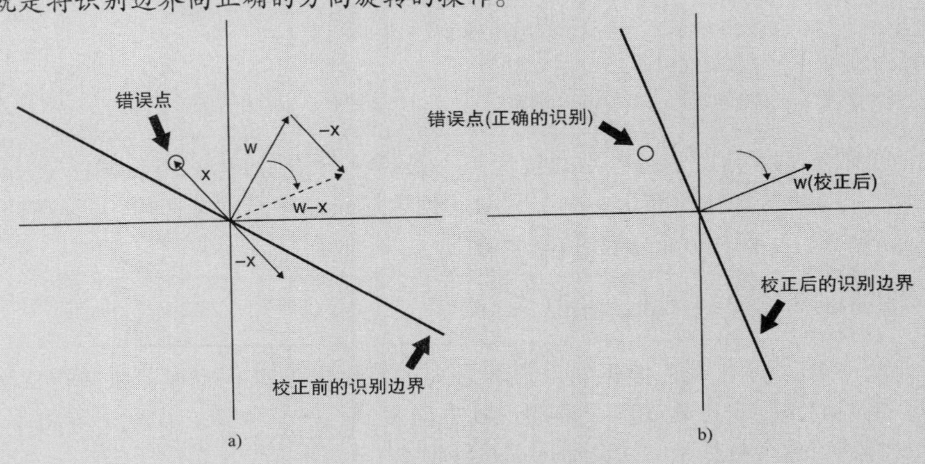

图 4-19　通过向量相加来旋转识别边界

4.4 损失函数

本节关键词：铰链函数，损失函数

机器学习找到成为已知数据边界的识别边界。那么，我们将如何更接近能够正确识别目标的边界呢？

4.4.1 铰链函数

为了更好地理解感知器的学习规则，就要了解错误是如何量化的，这是非常重要的。首先，让我们再回顾一下判定公式。

```
if y * np.dot(w, x) > 0:
    pass  # 因为匹配，所以什么都不做
else:
    # 因为错了，所以进行修正
    # 请注意，w和x是np.array
    w += learning_rate * y * x
```

在这里，权重 w 是识别边界直线方程中系数的向量形式。也就是说，权重 w 是识别边界的法向量。所谓法向量，是指在二维的情况下，与某条线垂直的向量，在三维空间中是与面垂直的向量。另外，判定式的 np. dot(w, x)部分是法向量 w 和点 x 的内积，相当于点 x 到识别边界的距离[⊖]（见图 4-20）。

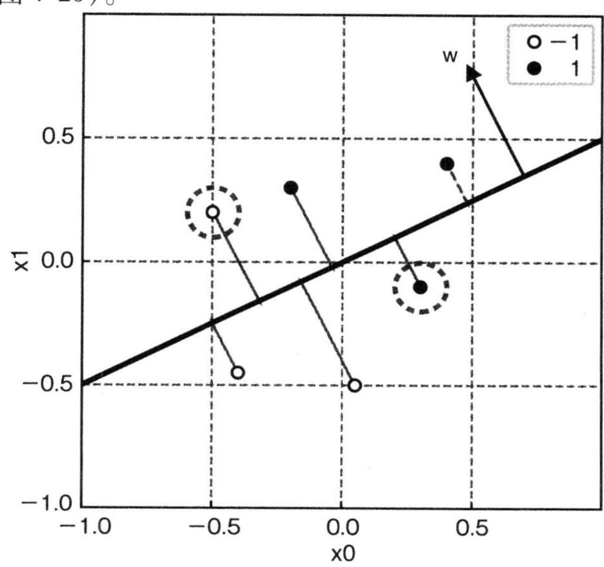

图 4-20 识别边界法向量（w）和每个点与识别边界之间的距离

⊖ 如果法向量后面有一个点，则为负，因为它没有转换为绝对值。

当判定公式为正时，不会校正任何内容，因为校正量随负时的大小而增加，因此判定公式和校正量之间的关系可以说如图 4-21 所示。根据其形状，该曲线被称为铰链函数。铰链函数可以如下计算：

```
max(0, -y * np.dot(w, x))
```

max 函数返回两个参数中较大的一个。当判定式 y * np. dot(w, x)为正时，将它乘以 -1，此时 0 大于它，所以 max 函数的值为 0。相反，当判定式为负时，乘以 -1，此时为正数，大于 0，max 返回第二个参数的值。

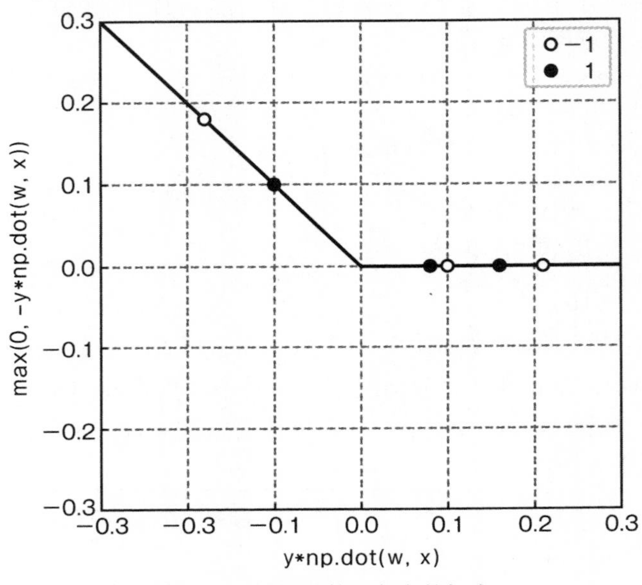

图 4-21　铰链函数和各点的损失

4.4.2　损失函数

现在，将图 4-20 与图 4-21 进行比较。

有四个正确识别的点，这四个点的铰链函数值为零。

还有两个错误点。你可以看到白点（标签 -1）大于黑点（标签 1），并且必须旋转并修正标识边界。对于白点，铰链函数的值也大于黑点。

感知器是一种为了让错误的识别（损失）变成 0 而持续修正的算法。像这样计算损失的大小的函数被称为损失函数。其他机器学习也一样，定义了各种形式的损失函数，试图使识别的损失接近于零。记住，机器学习是一种减少（接近零）损失函数值的过程。

4.5　逻辑回归

本节关键词： sigmoid 函数，梯度，梯度下降法

一种类似于感知器的识别方法是逻辑回归（Logistic Regression）。在这里它被称为“回归”，但它并不是本书开头引入的识别和回归中的回归，而是指的识别。之所以这样称呼，

是因为能将识别函数回归到概率曲线。

4.5.1 损失函数的差异

感知器中使用的损失函数是负值，损失越大，其负值越大，它被映射成铰链函数。因为错误越大，损失就越大，如果匹配就不会造成损失，所以看上去很合理，但是会发生图 4-22 所示的问题。

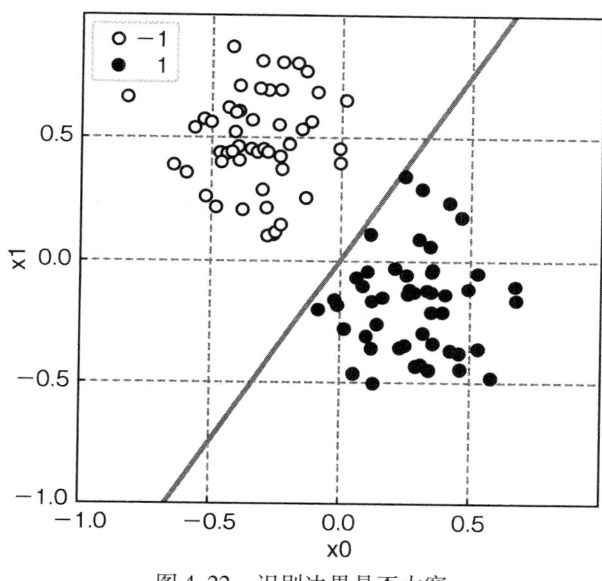

图 4-22　识别边界是否太窄

像往常一样，可以通过设置 make_blobs 函数生成此数据，如下所示：

```
X_dataset, y_dataset = make_blobs(centers=[[-0.3, 0.5], [0.3, -0.2]],
                                  cluster_std=0.2,
                                  n_samples=100,
                                  center_box=(-1.0, 1.0),
                                  random_state=42)
```

图 4-22 中的感知器作为铰链函数的损失函数解决了二类问题。查看识别边界，你可能会注意到标识边界靠近黑点（标签 1）。如果读者通过眼睛观察识别边界的画线，不是应该在靠上的位置画一条线吗？

在非常靠近黑点的地方画线，当损失函数是正时它变为了 0。因为一旦正确识别就会使损失变为 0，所以不论什么识别边界都将停止学习。在逻辑回归中，损失函数即使在正时损失也不会为 0。让我们比较下它们的样子（见图 4-23）。

与铰链函数不同，在正的区域（正确识别）也会造成一些损失。越往正确的方向走，也就是从识别边界到正确的识别方向越远，损失就越少。

这样，识别就会整体上稍微远离每个点。但是这样方便吗？这也要一边写代码一边慢慢

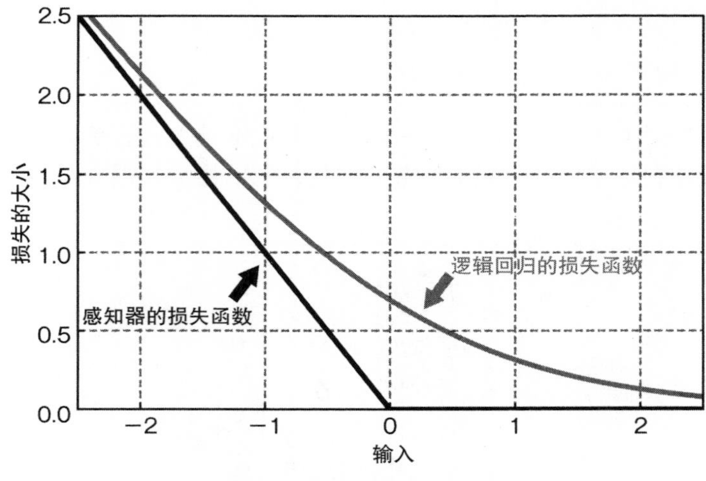

图 4-23　损失函数的差异

理解其原理。

4.5.2　概率和 sigmoid 函数

在感知器时，标签设为 1 和 -1，而逻辑回归时，标签又回到初始值的 0 和 1。其理由当然是这样计算会更轻松。

我们在这里回顾一下错误量化。可从识别边界的距离 np. dot(w，x) 来判断识别是否正确。虽然现在已经能够正确地识别了，但是今后未知的数据进入时有可能还是识别不出来。换句话说，这是一种有点模糊的状态，即“标签像 1 但没有证据”（见图 4-24）。从概率上说，它是标签 1 的可能接近 50%。

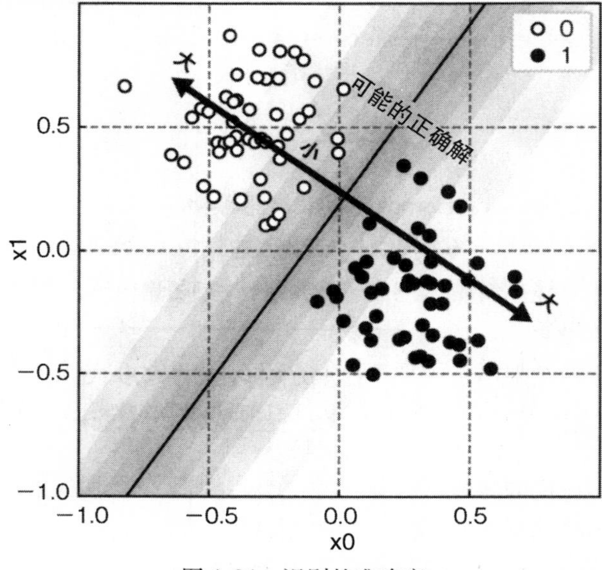

图 4-24　识别的准确度

因此，让我们用概率表达识别的正确性和不正确性[㊀]。在逻辑回归中，使用 sigmoid 函数（也称为逻辑函数）将其转换为概率（见图 4-25）。

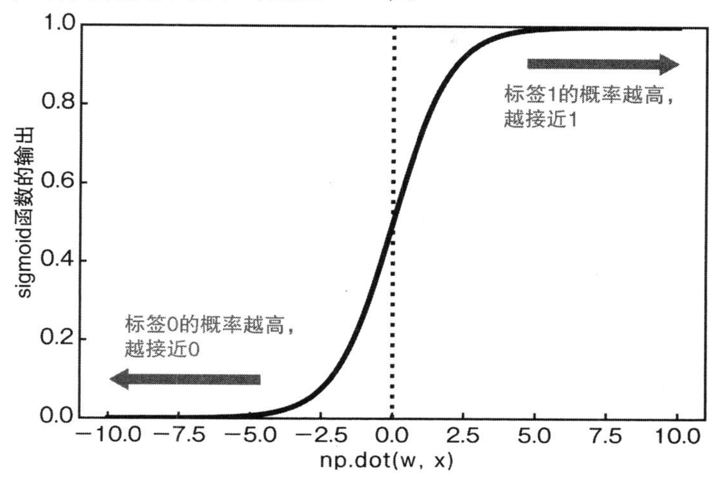

图 4-25 sigmoid 函数

这个函数可以按照以下方式轻松实现。

```
def sigmoid(d):
    return 1 / (1 + np.exp(-d))
```

这里有把标签设为 0 和 1 的原因。让我们输入从识别边界到 sigmoid 函数的距离 np. dot（w，x）。如果识别结果相对标签 1 的方向足够远，sigmoid 函数的输出就接近 1。相反地，如果相对标签 0 的方向足够远，则接近 0。另外，距离为 0 时（在识别边界线上），则输出为 0.5。

让我们将其转换为每个标签的概率。以 0.5 为分界，大于它时标签 1 的概率就会变高，小于它时标签 0 的概率就会变高，情况如下所示。

- 标签 1 的概率：sigmoid(d)（函数的输出）
- 标签 0 的概率：1.0 - sigmoid(d)

由此，标签 0、1 分别以概率表示了相对识别边界的距离！你可以计算训练数据中的每个点的概率将其乘以整体概率，但由于概率是 0 到 1 之间的小数，使用计算机上的浮点数计算较为方便，但若连续做乘法，会使浮点数溢出而无法计算。所以我们采用对数 log 来回避这个问题。如果你反转这个概率符号，它就代表可预测的误差情况，所以偏差函数或损失函数可以用图 4-23 所示的曲线［np. log（1 - np. exp(- np. dot(w，x)))］表示[㊁]。

㊀ 这里提到的概率是机器学习算法认为正确的准确度的数值，而不是真实的概率。

㊁ 这个转换只是一个数学公式的转换，所以省略了对它的描述。如果你对此有兴趣，请参见 Stanford CS229 Lecture notes Partll，http://cs229. stanford. edu/notes/cs229 - notes1. pdf

4.5.3 损失函数的梯度

因为这里没有什么代码，所以可能你已经变得昏昏欲睡了，不过请多忍耐一下。我们现在知道，即使识别是正确的，逻辑回归的损失函数也不会变为零。那么到目前为止，你是如何改变参数，以及在改变参数时使损失函数为零的呢？

如果针对特定训练数据确定了适当的权重 w，则损失函数是在数字上指示识别边界错误程度的函数。换句话说，无论是逻辑回归还是感知器，它只不过是在寻找这个函数的最小值。函数的最小值不是用微分求得的吗？请考虑图 4-26。

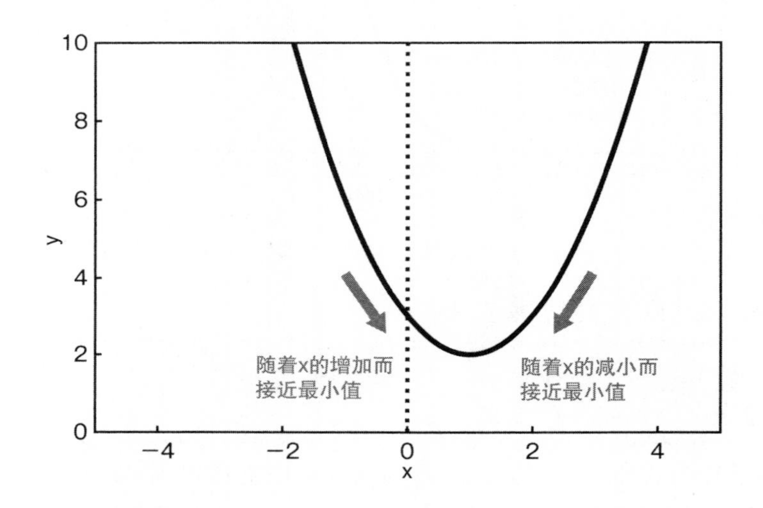

图 4-26　探索抛物线的最小值

这里的表达式 $y=(x-1)^2+2$ 是一条抛物线。可以看到当 $x=1$ 时可得最小值 2，不过让我们试着使用微分来寻找这个最小值吧。将此曲线用 x 求微分，得出 $y=2x-2$。它表示的是曲线的斜率。如果斜率为负，则表示随 x 的增大，y 接近最小值，如果斜率为正，则表示随 x 的减小，y 接近最小值。整理后，如表 4-4 所示。

表 4-4　x 的范围和最小值的方向的关系

x 的范围	$x<1$	$x=1$	$x>1$
$2x-2$ 的值	负	0	正
最小值的方向	正侧	—	负侧

让我们从 $x=4$ 开始。$2x-2$ 的值是 6，因此我们略微减小 x 的值（此处为 x 减小 1）。当 $x=3$ 时，$2x-2$ 减少到 4。由于它仍然是正的，我们再次将 x 的值减去 1，此时 $x=2$，则 $2x-2$的值减少到 2。

再重复一次，当 $x=1$ 时就达到了最小值！同样地，让我们再从 $x=-2$ 开始。由于此时

2x－2的值为－6，小于0，因此增大x。重复此操作以再次达到最小值。

让我们从x=3开始。由于2x－2的值是4，因此将x的值略微减去。在这里，我们将值4乘以0.2得0.8，将其减去。现在x=2.2，则2x－2的值为2.4，因此再用0.2乘以2.4得0.48，从x中减去。x变为1.72。2x－2的值则为1.44，这是一个正数，因此再次做上述操作，从x中减去。连续不断重复这个计算，使其接近于x=1时的最小值。

用代码表示这个搜索过程的话，就会变成下面的样子。

```
gradient = 2*x -2
x = x - learning_rate * gradient
```

变量gradient是倾斜（梯度）的意思。在例子中，这个值使用了0.2，但是实际上是以前出现的学习率（learning rate）。我们暂时将其设置为较大的值。它将像以前一样发散，不会达到最小值。

让我们将这个抛物线视为一个损失函数，并编写代码来找出损失函数的最小值。变量steps_x和steps_y将在稍后用于绘制搜索过程。某个点x处的损失值y存储在列表中。

```
import numpy as np

x = 3.0  # 搜索开始初始值
learning_rate = 0.2  # 学习率
steps_x = [x]
steps_y = [(x - 1)**2 + 2]
for step in range(10):
    gradient = 2 * x - 2  # 计算梯度
    x = x - learning_rate * gradient  # 按梯度值修正x

    steps_x.append(x)
    steps_y.append((x - 1)**2 + 2)
```

让我们绘制搜索过程。要使用Matplotlib绘制方程，请使用np.array定义x轴的范围，并使用该数组的x值创建np.array。在这里，创建一系列y值，并为数组的x值创建np.array值。这里，为了计算y的值，eval会直接代入数学公式。如果执行此操作，可绘制出类似于图4-27a的图像。

请改变Learning_rate的值并试着执行。随着值的增大，学习也会越来越快，但是值过高时就会像图4-27b那样发散。从这种损失函数的倾斜（梯度）中搜索倾斜方向上的最小值的方法称为梯度下降法（Gradient descent）。

擅长数学的人，或许会产生这样的疑问：用微分求的并不是最小值，而是极小值啊？事实上是这样，如果只从斜坡搜索，则可能很容易捕获局部最小值，即使重复学习，也可能无法摆脱它。作为对策，在过去的几年中，经常研究从多个初始值开始搜索的随机梯度下降法（Stochastic Gradient Descent，SGD）及其改进方法，例如AdaGrad法和Adam法。

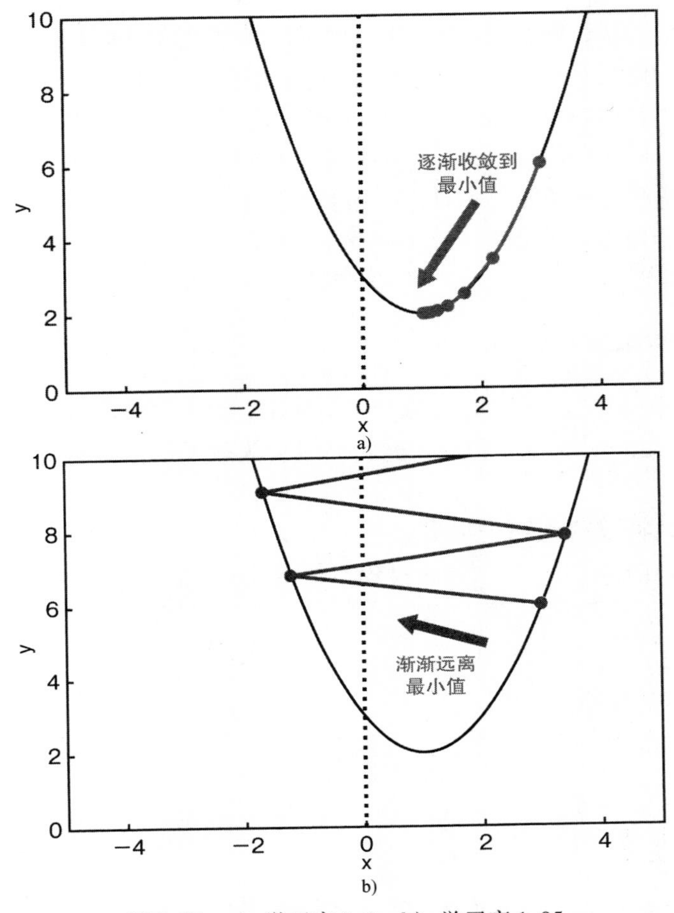

图 4-27　a）学习率 0.2；b）学习率 1.05

```
import matplotlib.pyplot as plt

# 为损失函数创建绘图点
loss_x = np.array(np.arange(-10, 10, 0.01))
loss_y = eval('(loss_x-1)**2 + 2')

# 定义绘图区域
plt.xlabel('x')       # X轴标签
plt.ylabel('y')       # Y轴标签
plt.xlim(-5, 5)       # X轴范围
plt.ylim(0.0, 10.0)  # Y轴范围

plt.plot(loss_x, loss_y, color='k', linewidth=1)  # 绘制损失函数
plt.plot(steps_x, steps_y, '-bo')  # 绘制搜索点
```

现在，让我们使用逻辑回归的损失函数来识别图4-22中的数据。逻辑回归的损失函数是np.log(1 - np.exp(- np.dot (w, x)))。这个梯度可以用np.dot(x.T, y - sigmoid(np.dot(x, w)))表示[⊖]，所以总体学习的代码如下。

```
def sigmoid(score):
    return 1 / (1 + np.exp(-score))

def train(dataset, epochs=1):
    learning_rate = 1.0
    w = np.array([0.0, 0.0, 1.0])  # 初始值
    for epoch in range(epochs):
        for i, (x0, x1, y) in dataset.iterrows():
            x = np.array([1.0, x0, x1])
            gradient = np.dot(x.T, y - sigmoid(np.dot(x, w)))

            w += learning_rate * gradient

    return w
```

通过调用train (dataset = dataset, epochs = 200)，可以获得图4-28所示的识别边界。与图4-22相比，我们发现有了更好的识别边界。另外，此时绘制损失函数的最小值搜索的结果如图4-29所示，它慢慢向损失低的方向下降（不过，为了绘制，使w0固定为0，从损失大的w1 = -10、w2 = 10开始探索）。

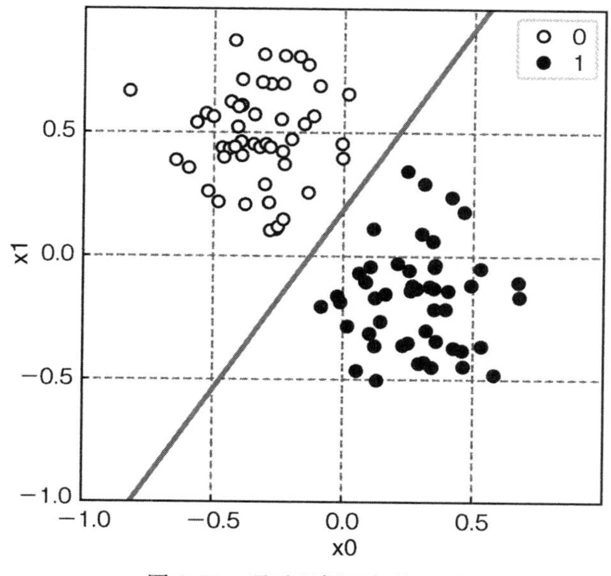

图4-28 通过逻辑回归的识别

⊖ 这个变换只是数学的公式变换，所以省略了介绍。若有兴趣的请参见Stanford CS229 Lecture notes partll，http://cs229.stanford.edu/notes/cs229_notes1.pdf

本章从人类思考并进行识别的方法介绍了简单的机械学习方法，最后介绍了损失函数的梯度和最小化。到目前为止，我主要向你介绍了机器学习的重要原则。接下来的章节作为应用篇，我们将学习使用更多实用数据的机器学习，并将其与深度学习联系起来。

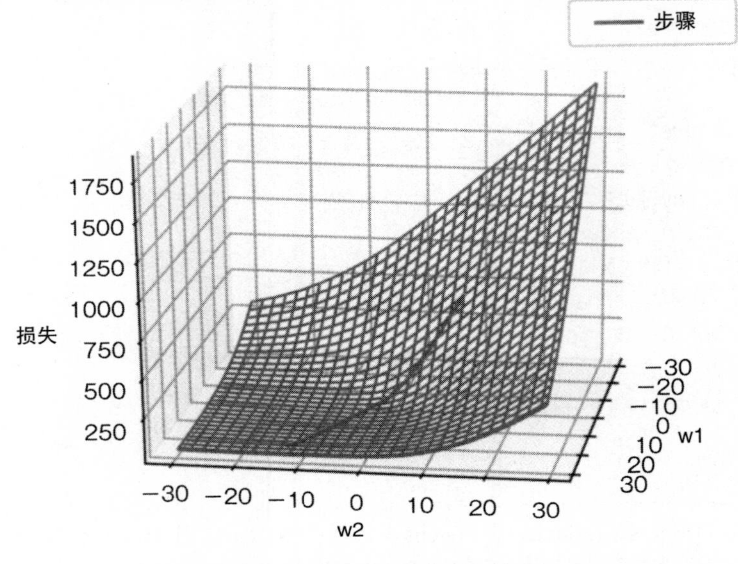

图 4-29　通过梯度下降法搜索

第 5 章 多类分类器和各种分类器

到目前为止，为了学习机器学习的原理，我考虑过了二类问题。从现在开始，我们学习类的数量为 3 个的问题，以及 3 个以上的问题。我们还使用机器学习库 scikit - learn 以更实用的方式编写代码。

5.1 scikit - learn 快速导览

本节关键词：scikit - learn，fit，predict

scikit - learn 是一个高度完整的机器学习库，用于许多机器学习系统。这里我们将解释 scikit - learn 的基本用法。

5.1.1 什么是 scikit - learn

scikit - learn 是 Python 的开源机器学习库，它是一个非常强大的库，它不仅包括各种识别和回归机器学习模型，还包括一种称为群集的算法，无需训练进行分类。虽然是开源的，但已经进行了有效的代码维护，并在机器学习系统和数据分析平台中被许多公司采用[㊀]。GCP 也被采用，并作为标准功能安装在 Datalab、Dataflow 和 ML Engine 上。

5.1.2 用 scikit - learn 实现逻辑回归

让我们使用 scikit - learn 来实现上一章末尾出现的逻辑回归。我用 scikit - learn 来创建虚拟数据集。让我们在这里学习和进行推导吧。

```
from sklearn.datasets import make_blobs

X_dataset, y_dataset = make_blobs(centers=[[-0.3, 0.5], [0.3, -0.2]],
                                  cluster_std=0.2,
                                  n_samples=100,
                                  center_box=(-1.0, 1.0),
                                  random_state=42)
```

这与上一章中图 4-28 的数据集相同。为了学习这个数据集，我们做以下的操作。

㊀ scikit - learn 官方网站上，采用的公司名单见 http：//scikit - learn. org/stable/testimonials/testimonials. html

```
from sklearn.linear_model import LogisticRegression

# 创建了逻辑回归模型的实例
classifier = LogisticRegression()

# 学习
classifier.fit(X_dataset, y_dataset)
```

逻辑回归模型在 linear_model 模块里。LogisticRegression( ) 可以生成 classifier 的名称（分类器的意思）的实例，但在此全部设定都是初始值。学习只是将特征数据的列表和标签的列表添加到 fit 的参数中即可。

推理如下。

```
# 用于推理测试的数据
test_data = [[0.1, 0.1],
             [-0.5, 0.0]]

print(classifier.predict(test_data))
```

结果如下。

```
[1 0]
```

进行推理时，只需在预测参数中放置用于推理的特征数据列表。请看图 4-28，确认推理数据的位置。若 x0 = 0.1，x1 = 0.1，推理结果为 1，若 x0 = −0.5，x1 = 0.0，则推理结果为 0。从图中可以确认此结论。以上介绍的是 scikit – learn 的基本使用方法。那么，我们把这个扩大到多个类吧。

5.2 多类逻辑回归

本节关键词：contour，one – vs – rest，one – vs – noe

即使在多类学习/推理中，scikit – learn 也可以完全相同的方式使用。首先确保你可以进行多类识别，然后解释原理。

5.2.1 scikit – learn 的三个类识别

为了便于理解，我们试着进行一下三个类的识别吧。数据集按以下方式创建：

```
from sklearn.datasets import make_blobs
X_dataset, y_dataset = make_blobs(centers=[[-0.4, 0.6],
                                           [0.5, 0.4],
                                           [-0.1, -0.5]],
                                  cluster_std=0.1,
                                  n_samples=150,
```

```
                center_box=(-1.0, 1.0),
                random_state=42)
```

我们可以看到类有 0、1、2 三种（见图 5-1），让我们对它进行学习。代码如下所示。

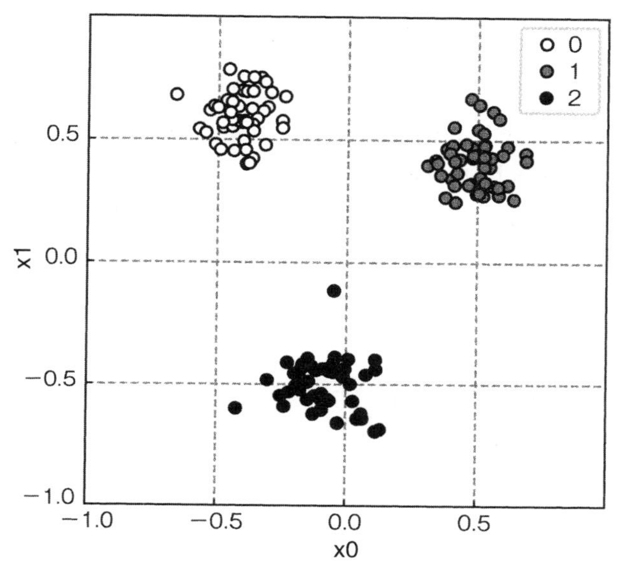

图 5-1　三个类的数据集

```
from sklearn.linear_model import LogisticRegression

# 创建逻辑回归模型的实例
classifier = LogisticRegression(multi_class='ovr')

# 学习
classifier.fit(X_dataset, y_dataset)
```

与前面的两个类学习的不同之处在于，在创建 LogisticRegression 实例时，我们只能将参数 multi_class 设置为“ovr”。这个参数的默认值是“ovr”，所以不用特意设定，但为了后面说明它的意思，对其进行了明确的设定。那么，到此学习结束了，但在三个类的情况下，识别边界是什么样的呢？

```
# 以0.01个增量生成网格点
xx, yy = np.meshgrid(np.arange(-1.0, 1.0, 0.01),
                     np.arange(-1.0, 1.0, 0.01))
# 推断生成的网格点
Z = classifier.predict(np.c_[xx.ravel(), yy.ravel()])
```

```
# 转换为二维数组进行绘制
Z = Z.reshape(xx.shape)

# 识别边界的绘制
plt.contour(xx, yy, Z, colors='k')
```

我们使用 Matplotlib 的一些小技巧来绘制识别边界。首先用 numpy 的 meshgrid，在 X 和 Y 轴上分别产生以 0.01 为增量的网格点数组 array，array 记录了每个（x，y）坐标。对于这几点，我们用这次学习的 LogisticRegression 模型来推断。然后，对于每个点，确定推断结果是类 0、类 1 或类 2。接下来，使用 Matplotlib 的 contour 绘制各个点，但实际上是画等高线的函数，所以只能画出类的边界的部分。绘制的结果如图 5-2 所示。

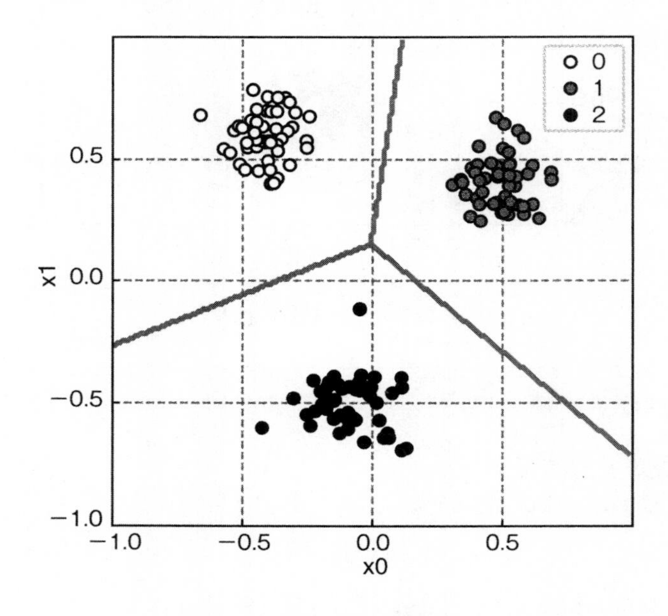

图 5-2　三个类的识别边界

可看到，它被分成了三个部分。但是，为什么会进行这样的识别呢？这与之前将 LogisticRegression 的参数 multi_class 设为“ovr”有关。

5.2.2　one – vs – rest

multi_class 中设置的“ovr”是“one – vs – rest”的缩写[⊖]。这就是“一对其他”的意思。将两类问题的识别扩展到多类的一种方法是，组合“某个类”和“其他”两个类的识别并扩展到多个类。

这次的例子如下所示。

⊖ 也可以用 one – vs – all 表示。

- 类 0 和其他（类 1，类 2）的识别
- 类 1 和其他（类 0，类 2）的识别
- 类 2 和其他（类 0，类 1）的识别

这里生成了三个识别边界，最终形成了图 5-2 所示的三个类的识别边界。接下来，让我们来绘制这三个识别边界（见图 5-3）。

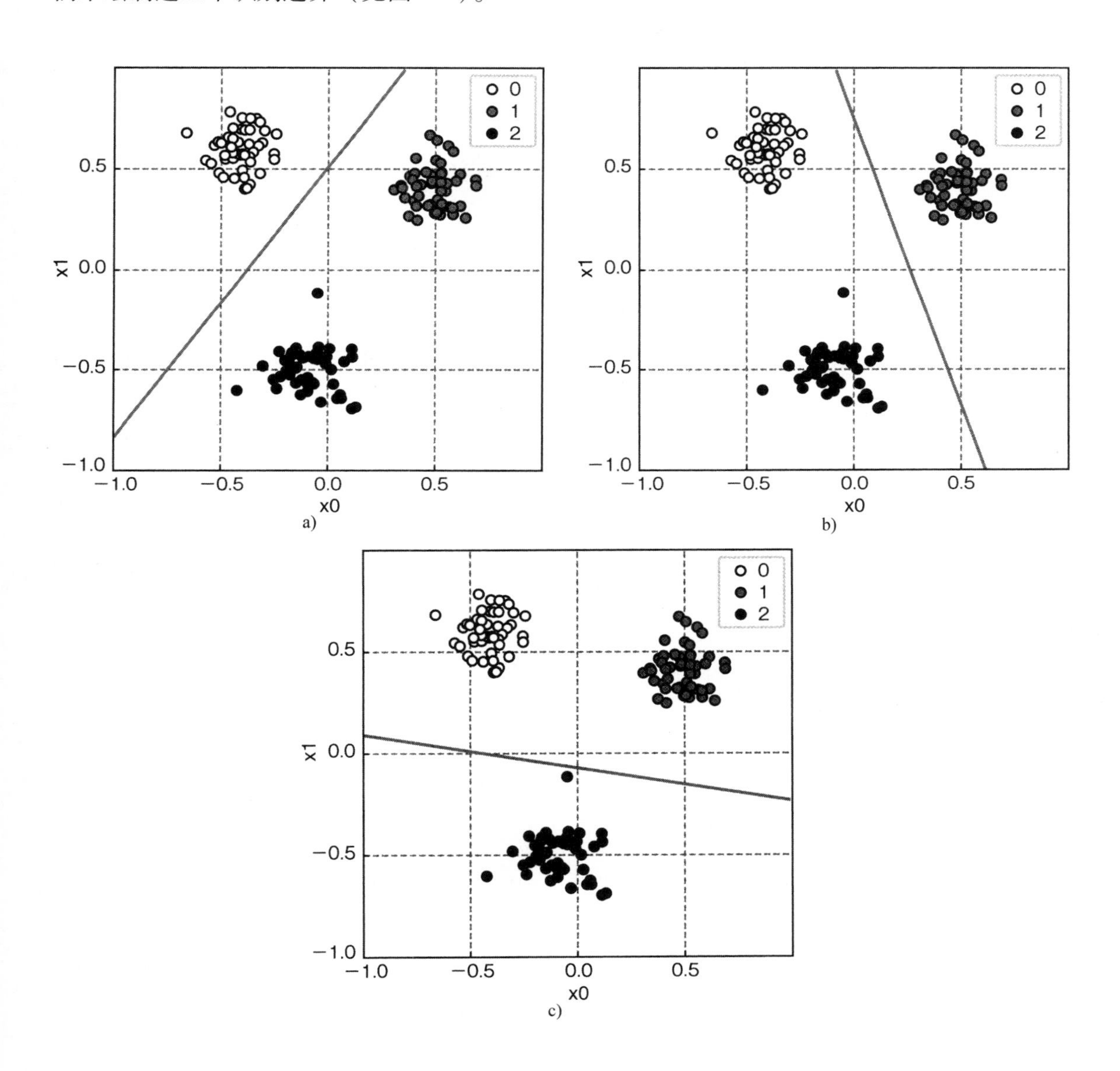

图 5-3　a）类 0 对其他；b）类 1 对其他；c）类 2 对其他

在这里进行了三次二类问题的识别。要绘制这些图，请执行下面的代码。

```
# 以0.01为增量生成网格点
xx, yy = np.meshgrid(np.arange(-1.0, 1.0, 0.01),
                     np.arange(-1.0, 1.0, 0.01))
# 推断生成的网格点
Z = classifier.decision_function(np.c_[xx.ravel(), yy.ravel()])

# 绘制识别边界
for c in range(3):
    # 转换成二维数组进行绘制
    Zc = Z[:, c].reshape(xx.shape)
    plt.contour(xx, yy, Zc, colors='b', levels=[0])
    plt.show()
```

这里使用的不是 predict 函数，而是 decision_function。这是一个函数，它用于计算每个类到识别边界的距离 np. dot（w，x）（在4.3 节中学习的）。也就是说，当该值为0 时，意味着它在边界上。用 Z［:，c］获取类0、类1、类2 的列，然后在值为0 的地方用 contour 画出等高线就完成了。

5.2.3 二类识别到多类识别

那么，通过这三个识别边界如何来识别这三个类呢？答案很简单。由 decision_function 求出的三个识别边界的距离 np. dot（w，x），应该是最远的那个。让我们绘制距离，以便图像易于掌握。重写上面的代码如下。

```
# plt.contour(xx, yy, Zc, colors='b', levels=[0])
# 将上一行改写为下面两行
cs = plt.contour(xx, yy, Zc, colors='b', levels=[-2, -1, 0, 1, 2])
plt.clabel(cs, inline=1, fontsize=10)
```

这样，与标识边界的距离在 -2 和2 之间绘制，如图 5-4 所示。注意，这个值在正方向上越大，是这个类的概率就越高，反之就越低。当你注意某个点时，可以知道它为类0、类1 或类2 的概率。

作为例子，让我们观察 x0 = -0.5、x1 =0.5 的点。这是类0 的区域，所以应被识别为类0 才是正确的。从图 5-4 中可以目测每个类的概率，如下所示：

- 类0： +2 左右
- 类1：小于 -2
- 类2：小于 -2

换句话说，类0 是最大的（即概率高），所以这个点被识别为类0。让我们把这些图综合起来，再把它画出来就得到图 5-5。可知在类 0、类 1、类 2 的识别边界距离相同的地方构成了三个类的识别边界。这次只有三个类，但不管有几个类，都选择概率最高的，用同样的方法都可以进行扩展。

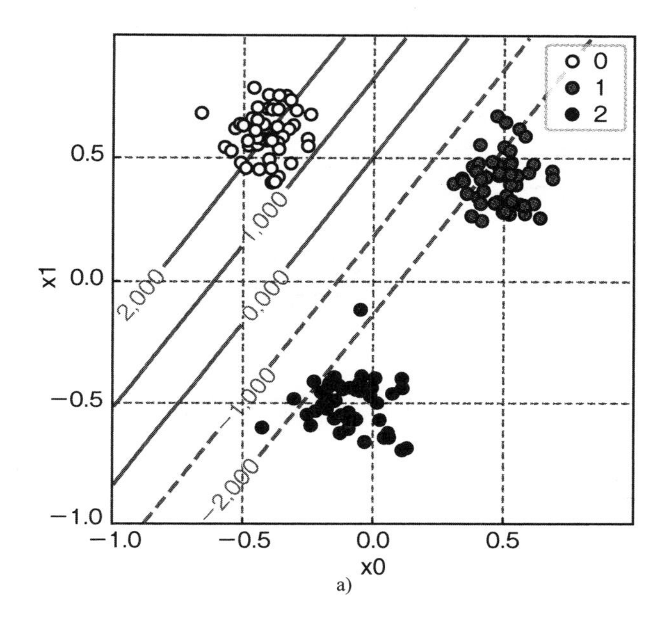

a)

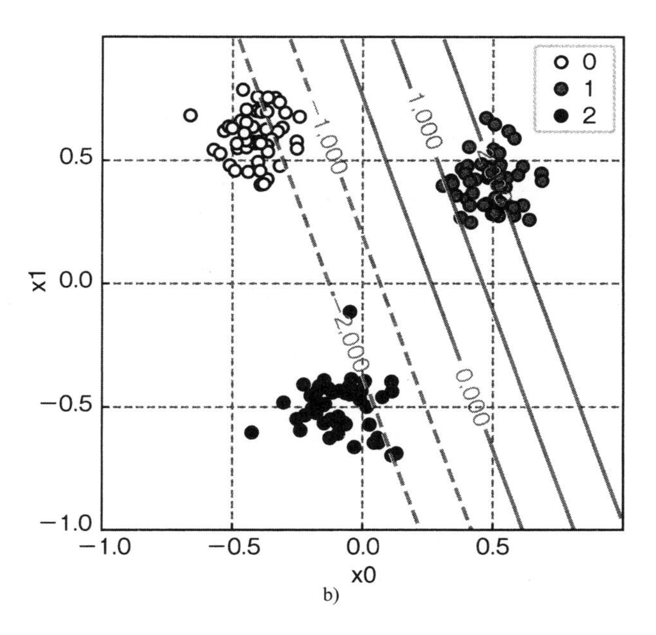

b)

图 5-4　a）类 0 对其他；b）类 1 对其他；c）类 2 对其他

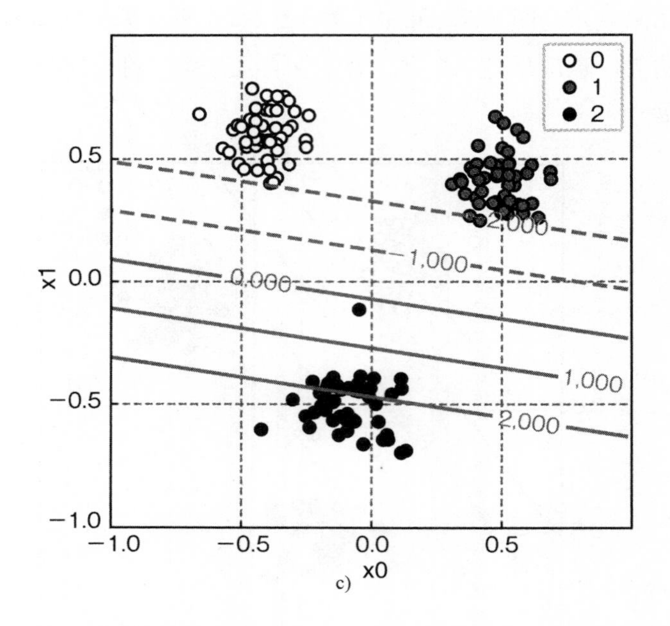

c)

图 5-4　a）类 0 对其他；b）类 1 对其他；c）类 2 对其他（续）

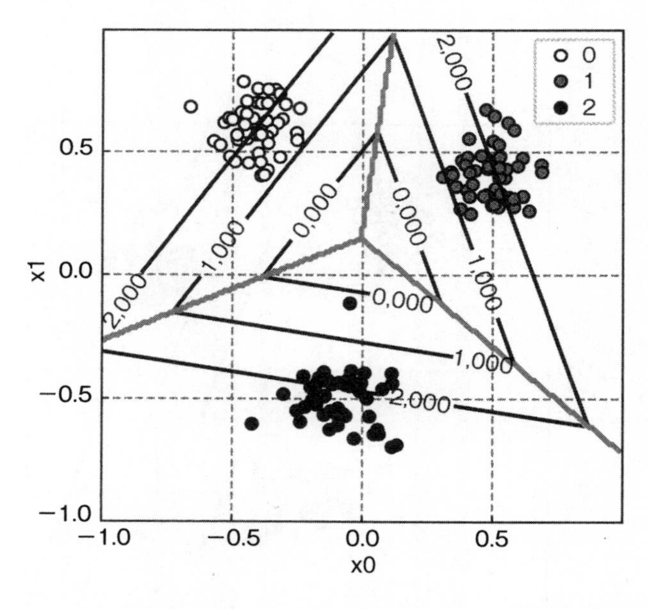

图 5-5　在各个类的等高线交叠的地方形成三个类的识别边界

要绘制此图，请执行下面的代码。因为 np. ma. array 被称作 masked array（掩码数组），能轻松地屏蔽符合指定条件的数据。在这里它用于从 array 中排除不属于类的网格。

```
# 生成以0.01为增量的网格点
xx, yy = np.meshgrid(np.arange(-1.0, 1.0, 0.01),
                     np.arange(-1.0, 1.0, 0.01))

# 推断生成的网格点
Zp = classifier.predict(np.c_[xx.ravel(), yy.ravel()])
Zp = Zp.reshape(xx.shape)

Zd = classifier.decision_function(np.c_[xx.ravel(), yy.ravel()])

plot_dataset(dataset)
for c in range(3):
    # 获得与c类相对应的分数
    Zc = np.ma.array(Zd[:, c].reshape(xx.shape), mask=(Zp != c))
    # 从识别边界绘制距离(轮廓线)
    cs = plt.contour(xx, yy, Zc, colors='b', levels=[0, 1, 2])
    plt.clabel(cs, inline=1, fontsize=10)

# 绘制三个类的识别边界
plt.contour(xx, yy, Zp, colors='g')
```

5.2.4 其他多类方法

作为 one - vs - rest 以外的多类方法，还有 one - vs - one。在 one - vs - rest 中，“某个类”和“其他类”组合而成，而 one - vs - one 是“某个类”和“某个类”的一对一的组合。例如，假设有 ABCD 四个类。在 one - vs - rest 的情况下，进行表 5-1 所示四种识别。

表 5-1 one - vs - rest 的组合

A	BCD
B	ACD
C	ABD
D	ABC

另一方面，one - vs - one 执行表 5-2 所示六种识别。

表 5-2 one - vs - one 的组合

A	B
A	C
A	D
B	C
B	D
C	D

这种一对一的组合，随着类的数量的增加，one - vs - one 比 one - vs - rest 需要更长时

间。另外，作为多类识别整体而言，类的数量越多，运算越花时间。在让它们学习之前，建议你再考虑一下哪个类是否真的需要。例如，你可以将不常见的类合并为一个。

5.3 支持向量机

本节关键词：泛化性能，非线性识别，核函数，过度学习

在感知器和逻辑回归之后，我们将解释称为支持向量机（Support Vector Machine，SVM）的分类器。SVM 是当今经常使用的优秀学习模型，它不仅支持线性识别，还支持非线性（即识别边界变为曲线）识别。

5.3.1 scikit - learn 中的线性 SVM

首先，进行一个实际的识别，通过它了解感知器和逻辑回归之间的区别。这次，我使用以下数据集。

```
from sklearn.datasets import make_blobs

X_dataset, y_dataset = make_blobs(centers=[[-0.5, 0.5], [0.5, -0.3]],
                                  cluster_std=0.3,
                                  n_samples=20,
                                  center_box=(-1.0, 1.0),
                                  random_state=42)
```

这就像图 5-6 一样。

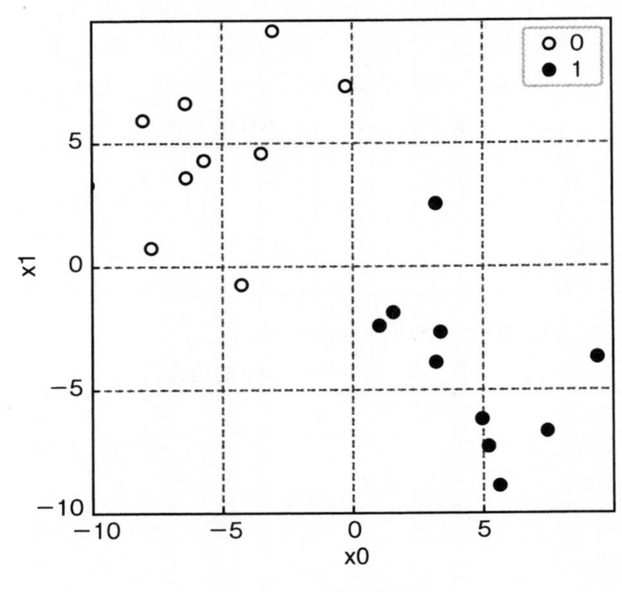

图 5-6　二类数据集

接下来是学习。SVM 在 sklearn. svm 模块中。这有点令人困惑，但这里称为 SVC。这是 Support Vector Classifier（支持向量分类器）的缩写，之所以给出了这样的名称，是为了以免将其与 support Vector Regressor（支持向量回归器，SVR）混淆，后者解决了 SVM 的回归问题。在 kernel 里设定 “linear” 是为了使用线性的 SVM。默认情况下，是设置非线性 “rbf”，稍后将对此进行说明。

```
from sklearn.svm import SVC

# 线性SVM学习
classifier = SVC(kernel='linear')
classifier.fit(X_dataset, y_dataset)
```

这种识别边界如图 5-7 所示。识别边界的绘制位置与以可视方式绘制边界的位置难道大致相同吗？为什么要划分出这样的识别边界，这是由给出以下的 SVC 和间隔来计算的。

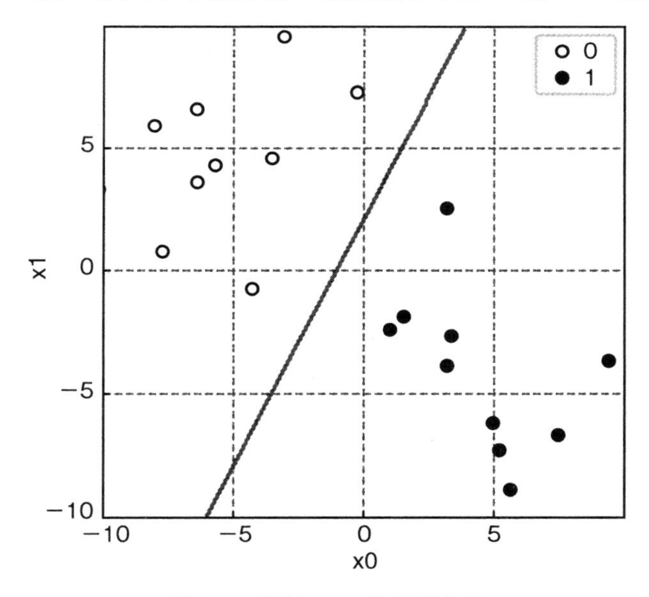

图 5-7　线性 SVM 的识别边界

5.3.2　支持向量机与间隔

那么，机器学习又是为了什么呢？这是为了在未知数据到来时进行预测，就如在第 4 章开始介绍的产品质量管理的例子那样。无论你能如何准确地识别用于学习的数据，如果不能正确识别未知数据，则这一切都没有用。这种适应未知数据的性能称为泛化性能。为了提高 SVM 的泛化性能，尽量使识别边界到训练数据的各点的距离加大。

训练数据中距离识别边界最近的称为支持向量，确定识别边界以便捕获这些距离。在图 5-8中绘制了支持向量。在图中用实线绘制了识别边界，用虚线绘制了支撑矢量位置处的平行线。这个虚线间的距离称为间隔。在 scikit - learn 中，你可以使用 classifier. support_vectors_获取支持向量列表。绘制它的代码如下所示。

```
plt.scatter(classifier.support_vectors_[:, 0],
            classifier.support_vectors_[:, 1],
            facecolor='none', edgecolor='b',
            s=200)
```

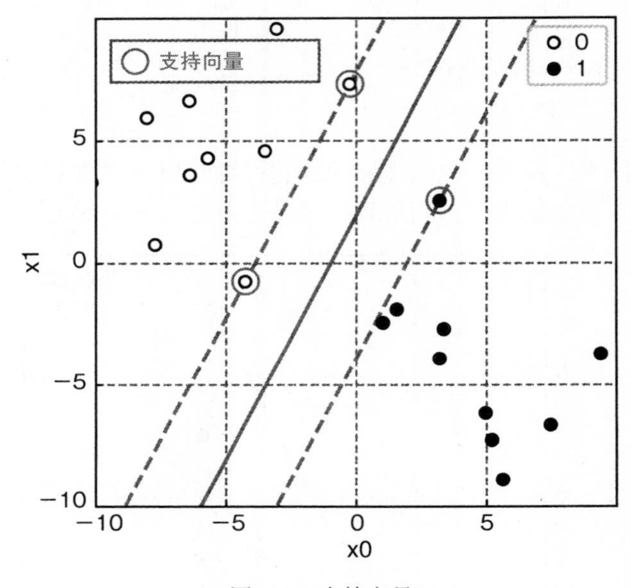

图 5-8　支持向量

5.3.3　SVM 的损失函数

如果查看 SVM 的损失函数，可以看到它与间隔的关系。SVM 的损失函数像感知器一样使用铰链函数，但在正方向上有略微偏移。即使能够正确识别，但如果接近识别边界，也会造成一些损失。

图 5-9a 显示了学习过程中的 SVM 识别边界。箭头指示的点是类 0，因此可以正确识别，但它位于间隔中。如果这由损失函数表示，则如图 5-9b 所示，你可以看到此点正在给出损失。换句话说，SVM 将修改识别边界以消除此损失。与逻辑回归类似，它可以被正确识别，但它可能导致损失。

5.3.4　非线性 SVM

SVM 还支持非线性识别边界。到目前为止，我们只解释了线性识别边界，但实际数据通常是非线性的，而 scikit - learn 的 SVC 也默认为非线性的。让我们用 SVC 进行非线性识别。在这里有必要制作不能线性分离的数据，由于 scikit - learn 中具有方便的函数来轻松生成这些数据，因此我们在此使用它。代码如下所示。

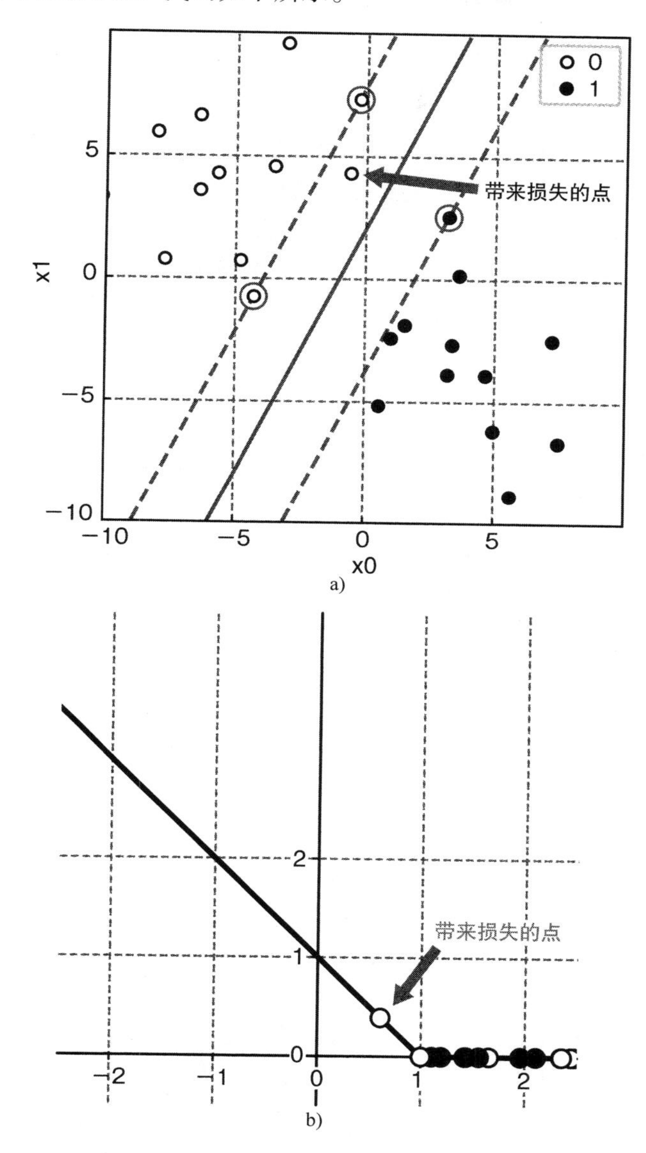

图 5-9 a）学习过程中的 SVM 识别边界；b）学习过程中的 SVM 损失函数

```
from sklearn.datasets import make_moons

X_dataset, y_dataset = make_moons(n_samples=100, noise=0.05, random_state=42)
```

正如其名称（moons），这是一个创建半月形数据的函数。绘制结果如图 5-10 所示。

学习的代码如下所示。除了 kernel 改成“rbf”的点以外，与线性 SVM 时完全相同。绘

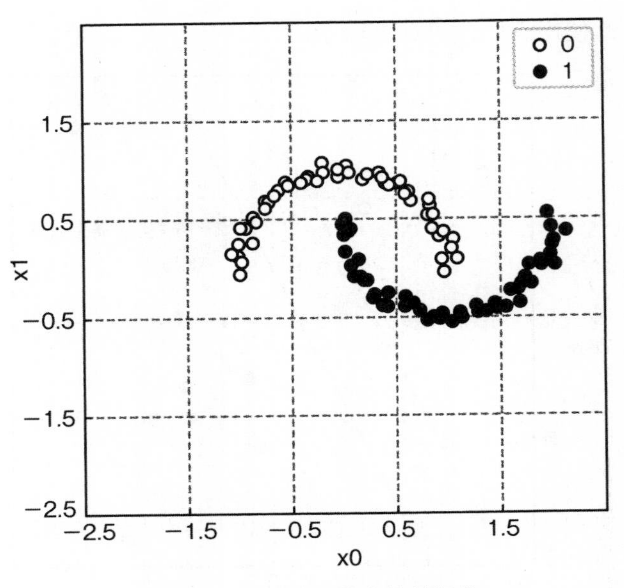

图 5-10　无法线性分离的数据集

制的识别边界和间隔的结果如图 5-11 所示。

```
from sklearn.svm import SVC

# 非线性SVM学习
classifier = SVC(kernel='rbf')
classifier.fit(X_dataset, y_dataset)
```

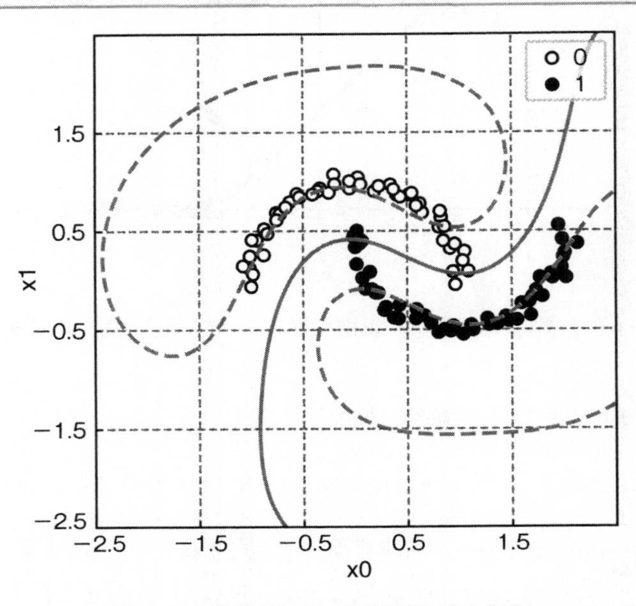

图 5-11　非线性 SVM 的识别边界和间隔

实线是识别边界，虚线是间隔。线性时，请与图5-8比较。你可以看到识别边界是一条大的曲线。一些错误的识别仍然存在，但这可以通过稍微调整SVC参数来解决。由于在数学上解释为什么可以绘制这样的非线性识别边界超出了本书的范围，因此在这里仅解释这个概念。

如果SVM无法在二维中线性识别，我认为可以通过扩展到三维或四维来进行识别。以这次的数据集为例，如图5-12所示，将数据配置在三维中。然后，就可以在平面上绘制识别边界了。这一次，我们最初将二维数据扩展到三维，但更一般来说，通过使其高于原始维度来线性识别是可能的。模糊的表达“有时”是因为在扩展到更高维度的方法中存在一些参数，并且如果这些参数未被很好地调整，则它将不会变成清晰的识别边界。接下来，我将解释参数和识别边界之间的关系。

它虽然表示为扩展，但确切地说，是映射到非线性特征空间。通过对该映射应用线性识别函数，实现了非线性识别边界。该非线性特征空间中映射的函数被称为内核函数，rbf（radial bases function，径向基函数）也是其中之一。而且，图5-12仅仅示出了原理，而不是绘制了rbf等的映射。

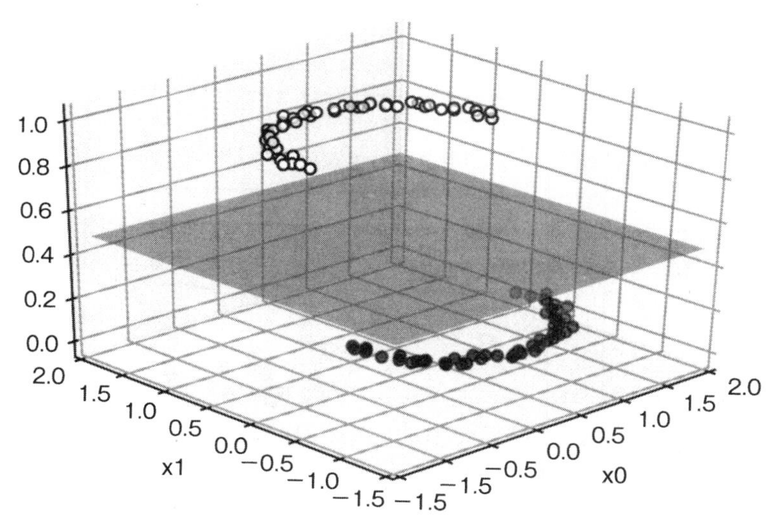

图5-12　空间扩展图像

5.3.5　参数调整

在scikit-learn的SVC中有一些参数，尤其是非线性识别的情况下，如上所述，如果不选择准确的参数，则无法画出清楚的识别边界。在这里，让我们来看看代表性的参数C和gamma对识别边界有什么影响。首先在对参数说明之前，先试着写下代码吧。你可以指定以下参数。

```
from sklearn.svm import SVC

# 指定C和gamma
classifier = SVC(kernel='rbf', C=1.0, gamma=0.5)
```

此外，参数还可以设置如下：

```
from sklearn.svm import SVC

# 参数是初始值
classifier = SVC(kernel='rbf')

# 指定C和gamma
classifier.C = 1.0
classifier.gamma = 0.5
```

测试数据集像以前一样使用 make_moons，但是这次让我们在数据中添加一些噪声。代码和绘图结果（见图 5-13）如下所示。

```
from sklearn.datasets import make_moons

# 将噪声增加到0.2以使数据松散
X_dataset, y_dataset = make_moons(n_samples=100, noise=0.2, random_state=42)
```

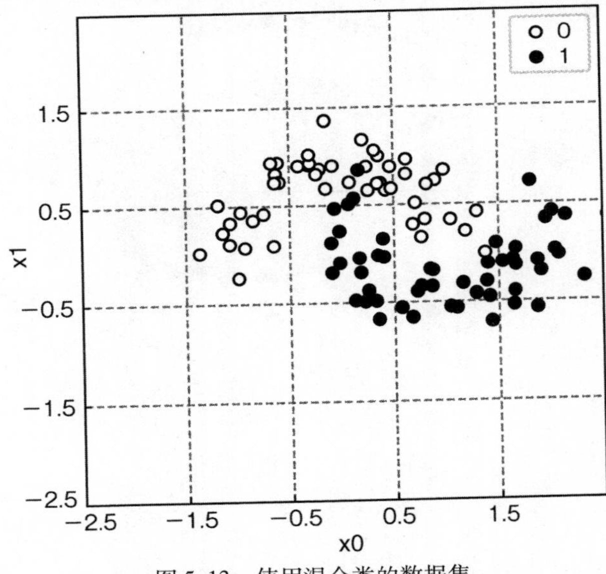

图 5-13 使用混合类的数据集

半月形的数据偏离，类 0、类 1 混杂的状态，实际数据通常以这种方式包含噪声，并且很少能够干净地分离数据。所以当你对这一数据集设定识别边界时，可以利用这些参数判断参数 C 和 gamma 是如何运作的。

```
# 设定参数的范围
c_range = [0.1, 1.0, 100.0]
gamma_range = [0.5, 5.0, 50.0]
```

```
# 按各个参数进行学习
for c in c_range:
    for gamma in gamma_range:
        classifier.C = c
        classifier.gamma = gamma
        classifier.fit(X_dataset, y_dataset)

        # 绘制识别边界
```

gamma 分为 3 种，C 也分为 3 种，合计 9 种参数组合，结果如图 5-14 所示。图中描绘了向纵方向变换 C 的值，向横方向变换 gamma 的值时的识别边界和间隔。

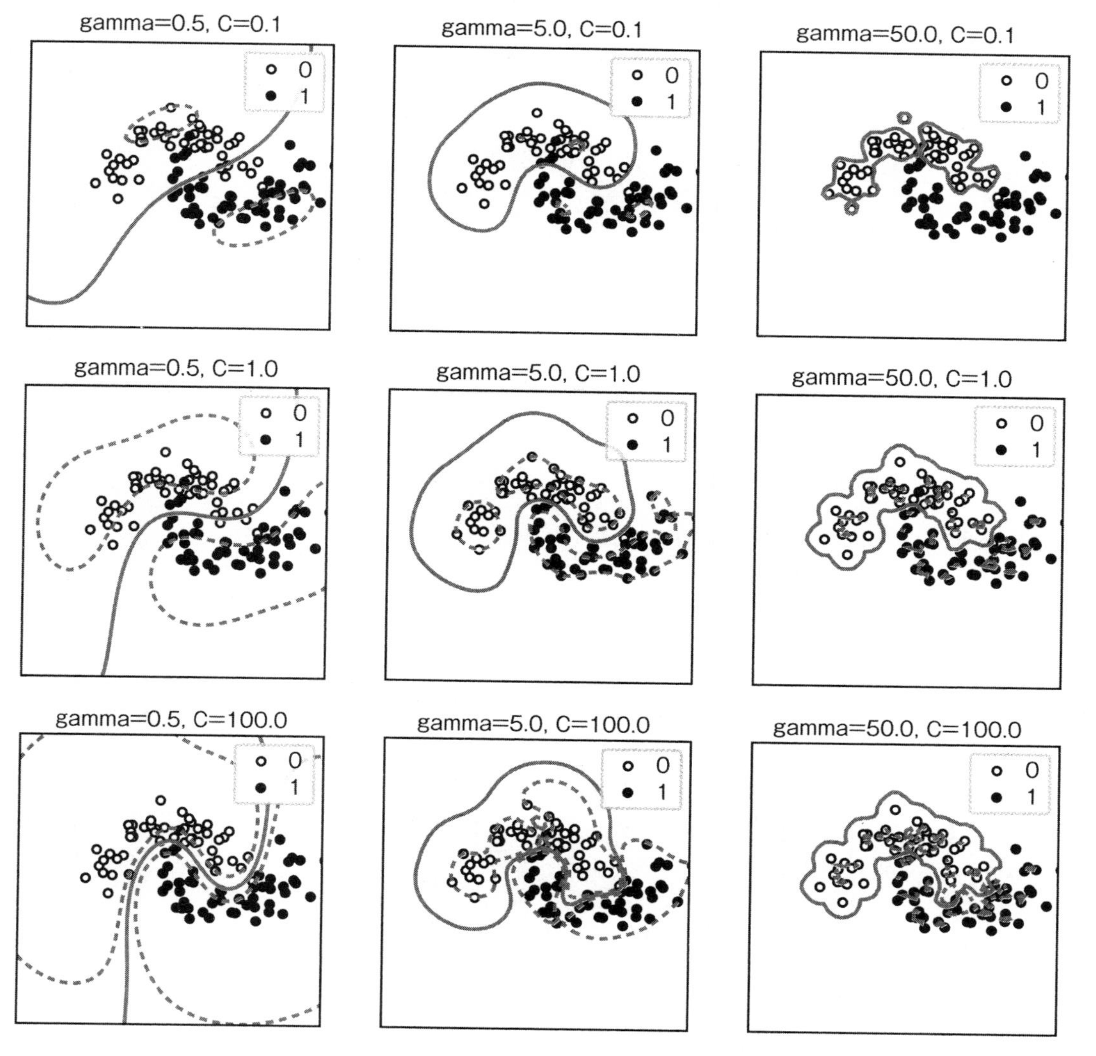

图 5-14　每个参数的识别边界和间隔

C 的影响可能有些难以理解，请注意图的左列。C 确定噪声惩罚的大小，以及惩罚间隔中数据点的错误识别。增加 C 的值会给出更多的惩罚，所以在学习时你会减少间隔以减少损失。相反，如果 C 的值减小，则惩罚也减小，因此根据 SVM 的基本策略绘制识别边界，其中可以增加间隔。在此数据集中，类彼此相邻，因此通过增加 C 和缩小间隔产生了更清晰的识别边界。

另一方面，gamma 被用作在非线性识别中所描述的延伸到更高维度的系数。该值越大，识别边界就越容易找到，但结果往往会变成专门训练数据的学习（过度学习）。无论哪个参数，都没有一个直接可用的固定值，需要根据数据集合来寻找最适合的参数。这也是处理非线性的难点所在。

第 6 章介绍了如何调整这些参数以及评估数据。

5.4　随机森林

本节关键词：随机森林，集成学习，决策树

本节重点介绍随机森林参数与它们创建的识别边界之间的关系，这是作为 IT 工程师应该掌握的要点。

5.4.1　什么是随机森林

在本章的最后，介绍了一种名为随机森林的分类器。随机森林是多个简单分类器组合中的一种，称为集成学习，可提高整体性能，它和 SVM 都是非常流行的分类器。组合分类器使用决策树，并且由于用于决策树的要素是随机选择的，因此称它为随机森林。

那么什么是决策树？这也是一个结合了多个简单识别规则的分类器，概念上是一种结合了几个“问题”的技术，如图 5-15 所示。最终会使识别边界变为非线性的。

5.4.2　scikit - learn 中的随机森林

首先，让我们实际进行一下识别吧。与非线性 SVM 一样，数据使用 make_moons。

```
from sklearn.datasets import make_moons

X_dataset, y_dataset = make_moons(n_samples=100, noise=0.2, random_state=42)
```

接下来是学习。随机森林使用 sklearn. ensemble 模块中的 RandomForest 分类器。由于它是使用随机数的分类器，因此 random_state 用于给出随机数种子，以防止每次执行学习时结果发生变化。绘制出的识别边界如图 5-16 所示。

```
from sklearn.ensemble import RandomForestClassifier

# 在随机森林中学习
classifier = RandomForestClassifier(random_state=42)
classifier.fit(X_dataset, y_dataset)
```

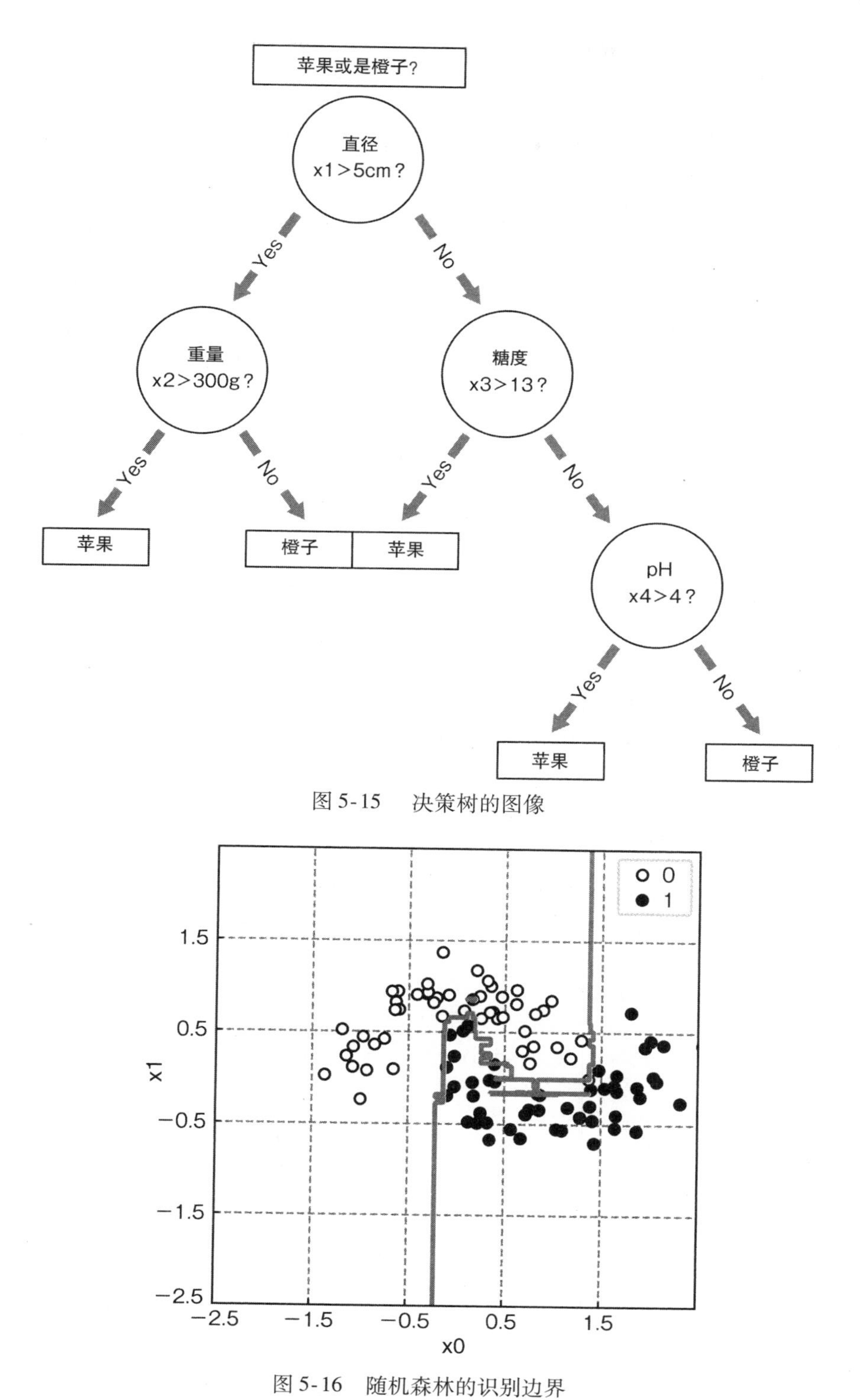

图 5-15　决策树的图像

图 5-16　随机森林的识别边界

5.4.3 决策树层次结构和识别边界

从随机森林的识别边界来看，和 SVM 相比，它应该更容易辨别。这是决策树通过“x0 > -0.4”→“x1 < -0.4”→“x0 < 1.4”→…情况，在连续不断用直角切割着空间。我们故意限制决策树的层次结构，以理解划分空间的过程。

```
# 将决策树的数量限制为1
classifier = RandomForestClassifier(random_state=42, n_estimators=1)

# 将决策树的层次结构从1更改为4
for depth in range(1, 5):
    classifier.max_depth = depth
    classifier.fit(X_dataset, y_dataset)

    # 绘制识别边界
```

由于随机森林创建了如上所述的多个决策树，因此将 n_estimators 设置为 1，这样只生成一个决策树，我们也只专注于这一个决策树。接下来，使用 max_depth 将层次结构的数量从 1 限制为 4，并对每个层次进行学习。结果如图 5-17 所示。首先，在左上方的 max_depth = 1 处，只有一个层次结构，因此识别边界只能是一条水平线。在右上方的 max_depth = 2，垂直的识别边界重叠产生直角弯曲的识别边界。类似地，每增加一个层次，识别边界就不断重叠，从而最终产生图 5-16 所示的复杂识别边界。

5.4.4 特征量的重要性

随机森林的优点之一是特征的重要性是已知的。例如，在先前的数据集中，输入了两个特征值 x0 和 x1。这意味着你可以看到每个 x0 和 x1 对识别的重要性。很难想象在实际中只有两个特征量的情况，所以让我们来使用更加复杂的数据集吧。

```
import matplotlib.pyplot as plt
from sklearn.datasets import load_digits

# 读取手写的数字的数据集
X_dataset, y_dataset = load_digits(return_X_y=True)

# 显示初始数据(index=0)
print(X_dataset[0])

# 将初始数据(index=0)可视化
plt.gray()
plt.matshow(X_dataset[0].reshape(8, 8))
```

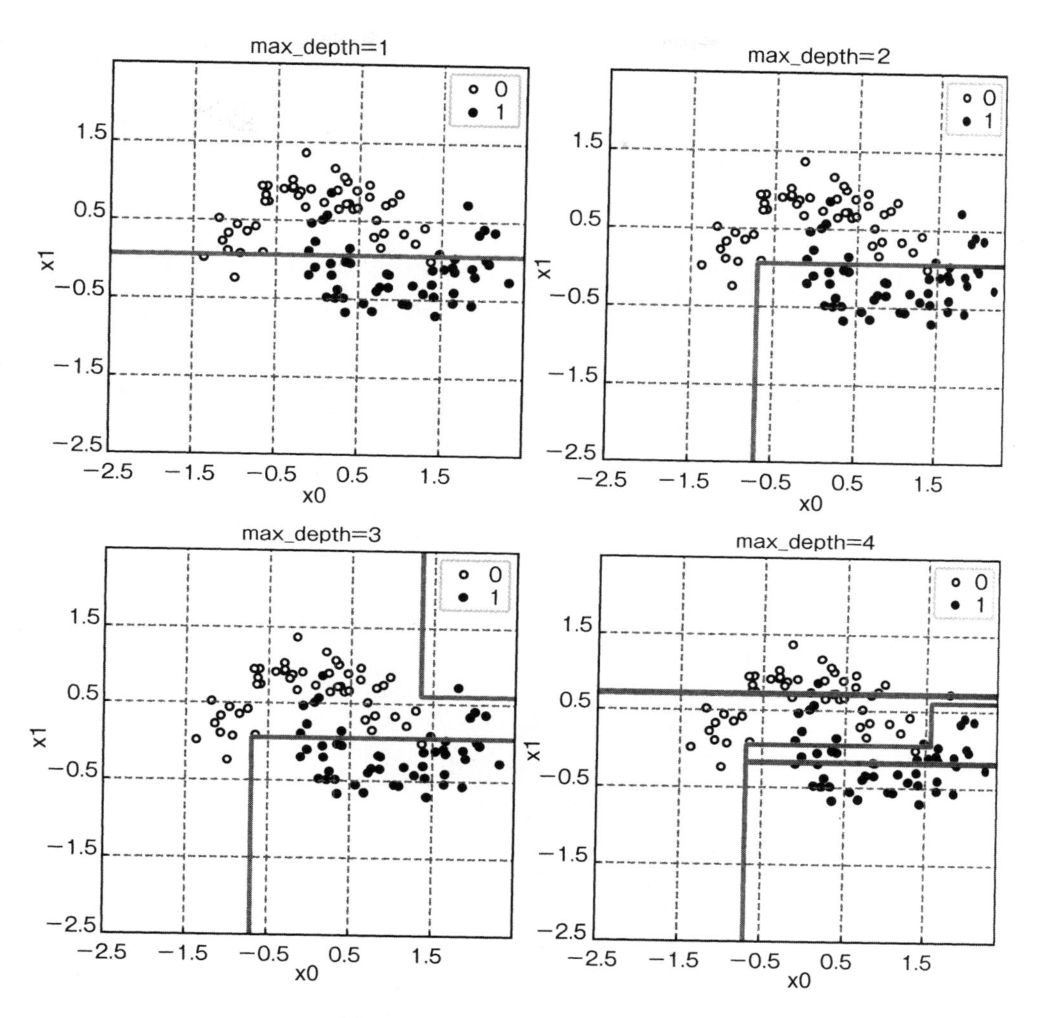

图 5-17　层次结构数和识别边界

到现在为止使用了 scikit - learn 的 make_blobs 和 make_moons，不过这次使用了 load_digits。这是一个小的 8×8 像素灰度图像数据的集合，包含 0~9 的手写数字图像（见图 5-18）。灰度是从黑到白的明暗图像，没有颜色信息。通常，它用 1B 的 256 个等级表示，但是该数据集是从 0 到 16 的 17 个等级。使用 print 语句输出初始数据（图像）的结果如下。

```
[ 0.   0.   5.  13.   9.   1.   0.   0.   0.   0.  13.  15.  10.  15.   5.
  0.   0.   3.  15.   2.   0.  11.   8.   0.   0.   4.  12.   0.   0.   8.
  8.   0.   0.   5.   8.   0.   0.   9.   8.   0.   0.   4.  11.   0.   1.
 12.   7.   0.   0.   2.  14.   5.  10.  12.   0.   0.   0.   0.   6.  13.
 10.   0.   0.   0.]
```

它是一个 64 像素的数组，具有从 0 到 16 的 17 个等级。我不知道这是什么样的图像，因此我使用 matplotlib 的 matshow 将其可视化。将 64 个元素的数组通过 reshape(8, 8) 转换成

8 ×8的排列形式，可以显示出一个 8 ×8 像素的图像，如图 5-19 所示。

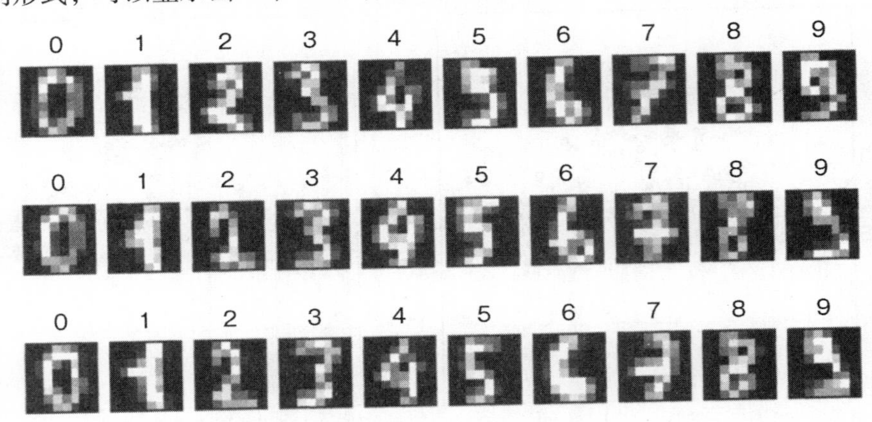

图 5-18　手写数字的数据集

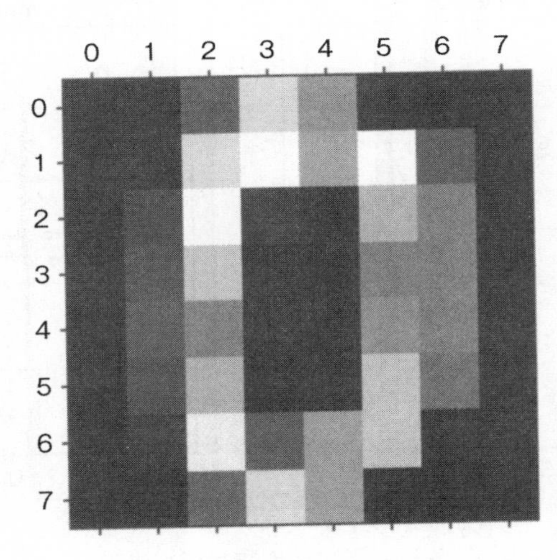

图 5-19　可视化第一个手写数字的数据

现在，将这 64 个像素中的每一个都作为特征值输入并在随机森林中学习。即使输入特征量的维数增加，学习代码也不会改变。

```
from sklearn.ensemble import RandomForestClassifier

classifier = RandomForestClassifier(random_state=42)
classifier.fit(X_dataset, y_dataset)
```

现在，手写数字字符的学习已经结束。现在来看看这个作为特征量的 64 像素的重要性吧。在 scikit - learn 的 RandomForestClassifier 中，重要性存储在名为 feature_importances 的成员变量中。这次因为特征量有 64 个，所以重要性也有 64 个并与特征相对应。由于这次的特征量为 64，因此相对于其重要性的特征有 64 个。

```
plt.gray()
plt.matshow(classifier.feature_importances_.reshape(8, 8))
```

这个也同样是 64 个元素的数组，以 reshape（8，8）转换为 8 ×8 的排列，并形成可视化图像（见图 5-20）。像素越亮，越重要，但注意两端都是黑色的（不太重要）。这意味着在识别手写字符时，两端的像素对识别的准确性没有太大贡献。回看图 5-18，确实在两端的像素范围内没有绘制文字。如果你看一个没有画出任何东西的像素，你就不知道它是 0、1 还是 9。请记住，随机森林可以衡量特征的重要性，因此它们不仅可以用作分类器，还可以用于数据分析。

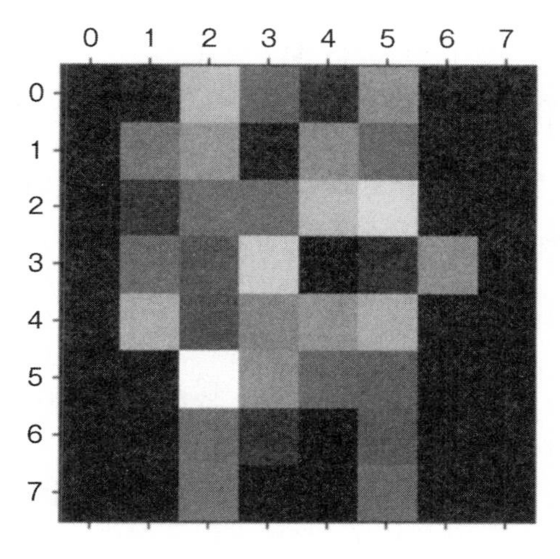

图 5-20　可视化各像素（特征量）的重要性

第6章 数据评估方法和调整

到目前为止，我们已经了解了每个具有伪数据的分类器的工作原理。从这里开始，你将学习如何处理实际数据，以及同时进行评估和调整数据。

6.1 基本的学习流程

本节关键词：清洗数据，特征处理，学习数据，测试数据

本节介绍机器学习的基本学习流程，包括数据收集、清洗（格式化）、学习、评估和推理（见图6-1）。

6.1.1 清洗和格式化

如果你想在机器学习中推断或识别某些内容，这就不仅仅是学习过去的数据。首先要收集数据，然后清洗数据和对数据进行格式化。

例如，清洗是填写缺失的数据或排除明显错误的数据。所谓格式化包括将文字数据转换成数值数据等。例如，在预测商品需求时，将顾客的数据作为特征量提供时，由于性别的特征量是“男性”或“女性”这两个字符串中的一个，几乎所有的分类器都不能正常地使用这两个数据，所以就有必要用数字来代替它们。比如，可以把男性记为“0”，把女性记为“1”等。

6.1.2 学习，评估，推理

接下来是学习，但我们应该学习收集和清洗的所有数据吗？答案是否定的。这意味着你只能在想要推断的未知数据（真实数据）中判断学习是否正确。这就像要突然参加空手道比赛一样，如果你平时做了很多的空手道训练，那你就会没事。我对空手道并不很熟悉，大概在参加大赛之前会先进行练习赛或团体赛来测试现在的实力吧。

机器学习也是一样的。学习后，在正式运行前测试能正确推断多少。为了测试，把现在持有的数据分为学习数据和测试数据，只使用学习数据来进行学习。这样一来，对于分类器来说，测试数据是未知数据，所以如果用分类器推理出的标签和测试数据的标签进行比较，就能知道推理的准确率。这样就可以判断在正式数据中推理是否有足够的准确度。

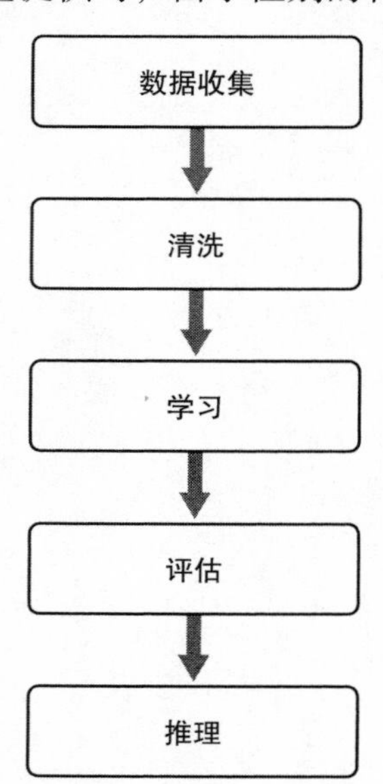

图6-1 机器学习流程

本章通过详细检查准确率来说明如何划分测试数据以及如何调整分类器。

6.2 学习和测试

本节关键词：归一化，K－Fold，交叉验证

在本节中，我们介绍将现有数据集划分为用于学习的数据集和用于测试的数据集的各种方法（即确保正确完成学习）。另外，我们会把尚未处理的原始数据转换为可以输入到分类器中的数据。

6.2.1 从 BigQuery 中加载数据集

这次，我们将使用实际数据，而不是虚拟数据。另外，一般情况下，真实数据都会保存在某个数据库中。如果使用 GCP，将数据集保存在 BigQuery 中，则可以分析基于 SQL 的数据并轻松将其加载到机器学习平台中。

现在，你将加载存储在 BigQuery 中的数据，并同时了解用于学习的步骤。本书的样本代码库中的 datasets 目录里有一个名为 wdbc.csv 的文件，把它注册为 BigQuery 的表。若要执行注册，请执行以下代码单元。

```
# 创建一个名为testdataset的数据集。如果已存在，则无需创建新数据集
!bq mk testdataset

# 创建wdbc表
!bq load --autodetect testdataset.wdbc ../datasets/wdbc.csv
```

有关如何创建 BigQuery 表的详细信息，请参阅 1.6 节。

接下来，使用 pandas 加载此表。

```
import pandas as pd

# 将BigQuery查询结果加载到
query = 'SELECT * FROM testdataset.wdbc ORDER BY index'
dataset = pd.read_gbq(project_id='PROJECTID', query=query)

# 显示前5行数据
dataset.head()
```

执行此操作时，将显示类似于以下内容的表。

```
      index     diagnostic     mean_radius     mean_texture      ...
0     8670      M              15.46           19.48             ...
1     8913      B              12.89           13.12             ...
2     8915      B              14.96           19.10             ...
3     9047      B              12.94           16.17             ...
4     85715     M              13.17           18.66             ...
5 rows × 32 columns
```

现在我将解释这些数据。这是乳腺癌的诊断数据，它是通过收集细胞组织和数字化各种要素而获得。一组这样的特征量和标签，表明在随后的检查中癌症是恶性的还是良性的。换句话说，它是一个二类问题，从细胞组织的特征来确定它是恶性的还是良性的。

该数据可以从加利福尼亚大学欧文分校样本数据库下载，我们将其用于机器学习[㊀]。

6.2.2 格式化数据

这些数据不能直接用于学习。因为表示恶性、良性的标签“diagnostic”是由“M”（malignant，恶性）、“B”（benign，良性）这样的字符构成，所以我们要把这些标签转换成数值。此外，名为“index”的列只是一个 ID，因此请删除整个 ID 列。

```
# 将“M”转换为0，将“B”转换为1
dataset['diagnostic'] = dataset['diagnostic'].apply(
    lambda x: 0 if x == 'M' else 1)

# 删除“index”列
dataset.drop('index', axis=1, inplace=True)
```

在这里将“M”（恶性）设为 0、“B”（良性）设为 1。当然，之后换另一种表示方法也无妨，不管哪个都可以是 0。然后将数据集从 pandas 的 DataFrame 转换成 array。scikit-learn 可以将 DataFrame 作为数据集处理，但由于使用各种应用程序需要一些时间，因此统一用 array。

```
# 从DataFrame转换为array
X_dataset = dataset.drop('diagnostic', axis=1).as_matrix()
y_dataset = dataset.diagnostic.as_matrix()
```

从 DataFrame 到 array 的转换可以用 as_matrix() 来完成。通过仅选择标签列（Series）来转换标签数据（y_dataset），并通过排除标签来转换特征量（X_dataset）。

6.2.3 学习和测试数据的分割

使用 train_test_split() 分离训练数据和测试数据的数据集。当通过参数传递特征量和标签数据集时，则会分别返回学习的和测试的分离后的特征量数据和标签数据。这里将学习的特征量数据和标签数据设为 X_train、y_train，将测试的设为 X_test、y_test。通过将参数 test_size 设置为 0.2，将测试数据大小设置为 20%。

```
from sklearn.model_selection import train_test_split

# 用于学习和测试的单独数据集
X_train, X_test, y_train, y_test = train_test_split(
    X_dataset, y_dataset, test_size=0.2, random_state=42)
```

㊀ http://archive.ics.uci.edu/ml/index.php

接下来，要开始学习。直到现在的学习中一直在使用 fit 这个方法，接下来会使用 score 这个方法（函数）。用这个参数给定的特征量进行推理，与给定的正确答案的标签进行比较。这是一种计算准确率的便捷方法。这里的关键点是，对学习数据使用 fit 方法进行学习，对测试数据使用 score 方法，并由此计算和推理出准确率。同样，在机器学习中，如何准确识别未知数据非常重要。

```
from sklearn.ensemble import RandomForestClassifier

# 生成分类器实例
classifier = RandomForestClassifier(random_state=42)

# 学习数据用于学习
classifier.fit(X_train, y_train)

# 用测试数据进行推理，计算出准确率
classifier.score(X_test, y_test)
```

执行此操作时，输出如下：

```
0.9298245614035O878
```

准确率是 93%。我们可使用随机森林作为分类器，但让我们尝试另一个分类器。

```
from sklearn.svm import SVC

# 生成分类器实例
classifier = SVC()

# 学习数据用于学习
classifier.fit(X_train, y_train)

# 用测试数据进行推理，计算出准确率
classifier.score(X_test, y_test)
```

SVM 的情况怎么样？输出结果如下。

```
0.59649122807017541
```

它变成了 59.6%。这并不意味着 SVM 的性能较差，但特征量范围的差异会受到影响。回顾一下数据，例如，“mean_area”值超过 1000，而“mean_smoothness”值小于 1，相差 3 ~ 4 个数量级。

回想一下 SVM 和逻辑回归的原理。它们是通过改变构成识别边界直线的角度来学习的。如果纵轴和横轴范围内的数据差异较大，则无法调整角度（见图 6-2）。

因此，如果缩放每个特征量使其落在 0 ~ 1 的范围内，则可以调整角度，并且可以斜着画出识别边界（见图 6-3）。像这种将数据转换到固定范围（如 0 ~ 1）的做法称为归一化（Normalization）。

另一方面，随机森林通过反复查询一个特征量的大小来建立决策树，因此它不会斜着创建识别边界，并且不会由于范围的不同而降低识别准确度。

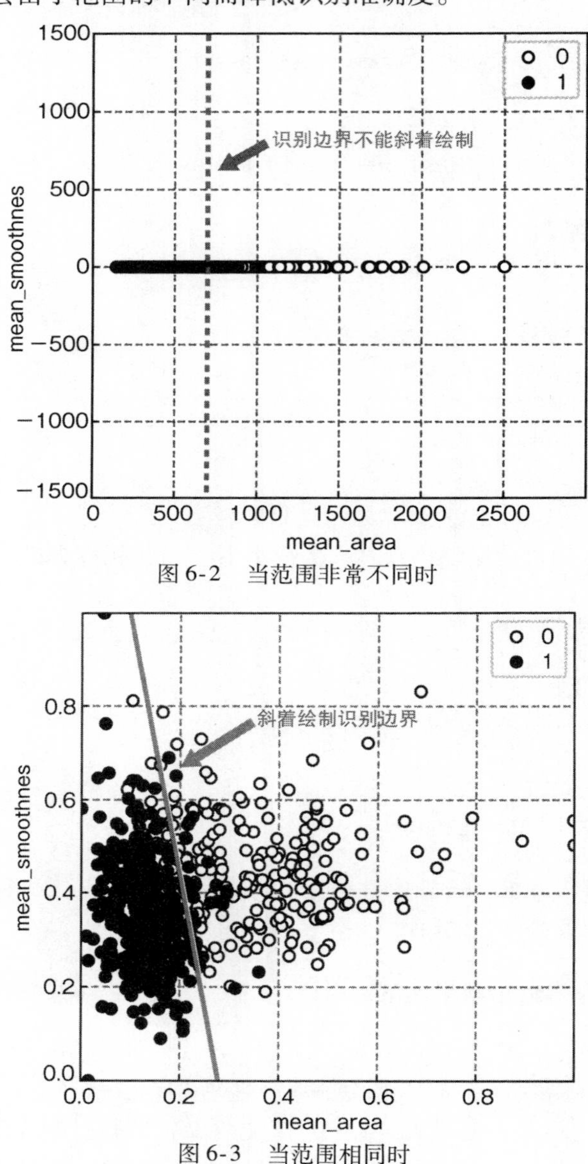

图 6-2　当范围非常不同时

图 6-3　当范围相同时

让我们通过调整每个特征量的范围来解决这个问题。

scikit - learn 提供了用于对齐多个范围的实用程序的类，我们将在此处使用 MinMaxScaler。这个类的比例范围非常简单，最大值为 1，最小值为 0。

```
from sklearn.preprocessing import MinMaxScaler

# 最大值为1、最小值为0，对各特征量进行缩放
scaler = MinMaxScaler()
X_train = scaler.fit_transform(X_train)
X_test = scaler.transform(X_test)

# 再次进行学习和推理
classifier.fit(X_train, y_train)
classifier.score(X_test, y_test)
```

MinMaxScaler 的使用与分类器非常相似。从 fit 给出的数据中计算要缩放的参数，并缩放 transform 给出的数据。

你也可以使用 fit_transform 一次性设置 fit 和 transform。在缩放状态下再次用 SVM 学习和推理时的准确率如下。

```
0.9473684210526315З
```

当没有缩放时它是 59.6%，但通过缩放，这个值跃升到 94.7%，这与随机森林的准确率相当。这样，在学习时就需要注意数据的范围。

6.2.4 K－Fold 交叉验证

有几种方法可以将数据集划分为学习数据和测试数据。这里我们介绍一种称为 K－Fold 的技术。K－Fold 是一种将数据集分成 K 个部分的方法，其中的一个用于测试，其他的用于学习。通常不是一次可以就测试完成的，例如，可将其分为 4 个测试区间来进行测试（见图 6-4）。

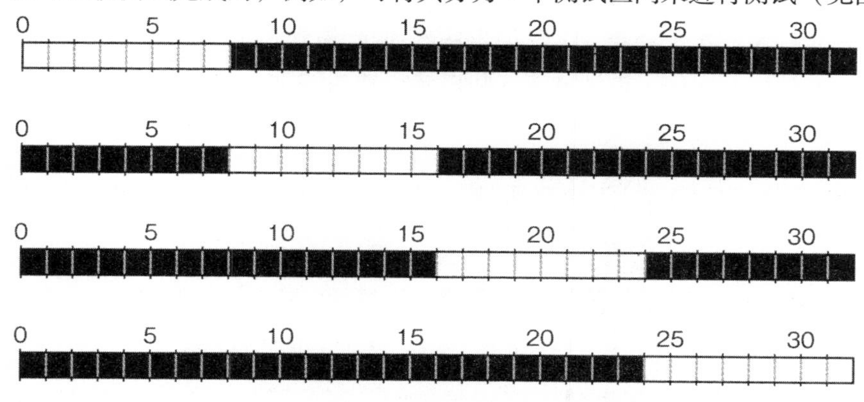

图 6-4　被分为 4 个部分的 32 个数据的示例（黑色用于学习，白色用于测试）

以这种方式测试和测量分类器及其参数的有效性的方法被称为交叉验证（cross validation）。

如图 6-4 所示，让我们编写一个将 32 个数据分成 4 个部分的代码。K－Fold 在 sklearn.model_selection 模块中使用 KFold。

在参数 n_splits 的位置输入 4，作为分割数，并创建实例。接下来，当数据集传递给 split 方法时，返回学习和测试数组索引，因此学习周期索引为 0，测试周期索引为 1，并且用 matshow 对其进行可视化。

```
from sklearn.model_selection import KFold
import matplotlib.pyplot as plt

# 将数据划分为4个部分
kf = KFold(n_splits=4, random_state=42, shuffle=False)
test_data = np.zeros(32)

# 获取用于学习和测试的数组索引
for train_index, test_index in kf.split(test_data):
    # test_index的索引设置为1，其他数组设置为0
    dat = np.zeros(32)
    dat[test_index] = 1

    # 数据可视化
    plt.gray()
    plt.matshow(dat.reshape(1, 32), extent=[0, 32, 0, 1])
    plt.gca().set_yticks([])
    plt.gca().set_xticks(range(32), minor='true')
    plt.grid(which='minor')
    plt.show()
```

你可能已经注意到 KFold 有一个名为 shuffle 的参数。它将会随机地移动数据集的 4 个位置。如果将其设置为 True，如图 6-5 所示。数据集则通常按日期排序，按存储顺序排序，或按其他某种顺序排序。在这种状态下，如果选择连续测试周期，如图 6-4 所示，你可以学习或测试有偏差的数据。因此，以这种方式随机选择数据的学习、测试区域，就可以减少这种偏差的影响。

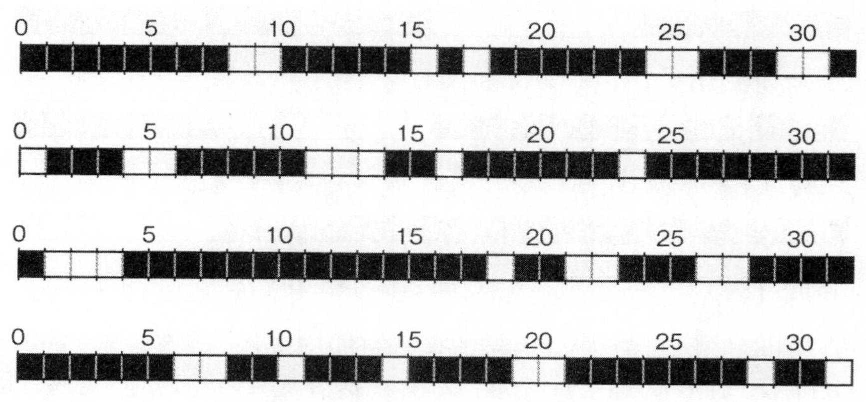

图 6-5　改变 4 个分割范围的例子

让我们用 K – Fold 对 SVM 进行交叉验证。随机将其分为 4 个部分，找到每一个部分的准确率。

```
# 创建分类器实例
classifier = SVC()

kf = KFold(n_splits=4, random_state=42, shuffle=True)
for train_index, test_index in kf.split(X_dataset):
    # 将数据集划分为学习部分和测试部分
    X_train, X_test = X_dataset[train_index], X_dataset[test_index]
    y_train, y_test = y_dataset[train_index], y_dataset[test_index]

    # 缩放
    scaler = MinMaxScaler()
    X_train = scaler.fit_transform(X_train)
    X_test = scaler.transform(X_test)

    # 学习和计算准确率
    classifier.fit(X_train, y_train)
    print(classifier.score(X_test, y_test))
```

结果如下。

```
0.937062937063
0.93661971831
0.964788732394
0.943661971831
```

刚才的 94.7% 好像是很高的。然而，较低的一个约为 93%，因此，如果推理的准确率超过 85%（例如，如果对应用程序有用），则此结果可能具有足够的准确性。

但是如果你需要 95% 呢？尽管最高准确度满足此要求，但某些数据可能无法满足准确度要求，因此有必要更改分类器或调整参数。请记住，你可以通过使用多种组合方式而不是单一学习来得到合理的结论。

6.3 数据评估

本节关键词：混淆矩阵

到目前为止，我们已经解释了如何划分学习的和测试的数据集，学习学习数据，并找到测试数据推理的准确率。现在让我们深入研究数据的评估方式。

6.3.1 准确率是谎言

说准确率是谎言这有点过激，不过如果你只看准确率，你可能会被它“欺骗”。百闻不如一见，让我们实际写一写代码吧。我要按照下面的方法生成二类问题的数据集，对这些数据暂时先不说明。

```
import numpy as np
np.random.seed(42)

# 生成伪数据集
X_dataset = np.random.rand(1000, 2)
y_dataset = np.random.randint(10, size=1000) // 9
```

我们将这 1000 组数据集分成 80% 的学习数据和 20% 的测试数据，并在 SVM 中对这些数据进行学习和推理。

```
from sklearn.model_selection import train_test_split
from sklearn.svm import SVC

# 把数据集分成学习数据和测试数据
X_train, X_test, y_train, y_test = train_test_split(
    X_dataset, y_dataset, test_size=0.2, random_state=42)

# 学习和推理(准确率计算)
classifier = SVC()
classifier.fit(X_train, y_train)
classifier.score(X_test, y_test)
```

输出如下所示。

```
0.92500000000000004
```

准确率为 92.5%，看起来识别得不错，那么推理的结果如何呢?

```
# 用测试数据进行推理
classifier.predict(X_test)
```

输出如下所示。

```
array([0, 0, 0, 0, 0, 0, 0, 0, 0, 0, 0, 0, 0, 0, 0, 0, 0, 0, 0, 0, 0, 0, 0,
       ......
       0, 0, 0, 0, 0, 0, 0, 0, 0, 0, 0, 0, 0, 0, 0, 0])
```

推理的结果是全部为标签 0！因为这是二类问题的数据集，所以应该既有标签 0，也有标签 1，这是什么原因造成的呢？这是由于我们使用了之前未讨论过的数据集。绘制数据集时，如图 6-6 所示。

正如你所看到的，这是毫无倾向的随机数据，但几乎都是标签 0 的数据。这也是事实，

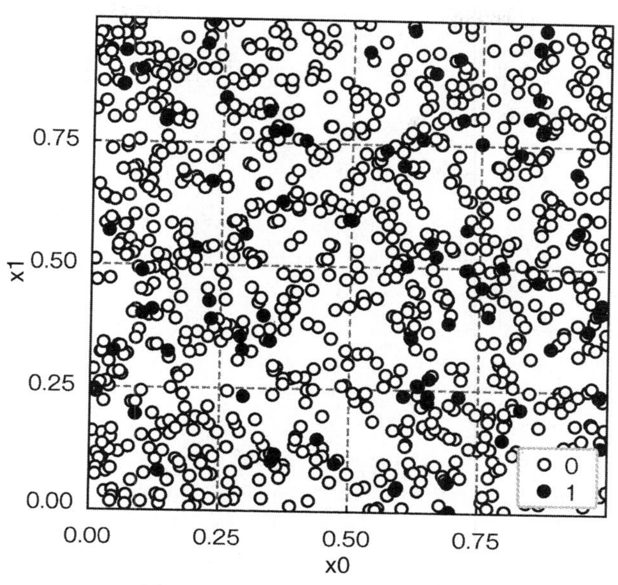

图 6-6　随机生成的二类数据集

因为它是用 numpy 的 rand 和 randint 随机数生成函数创建的。另外，通过使用 randint 制作 0~9的整数并且使用广播除以 9，以 90% 的比率生成标签 0，并且以 10% 的比率生成标签 1。

在这种情况下，无论你如何努力，都不会确定识别边界，因此分类器在损失尽可能小的位置创建识别边界，即所有标记为 0 的位置。由于 90% 标记为 0，因此 90% 的数据损失较少。这是一个极端的例子，但是每个标签的比率不恒定的情况在实际数据中是相当普遍的。接下来，将介绍如何识别这种“欺骗”。

6.3.2　混淆矩阵

在前面的示例中，虽然有类 0 和类 1，但所有推理结果都是类 0。你可以通过在推理中获得的类与原始的类之间创建对应关系表来防止“欺骗”，而不是仅仅查看整体准确率。在该示例的情况下，完成对应的表 6-1。

表 6-1　混淆矩阵

		分类器的推理结果	
		0	1
真正的类	0	185	0
	1	15	0

此处有 200 个测试数据集，是由 train_test_split 使用了 1000 个测试数据集中的 20% 所形成的。真正的类和推理的类中，类 0 的数量都是 185，这意味着准确率为 100% 。另一方面，真正的类和推理的类中，类 1 的数量都是 0，也就是说准确率是 0% 。它们之间的对应关系如下所示。

- 真正为类 0，推理为类 0 →正确判定：185
- 真正为类 0，推理为类 1 → 错误判定：0
- 真正为类 1，推理为类 0 → 错误判定：15

- 真正为类 1，推理为类 1 → 正确判定：0

通过以这种方式创建对应表，可一目了然地看到所有类是否被正确识别。这种对应表被称为混淆矩阵（confusion matrix）。

6.3.3 用 scikit-learn 创建一个混淆矩阵

让我们用上次使用的乳腺癌数据集来创建这个混淆矩阵。在学习和推理之前使用相同的代码。

```
import pandas as pd
from sklearn.model_selection import train_test_split
from sklearn.preprocessing import MinMaxScaler
from sklearn.svm import SVC

# 将BigQuery查询结果加载到DataFrame中
query = 'SELECT * FROM testdataset.wdbc ORDER BY index'
dataset = pd.read_gbq(project_id='PROJECTID', query=query)

# 将“M”和“B”分别用0和1替换
dataset['diagnostic'] = dataset['diagnostic'].apply(
    lambda x: 0 if x == 'M' else 1)

# 删除“index”列
dataset.drop('index', axis=1, inplace=True)

# 从DataFrame转换为array
X_dataset = dataset.drop('diagnostic', axis=1).as_matrix()
y_dataset = dataset.diagnostic.as_matrix()

# 用于学习和测试的单独数据集
X_train, X_test, y_train, y_test = train_test_split(
    X_dataset, y_dataset, test_size=0.2, random_state=42)


# 缩放每个特征量，使最大值为1，最小值为9
scaler = MinMaxScaler()
X_train = scaler.fit_transform(X_train)
X_test = scaler.transform(X_test)

# 学习并推理
classifier = SVC()
classifier.fit(X_train, y_train)
classifier.score(X_test, y_test)
```

准确率为 94.7%。可按如下方式创建混淆矩阵。

```
from sklearn.metrics import confusion_matrix

# 运行推理
y_pred = classifier.predict(X_test)

# 生成混淆矩阵
confusion_matrix(y_test, y_pred)
```

使用 sklearn. metrics 模块的 confusion_matrix 函数。向参数传递真正的类（这里是用于测试的标签列表）和推理结果的列表。输出如下所示。

```
array([[41,  5],
       [ 1, 67]])
```

在这里真正的类为 1 和推理为 1 的数量是 41，真正的类为 0 和推理为 0 的数量是 67。真正的类为 0，但推理为 1 的数量是 5。这是一个错误识别，但你可以看到两个类的正确识别率差不多。

然而，这里有一个严重的问题。请记住，这是通过机器学习诊断乳腺癌。类 0 代表“M”表示恶性，类 1 代表“B”表示良性。换句话说，前面的 5 个原本是类 0 被推断为类 1 的错误识别，则代表着 5 个“实际是恶性，但被判断为良性”的情况。

相反，如果良性被误认为是恶性的，它则不是大问题。这是因为，如果你做彻底的检查后，你会发现这是一个错误的识别。当机器学习以应用程序的形式运用时，请记住，不仅要考虑整体准确率，还要考虑每个类的准确率，并考虑所需的识别性能。

6.4 参数调整

本节关键词：网格搜索，随机搜索

当需要更高的准确率时，更改分类器也是一个好主意，但首先调整超参数是很重要的。在查看超参数时，它是一个在学习中找不到的参数，必须由人设置。本书中也出现了“学习率”、SVM 的“C”和“gamma”等。在这里将介绍有效探索这些参数的方法。

6.4.1 网格搜索

最简单明了的超参数调整方法是网格搜索（grid search）法。这是一种在网格中组合多个参数，并采用具有最高准确率参数的方法。例如，将 SVM 中“C”的三种值［0.1，1.0，10.0］和“gamma”的三种值［01，0.5，1.0］进行组合，就可以得到 3 ×3 共 9 种组合，见表 6-2。

表 6-2　参数组合示例

	C = 0.1	C = 1.0	C = 10.0
gamma = 0.1	C = 0.1、gamma = 0.1	C = 1.0、gamma = 0.1	C = 10.0、gamma = 0.1
gamma = 0.5	C = 0.1、gamma = 0.5	C = 1.0、gamma = 0.5	C = 10.0、gamma = 0.5
gamma = 1.0	C = 0.1、gamma = 1.0	C = 1.0、gamma = 1.0	C = 10.0、gamma = 1.0

现在，让我们实现网格搜索的代码。我们将再次确定乳腺癌数据集。有关数据读取部分，请参阅 6.3 节。网格搜索使用 sklearn.model_selection 模块中的 GridSearchCV。

```
from sklearn.model_selection import GridSearchCV

# 定义网格参数
params = {'C': [0.1, 1.0, 10.0],
          'gamma': [0.1, 0.5, 1.0]
         }

# 传递分类器实例和网格参数
gs = GridSearchCV(classifier, params)

# 执行网格搜索
gs.fit(X_train, y_train)

# 使用性能最佳的参数进行测试
gs.score(X_test, y_test)
```

首先，定义网格搜索的参数。在 GridSearchCV 中，它由“参数名称”及其“参数范围”键值对来定义。这些组合见表 6-2。此外，分类器实例将会传递给 GridSearchCV。对于此处未包含的参数，将按原样使用实例设置。例如，

```
classifier = SVC(kernel='rbf')
gs = GridSearchCV(classifier, params)
```

执行此操作时，C 和 gamma 按顺序切换，但 kernel 的值固定用“rbf”。此外，GridSearchCV 可以像普通的分类器实例一样使用 fit 和 score。在这种情况下，具有最佳性能的参数用于 score。执行结果如下。

```
0.98245614035087714
```

当用初始值确定时，它是 94.7%，因此准确率略有提高。哪个参数比较好呢？gs.grid_scores_中存储着结果的列表[㊀]。

```
[mean: 0.88571, std: 0.02019, params: {'C': 0.1, 'gamma': 0.1},
 mean: 0.94725, std: 0.00509, params: {'C': 0.1, 'gamma': 0.5},
 mean: 0.95604, std: 0.00845, params: {'C': 0.1, 'gamma': 1.0},
 mean: 0.95824, std: 0.00325, params: {'C': 1.0, 'gamma': 0.1},
 mean: 0.97582, std: 0.00631, params: {'C': 1.0, 'gamma': 0.5},
 mean: 0.97582, std: 0.01131, params: {'C': 1.0, 'gamma': 1.0},
 mean: 0.97582, std: 0.00631, params: {'C': 10.0, 'gamma': 0.1},
```

㊀ 建议使用存储着更详细结果的 cv_results_属性，但为了便于说明，我们在这里使用了 grid_scores_。

```
mean: 0.97582, std: 0.00834, params: {'C': 10.0, 'gamma': 0.5},
mean: 0.97802, std: 0.00832, params: {'C': 10.0, 'gamma': 1.0}]
```

有9种参数和相应的准确率。“mean”和“std”是什么意思呢？这是“平均值”和“标准差”的意思。事实上GridSearchCV的“CV”是Cross Validation的缩写，不仅进行网格搜索，也进行交叉搜索。由于在初始时间执行3 – Fold交叉验证，因此需要三倍的平均准确率和标准差（带变异）。

在这种组合中，采用C = 10.0和gamma = 1.0作为最佳参数，因为准确率的平均值最高且标准差很小。如果只想检查最佳参数，它们将存储在gs. best_params中。

6.4.2 使组合可视化

超参数由人设置，但如果它们只是一个数字列表则是很难看到。在这里，我们将解释如何绘制热图以使参数的效果更容易看到。让我们进一步扩展网格搜索的范围，以便更容易发现其趋势。

```
params = {'C': np.arange(5, 50, 5),
          'gamma': np.arange(0.01, 1.0, 0.1)
          }

# 传递分类器实例和网格参数
gs = GridSearchCV(classifier, params)

# 执行网格搜索
gs.fit(X_train, y_train)
```

网格搜索的详细结果存储在gs. cv_results_中，但它们不能按原样以dict格式处理，因此将它们转换为DataFrame并使用pivot为C和gamma的值创建score矩阵。

使用seaborn可以很容易地绘制热图。绘制的结果如图6-7所示。如果你创建了这样的热图，你可以一目了然地看到C = 10.0附近的准确率很高。另一方面，似乎在gamma和C的高值附近准确率不是很好（图中右下方）。如果你再做一点搜索，最好在C = 10.0周围进行精细搜索，这将是很好的调整指南。

学习时间会随着学习率的改变而改变，若使用网格搜索超参数，可能会很难读取到总共的学习时间，所以需要注意。但不要在一开始就大幅度地改变参数，可以先略微降低一下参数值，看学习时间是否可以接受，也可以使用随机搜索。

```
import seaborn as sns

# 将dict转换为DataFrame
df = pd.DataFrame(gs.cv_results_)
```

```
# 在数据透视表中为C和gamma值创建score矩阵
hm = df.pivot('param_C', 'param_gamma', 'mean_test_score')

# 绘制热图
sns.heatmap(hm, annot=True)
```

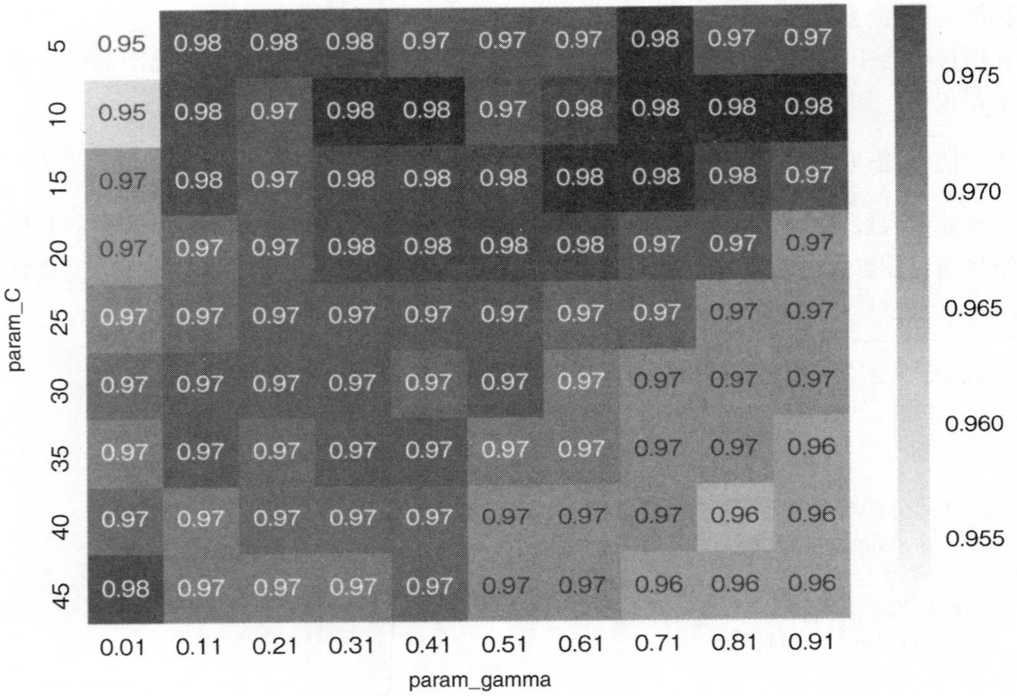

图 6-7　准确率热图

6.4.3　随机搜索

网格搜索与学习组合的数量有关，因此在参数很多或数据集较大的情况下需要花费大量的时间。通常随机搜索是随机地提取参数进行组合，而不像网格搜索那样是对大量的超参数进行调试而花费大量时间。

随机搜索很简单。只需使用 RandomizedSearchCV 代替 GridSearchCV。与网格搜索一样，将参数组合后传递。在 RandomizedSearchCV 中，随机选择 n_iter 的数量进行学习。

```
from sklearn.model_selection import RandomizedSearchCV

params = {'C': np.arange(5, 50, 5),
          'gamma': np.arange(0.01, 1.0, 0.1)
         }
```

```
# 传递分类器的实例和网格参数
rs = RandomizedSearchCV(classifier, params, n_iter=10, random_state=42)

# 随机搜索
rs.fit(X_train, y_train)

# 测试性能最好的参数
rs.score(X_test, y_test)
```

与 GridSearchCV 一样绘制热图时，会得到图 6-8 所示的图像。在 GridSearchCV 中绘制了 9×10 所有网格的准确率，但是 RandomizedSearchCV 中只绘制了 n_iter 中设定数目的 10 个网格。请从 RandomizedSearchCV 中删除 random_state，然后重试。你可以看到所选参数发生了变化。

在该示例中，由于从 90 种组合减少到了 10 种，因此通过简单计算可将总的学习时间成功地减少到原来的 1/9。当然，随着搜索范围变窄，准确率略有下降，最好是在可接受的准确率与学习所需时间之间找到一个合适的平衡。

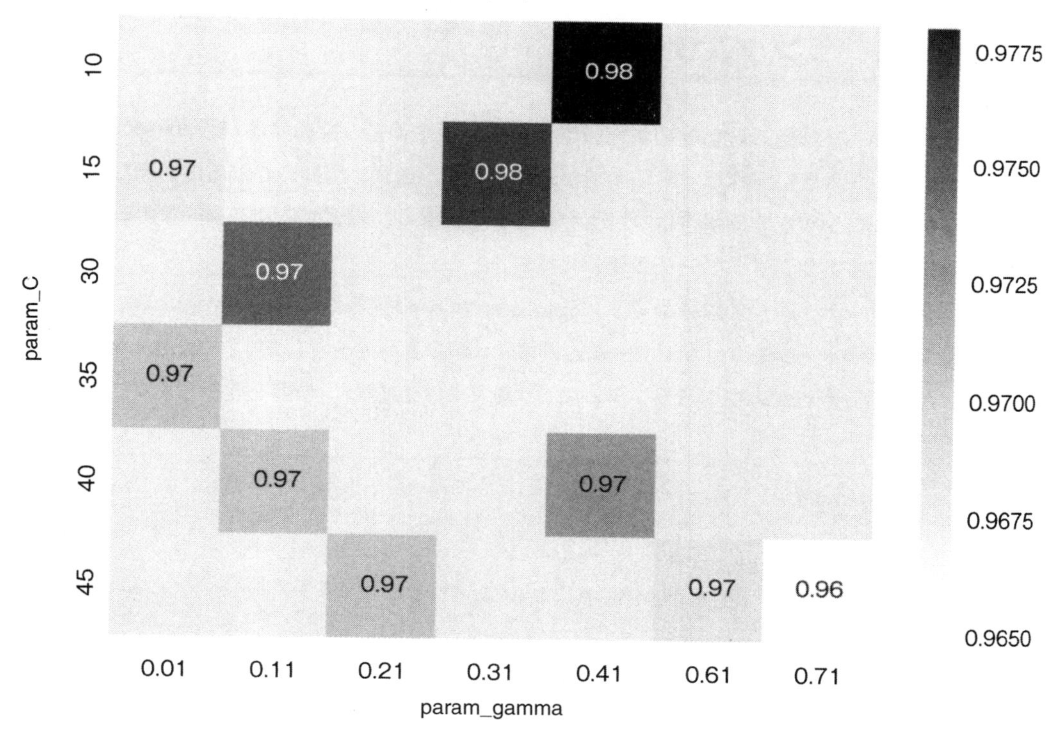

图 6-8　准确率热图（随机选择 10 个）

对于更耗时的学习（如数百万个数据集），你甚至无法使用随机数据。在这种情况下，搜索超参数也需要“精炼”的手法。近年来，对利用贝叶斯优化等高效搜索超参数的方法进行了研究。

第 3 部分　深度学习入门

第 2 部分从识别的内容开始，了解了各种分类器之间的差异。从这里开始，我们将讨论深度学习。但是你不必担心“进入了艰难的话题”。你们已经知道了有关深度学习基础的大部分了内容！因为深度学习也是机器学习的一部分。本部分将逐步引导你了解深度学习与到目前为止所学到的内容有什么不同。

第7章 深度学习基础知识

深度学习到底有什么好处呢？简单来说，就是因为它在非结构化数据中有很强的功能。

非结构化数据，指的是像图片和声音这样的数据，其特征就是“由人的感官所捕获”。比如“这幅画是猫的背影”“这个声音是田中先生的声音”等特征。

另一方面，结构化数据是“可以作为数值放在 Excel 表中的数据”，例如“毛发长度为5cm”或“频率为2000Hz”。第2部分中使用的乳腺癌数据集只是一个数值表。

在本章中，我们将重点放在图像识别上，将其作为非结构化数据的代表性示例，并解释深度学习。

7.1 图像识别

本节关键词：结构化数据，非结构化数据

何为图像识别？例如，将猫的图像标记为“猫”，而将车的图像标记为“车”，这就是所谓的图像识别。在到目前为止所涉及的识别中，无论是两个类（0、1）或多个类，在学习时已经确定了类的数量。这同样适用于图像识别。换句话说，能够识别“猫”意味着它可以准确地识别两个类“一个类是猫，另一个类是其他”，或是多个类包括“猫，汽车，花朵……”，你必须在学习时确定它们。

7.1.1 图像的识别边界

将图像识别为类，意味着在某处存在着边界线。这和到目前为止学习到的识别一样，图像也可以通过在某个地方绘制识别边界来进行识别。到底该如何绘制识别边界呢？如果你按下面的方式转换图像，是否可使用我们目前所学到的识别方法绘制识别边界呢？

没错，图像仍然是一个数字序列！如图7-1所示，图像是8×8像素，则如果它被重新排列成一行，可以将其视为64像素，即64维特征量。

让我们回顾一下这里输入的特征量与识别边界之间的关系。当进行线性识别时，如果存在两种类型的特征量，则可在二维图上绘制直线识别边界。在三个类的情况下，可在三维图上绘制平面识别边界。在四个类的情况下，不再可以绘制于图形上，而是在四维空间上绘制三维识别边界。然后，由于图7-1中的图像具有64个像素，因此在64维空间中绘制63维识别边界就足够了（见表7-1）。

你可能已经看不出它像什么了，但请记住，无论输入的维度是多少，它只计算内积np. dot（w，x）。最后，损失函数用于调整识别边界的角度，以减少损失。

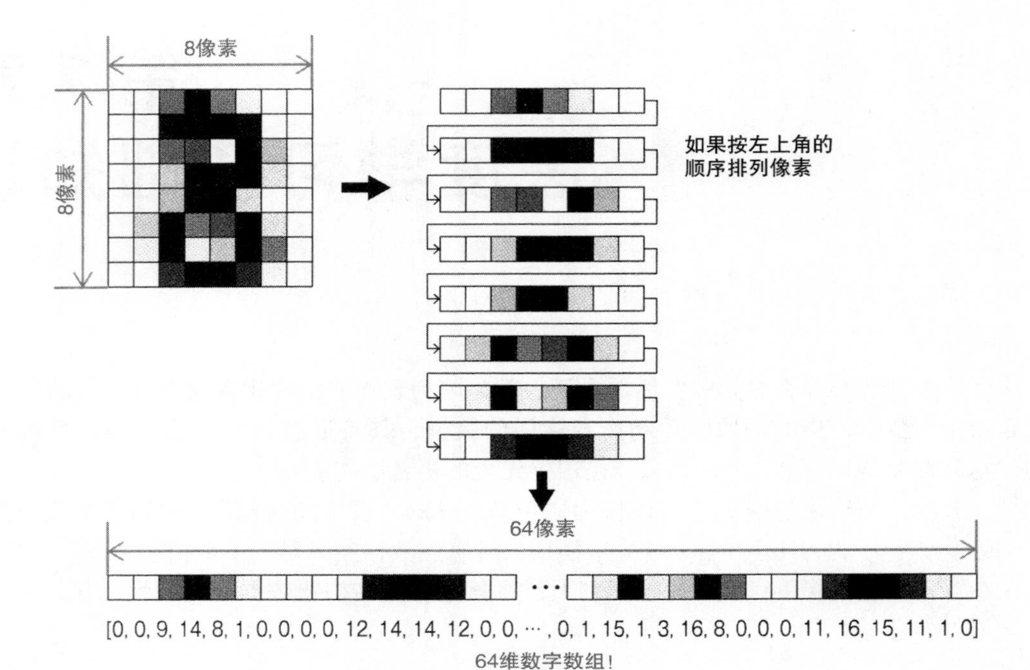

图 7-1 重新排列图像

表 7-1 特征量的维数和线性识别边界的维数

特征量的种类（维数）	线性识别边界的维数
2	一维（直线）
3	二维（平面）
4	三维
……	……
64	63 维

试着确认一下是否可以实际识别。你可能已经注意到，此数据集也出现在 5.4 节中。当时，它用于检查特征量的重要性，但这次我们将进行识别。

```
from sklearn.datasets import load_digits
from sklearn.model_selection import train_test_split
from sklearn.preprocessing import MinMaxScaler

# 加载数据集
X_dataset, y_dataset = load_digits(return_X_y=True)

# 用于学习和测试的单独数据集
X_train, X_test, y_train, y_test = train_test_split(
    X_dataset, y_dataset, test_size=0.2, random_state=42)

# 缩放每个特征量，使最大值为1，最小值为0
```

```
scaler = MinMaxScaler()
X_train = scaler.fit_transform(X_train)
X_test = scaler.transform(X_test)
```

使用 load_digits 函数加载数据集并将其拆分为 80% 用于学习，20% 用于使用 train_test_split 进行测试。接下来是学习和推理。在这里，让我们回到原点并用感知器识别它。感知器位于 sklearn. linear_model 模块中。

```
from sklearn.linear_model import Perceptron

# 用感知器识别
classifier = Perceptron(random_state=42)

classifier.fit(X_train, y_train)
classifier.score(X_test, y_test)
```

输出结果如下所示。

```
0.9277777777777781
```

准确度为 92.8%。尝试将分类器更改为逻辑回归或 SVM。你也应该能够识别它。

实际上，到目前为止所介绍的内容只是关于机器学习的，而并不涉及深度学习。就算只使用传统的机器学习方法，也可以像前面的示例那样识别出图像，但是存在“准确度”的问题。92.8% 的准确度，这个数字上看起来似乎很高，但这意味着每 10 个数字字符中就有一个是错误的。例如像“090 - 1234 - 5678”这样的手机号码有 11 位，那么手机号码的识别出错将会是非常普遍的事情。这样的识别就没有用了。那么若要识别猫的图像，使用的方法是否相同呢？“猫正面朝向时”的像素和“猫向后卷曲时”的像素相似吗？

这些问题的解决方案将在下一章中交给 CNN（卷积神经网络），但让我们先按顺序学习前一阶段涉及的深度学习的基础知识。

7.2 神经网络

本节关键词：输入层，输出层，隐藏层，单元

深度学习是一种神经网络，它是机器学习技术中的一种，层次更深。神经网络（Neural Network）是对脑神经元功能的人工模拟，有时也称为人工神经网络（Artificial Neural Network，ANN）。本书中，我们将简称为神经网络。在这里，我们将解释神经网络是什么。

7.2.1 感知器回顾

理解神经网络的最佳方法是从感知器开始。这是因为感知器是神经网络的基础。让我们稍微回顾一下感知器。感知器是一种分类器，用于输出像 0、1（或 -1、1）这样的两个标签，或是输出多个标签。例如，如果输入两个特征 x0 和 x1，偏差为 b，输出标签为 y，则可以编写如下推理代码。

```
def predict(x0, x1):
    # 权重w=[w0,w1]
    X = [x0, x1]  # 数组的形式
    score = np.dot(w, X) + b
    if score > 0:
        return 1
    else:
        return 0
```

这里，x0 和 x1 乘以权重 w0 和 w1，并且通过学习校正这些权重，改变识别边界的角度，如图 7-2 所示。

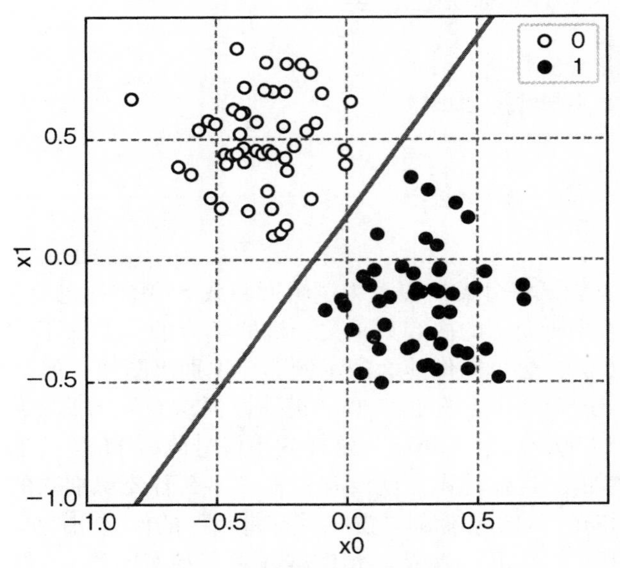

图 7-2　感知器的识别边界

为了更容易理解输入和输出之间的关系，让我们按如下方式对其进行建模（见图 7-3）。这意味着输入 x0 被加权 w0，输入 x1 被加权 w1，并且偏差是固定值 1 乘以 b。这种建模使你在以后“连接”感知器时更容易理解。

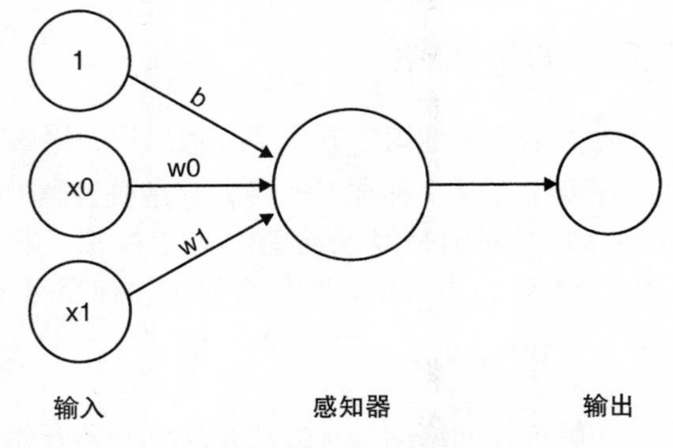

图 7-3　感知器模型

7.2.2　多层感知器

顺便说一句，这个感知器是一个非常简单的分类器，所以它只能进行线性识别，不能处理具有复杂分类边界的数据集。解决该问题的一种方法是通过在多个层中堆叠感知器来创建非线性识别边界。堆叠在多个层中的感知器被称为多层感知器（Multi Layer Perceptron，MLP）或神经网络（Neural Network）。在本书中，

我们将其称为神经网络[㊀]。

为什么可以通过使用多个层来创建非线性识别边界呢？让我们考虑以下简单示例（见图 7-4）。将一个具有两个感知器（A1，A2）的层，排列在由输入“x0”和“x1”组成的层（输入层）和由输出“y”组成的层（输出层）之间。此层在输入或输出中不可见，因此被称为隐藏层。此时的感知器被称为一个单元（unit）[㊁]。

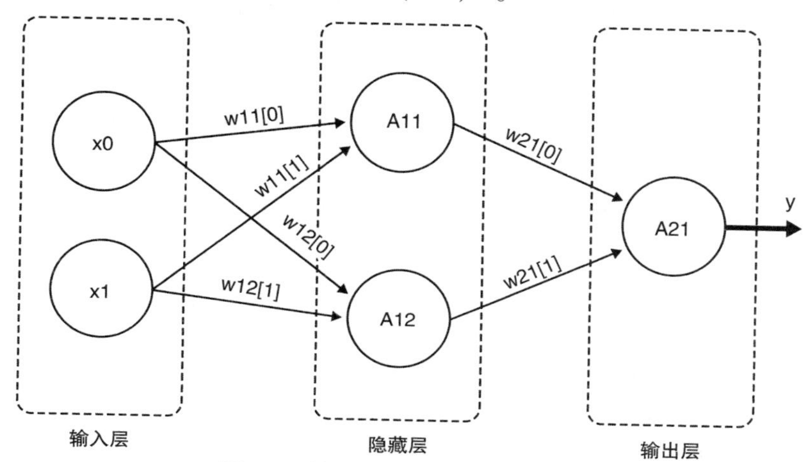

图 7-4　神经网络示例（偏差省略）

输入的特征量为 x0 和 x1 两种。将此输入感知器 A11 和 A12。A11 的权重为 w = [1.0, 0.0]，因此 x0 > 0。A12 的权重为 w = [0.0, 1.0]，因此 x1 > 0。然后，识别边界变成垂直和水平直线，如图 7-5 所示。

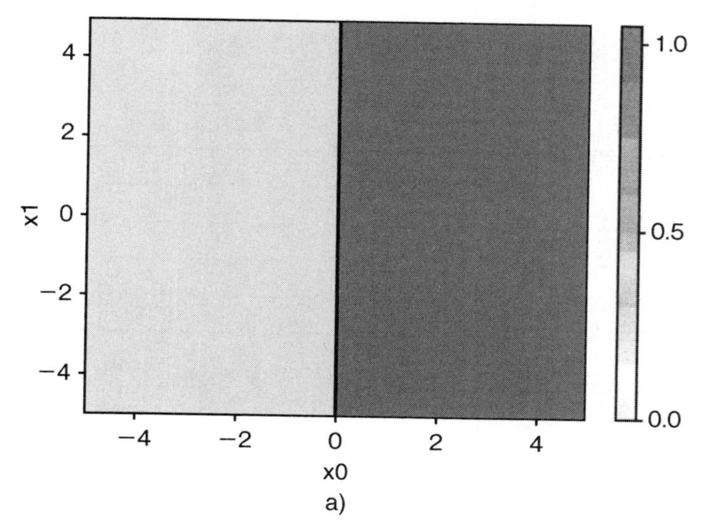

图 7-5　a）A11 x0 >0 的识别边界；b）A12 x1 >0 的识别边界

㊀ 当添加诸如稍后描述的激活函数的元素时，它不被称为多层感知器。

㊁ 在本书中，我们将其称为一个单元，包括添加后面描述的激活函数的情况。

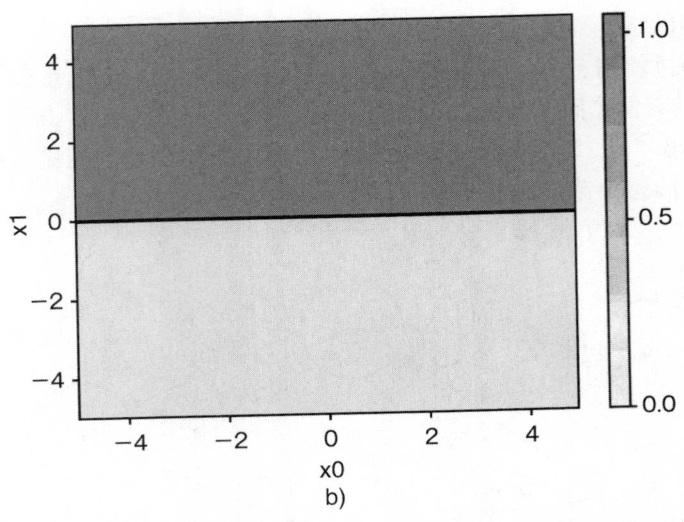

图 7-5　a）A11 x0 >0 的识别边界；b）A12 x1 >0 的识别边界（续）

由于 A11 和 A12 的输出均为 0 或 1，因此 A21 输入的组合见表 7-2。

表 7-2　A11 和 A12 输出的组合

A11	A12	条件
0	0	not（x0 >0）且 not（x1 >0）
0	1	not（x0 >0）且 x1 >0
1	0	x0 >0 且 not（x1 >0）
1	1	x0 >0 且 x1 >0

如表 7-3 所示，让我们调整 A21 的权重，使得当 A11 =1 且 A12 =1 时 A21 的输出为 1，否则为 0。

表 7-3　A11、A12 输出和 A21 输出的组合

A11	A12	A21
0	0	0
0	1	0
1	0	0
1	1	1

很难想象如何通过只查看此输入和输出之间的关系来确定权重，因此，让我们绘制一个图。让我们分别绘制 A11 和 A12 的输出，并绘制识别边界，使得只有 A11 和 A12 都是 1 才成为标签 1（见图 7-6）。

这是 x1 = −x0 +1.5 的直线。当然，还有无数其他识别边界。让我们将公式更改为 w0 * x0 + w1 * x1 + b =0 以找到权重。这样就变成 x0 + x1 −1.5 =0，所以选择权重 w0 =1.0、w1 = 1.0、偏差 b = −1.5 就可以了。

现在我们确定了 A11、A12 和 A21 的权重和偏差。这个神经网络全部的识别边界变成什么样了呢？我们来看看代码。

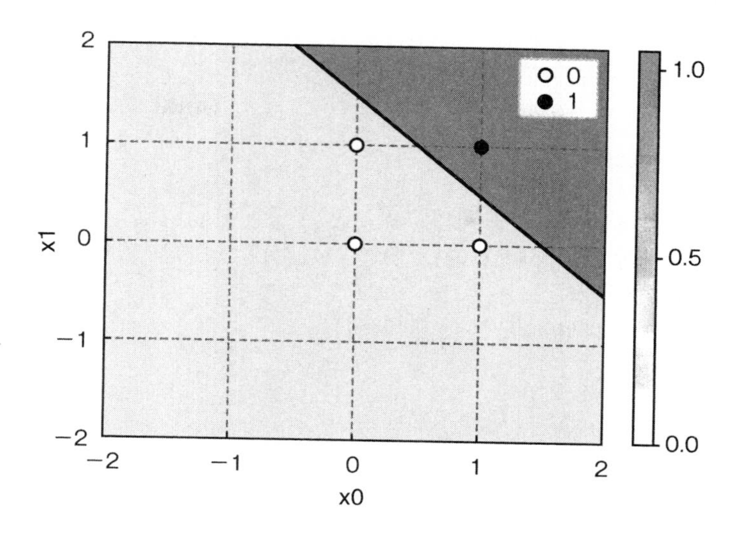

图 7-6　A21“与”输出的识别边界

```
import numpy as np
import pandas as pd
import matplotlib.pyplot as plt

def plot_boundary():
    # 以0.05为增量生成网格点
    xx, yy = np.meshgrid(np.arange(-5, 5, 0.05),
                         np.arange(-5, 5, 0.05))
    # 推理生成的网格点
    Z = predict(np.c_[xx.ravel(), yy.ravel()])

    # 转换成绘图的二维数组
    Z = Z.reshape(xx.shape)

    # 按颜色绘制标识区域
    plt.contourf(xx, yy, Z, cmap=plt.cm.Greys, alpha=0.5)
    plt.colorbar(ticks=[0, 0.5, 1])

    # 绘制识别边界
    plt.contour(xx, yy, Z, colors='k', levels=[0], linestyles=['-'])
```

绘制识别边界的功能与以前几乎相同，但这里添加了按颜色绘制识别区域的代码。可以使用 contourf，它与 matplotlib 中的 contour 方法的使用方式大致相同。这是用于绘制等高线的函数，但它使用填充而不是线条来绘制，因此可以更容易地看到识别区域。

```
# 进行推理的函数
def predict(X_dataset):
    pred = []
    for X in X_dataset:
        a11_out = 1 if (np.dot(w11, X) + b11) > 0 else 0
        a12_out = 1 if (np.dot(w12, X) + b12) > 0 else 0
        a21_out = 1 if (np.dot(w21, [a11_out, a12_out]) + b21) > 0 else 0
        pred.append(a21_out)
    return np.array(pred, dtype=np.float32)

# 设置权重和偏差
w11 = [1., 0.]
w12 = [0., 1.]
w21 = [1., 1.]
b11 = 0.
b12 = 0.
b21 = -1.5
plot_boundary()
```

这是进行推理的代码。A11、A12 和 A21 对应的输出分别是 a11_out、a12_out 和 a21_out。使用三元运算符，而不是 if 语句简化了对类 0 和类 1 的转换。执行代码时，显示如图 7-7所示。创建了具有直角弯曲的识别区域，其中 x0 > 0 且 xl > 0 为类1，其他区域为类 0。这是一个不错的非线性识别边界。原本感知器只能生成线性识别边界，但是通过多层化就生成了非线性识别边界。

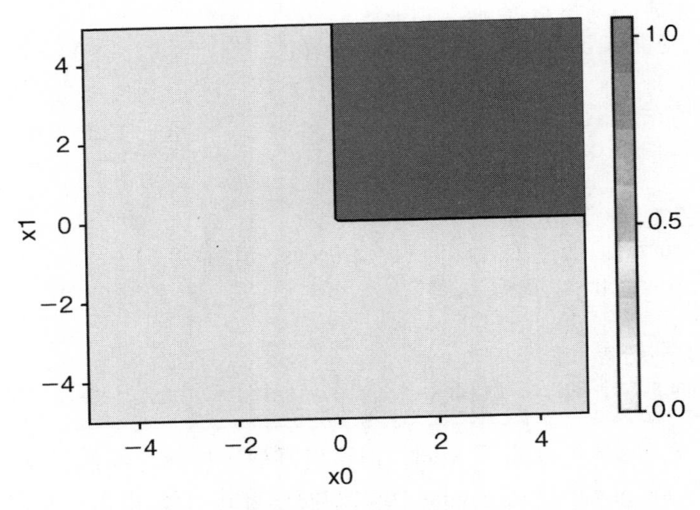

图 7-7　图 7-4 的神经网络的识别边界

7.2.3 各种形状的识别边界

除了图7-7中的识别边界外，神经网络还可以创建各种形状。例如，让我们使用以下权重设置进行绘图（见图7-8）。

```
# 用“与”连接斜线识别边界
w11 = [0.5, 0.2]
w12 = [0.2, 0.5]
w21 = [1.0, 1.0]
b11 = 0.
b12 = 0.
b21 = -1.5

plot_boundary()
# 用“或”连接另一个斜线识别边界
w11 = [0.5, 0.2]
w12 = [0.2, -0.5]
w21 = [1.0, 1.0]
b11 = 0.
b12 = 0.
b21 = -0.5

plot_boundary()
```

通过改变A11和A12的权重，可以改变每个识别边界的角度。另外，如果输出层A21的权重改变，则不仅可以执行“与”，还可以执行“或”。

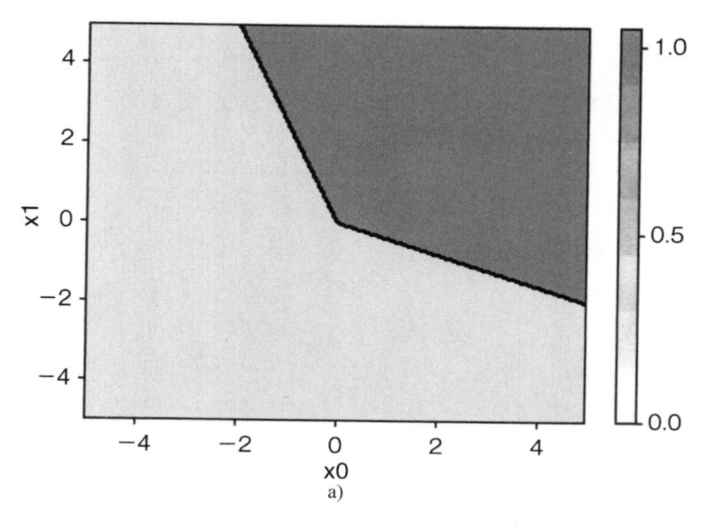

图7-8 a）“与”斜线识别边界；b）输出层为“或”

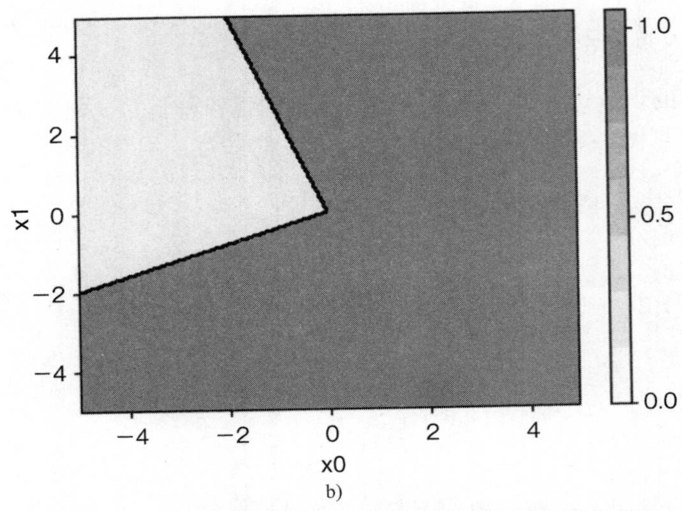

b)

图 7-8　a）“与”斜线识别边界；b）输出层为“或”（续）

接下来，让我们将隐藏层单元的数量从 2 改为 3。推理代码如下所示。

```
def predict(X_dataset):
    pred = []
    for X in X_dataset:
        a11_out = 1 if (np.dot(w11, X) + b11) > 0 else 0
        a12_out = 1 if (np.dot(w12, X) + b12) > 0 else 0
        a13_out = 1 if (np.dot(w13, X) + b13) > 0 else 0  # 增加一个单元
        a21_out = 1 if (np.dot(w21, [a11_out, a12_out, a13_out]) + b21) > 0 else 0
        pred.append(a21_out)
    return np.array(pred, dtype=np.float32)
```

将单元 A13 添加到隐藏层并将其输出 a13_out 输入到输出层 A21。A21 共有 3 个输入。我们将权重设置如下：

```
# 3个识别边界为“与”
w11 = [0.2, 0.2]
w12 = [-0.2, 0.5]
w13 = [0.6, -0.2]
w21 = [1.0, 1.0, 1.0]
b11 = -0.2
b12 = 0.5
b13 = 0.6
b21 = -2.5

plot_boundary()
```

A11、A12、A13 分别建立了适当的斜线识别边界，在 A21 中设定 3 个“与”的权重。注意，A21 的权重 w21 是三维的，因为输入的数量是 3。该神经网络的识别边界如图 7-9 所示。

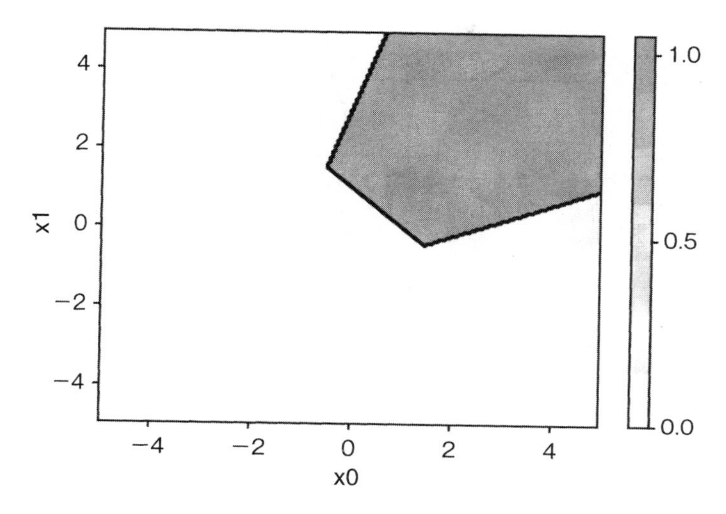

图 7-9　隐藏层为 3 个单元时的识别边界

因为把隐藏层设为 3 个单元，所以出现了复杂的识别边界！如果单元进一步增加，则识别边界可以变得更加复杂，例如，圆形。但是，轻易增加单元数量会使识别边界过于复杂而导致过度适应（过度学习）训练数据。在这里，请记住单元数量和识别边界复杂性之间的关系。

7.3　激活函数

本节关键词：激活函数，tanh，ReLU，sigmoid 函数

我们了解到，在神经网络中，通过增加单元或层的数量可以使非线性边界更复杂。在这里，我们将进一步介绍提高网络性能的方法。

7.3.1　引入激活函数

在神经网络中，通常不将单元的输出设为 0、1，而是插入图 7-10 的函数。这是在 4.5.2 节中也出现过的 sigmoid 函数。通过插入此函数，原本输出只有 0、1 两个值，现在则能输出 0 ~ 1 之间的任何一个值，例如 0.6224593312。你可以看到这种数字组合是无限的（即使在浮点数的限制范围内）。在 0 和 1 时，只有 4 个组合，2 个输入。这样，设置单元输出的函数称为激活函数。

现在，让我们看看使用这个激活函数如何改变识别边界。首先在绘图部分，sigmoid 的识别边界在 0.5 的位置，因此可改变阈值作为绘制等高线时的参数。

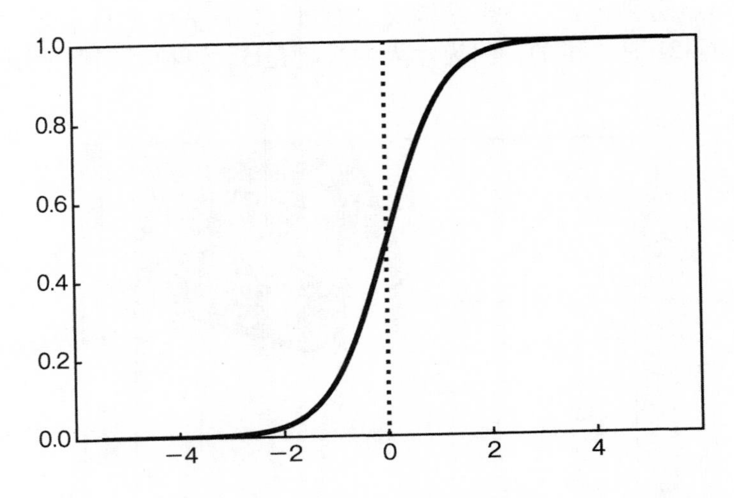

图 7-10　激活函数（sigmoid 函数）

```
def plot_boundary(levels):
    # 以0.05为增量生成网格点
    xx, yy = np.meshgrid(np.arange(-5, 5, 0.05),
                         np.arange(-5, 5, 0.05))
    # 推理一个生成的网格点
    Z = predict(np.c_[xx.ravel(), yy.ravel()])

    # 转换为二维数组进行绘制
    Z = Z.reshape(xx.shape)

    # 按颜色绘制识别区域
    plt.contourf(xx, yy, Z, cmap=plt.cm.Greys, alpha=0.5)
    plt.colorbar(ticks=[0, 0.5, 1])

    # 绘制识别边界
    plt.contour(xx, yy, Z, colors='k', levels=levels, linestyles=['-'])
```

若将 0.5 作为参数进行传递，则可绘制出使用 sigmoid 函数时出现的识别边界。网络具有相同的配置和相同的权重设置，如图 7-7 所示。现在让我们比较使用和不使用 sigmoid 函数的激活函数。

```
def sigmoid(score):
    return 1. / (1. + np.exp(-score))


def predict(X_dataset):
```

```
    pred = []
    for X in X_dataset:
        a11_out = sigmoid(np.dot(w11, X) + b11)
        a12_out = sigmoid(np.dot(w12, X) + b12)
        a21_out = sigmoid(np.dot(w21, [a11_out, a12_out]) + b21)
        pred.append(a21_out)
    return np.array(pred, dtype=np.float32)
```

这是推理部分的代码。只需将三元运算符中设置为 0、1 的部分用 sigmoid 函数替换。这样一来，各单元的输出可能的值从 0 和 1 扩展到 0 ~ 1 范围内所有值。现在按如下方式设置权重和偏差，并绘制识别边界（见图 7-11）。

```
# 设置权重和偏差
w11 = [1.0, 0.0]
w12 = [0.0, 1.0]
w21 = [1.0, 1.0]
b11 = 0.
b12 = 0.
b21 = -1.5

# 将识别边界减去0.5的值
plot_boundary([0.5])
```

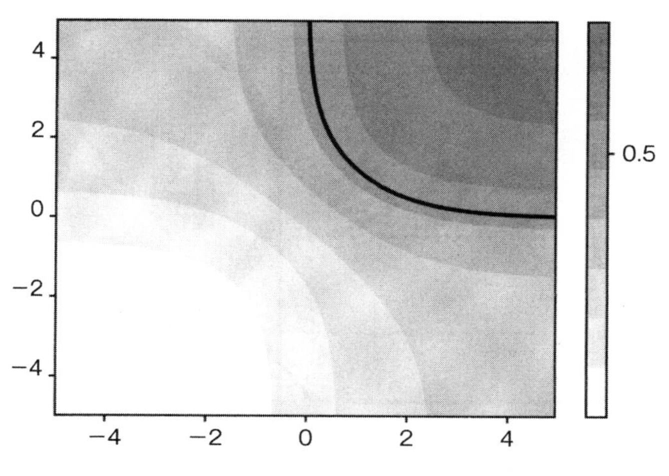

图 7-11　当 sigmoid 函数用于激活函数时

与图 7-7 相比较，原本为直角的识别边界弯曲成了曲线。另外，你还可以看到值在类 0 和类 1 的区域中发生平滑的改变。这种值的平滑变化有助于提高堆叠层的性能。

7.3.2 各种激活函数

用于激活函数的 sigmoid 函数具有其历史背景。首先，神经网络是从模拟大脑神经元的功能开始的。sigmoid 函数已用于神经网络，因为它可模拟神经细胞的信号传输。然而，近年来，常使用双曲正切（hyperbolic tangent，tanh）（见图 7-12）和斜坡函数（rectified linear function，通常缩写为 ReLU，附带单位）（见图 7-13），因为激活函数应该通过原点。另外，实际上，当最初的阈值被分为 0 和 1 时，这样的激活函数也可以被看作图 7-14 那样的阶梯函数。

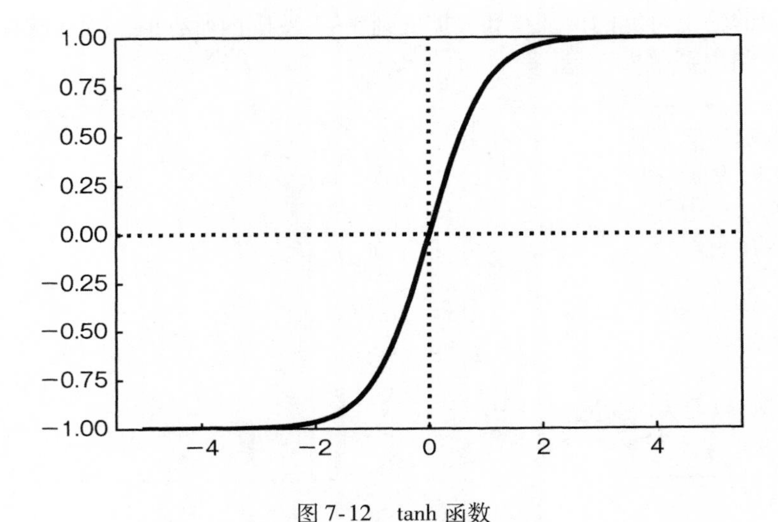

图 7-12　tanh 函数

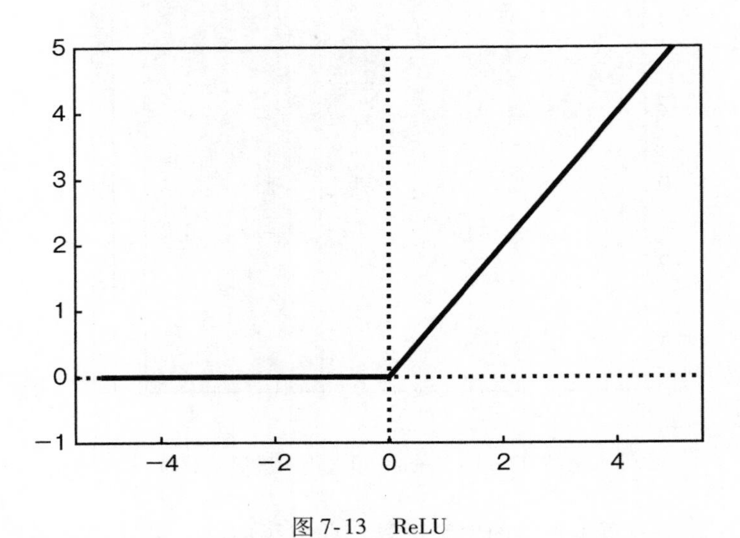

图 7-13　ReLU

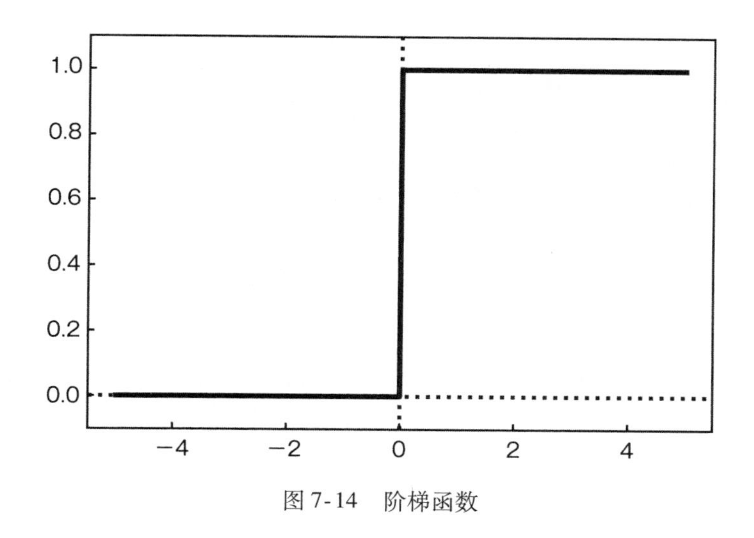

图 7-14　阶梯函数

7.4　多类支持

本节关键词：独热向量，softmax 函数，交叉熵误差

在第 2 部分中，one – vs – rest 和 one – vs – one 被解释为将二类分类器扩展为多类的方法。在神经网络中，当扩展到多类时，只需将输出层中的单元数与类的数量相匹配即可实现（见图 7-15）。在输出层的单元中，输出值最大的单元的编号，应是推理出的类别。但是，当有其他方法时，为什么要这样做呢？在我们逐步了解其原因之前，有必要先了解几个要素，这虽然有些绕圈子，但还是让我们按照这个顺序学习吧。

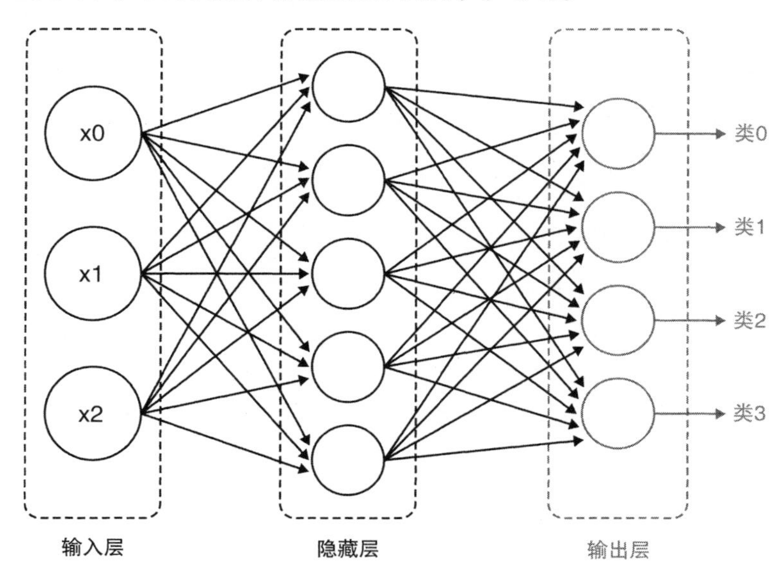

图 7-15　输出层的单元数和类的数量

7.4.1 独热向量

当多类时，例如，有 4 个类别的标签，可以用数字 0、1、2、3 来表示。在本书中我们使用了 scikit - learn，并使用了带有数值标签的数据集。当用神经网络解决多类问题时，如果标签是独热向量的形式则很方便。独热向量是指一个数组，其长度与类的数量相同，其中只有一个是 1 而其他是 0。

例如，考虑一个 4 个类的数据集。假设某些数据的标签是 2。在这种情况下，独热向量数组的长度是类的数量的 4 倍。由于标签为 2，因此只有索引值等于 2 的元素被设置为 1，其他元素设置为 0，即［0，0，1，0］（见图 7-16）。类似地，5 类数据集中具有标记 1 的独热向量是［0，1，0，0，0］。

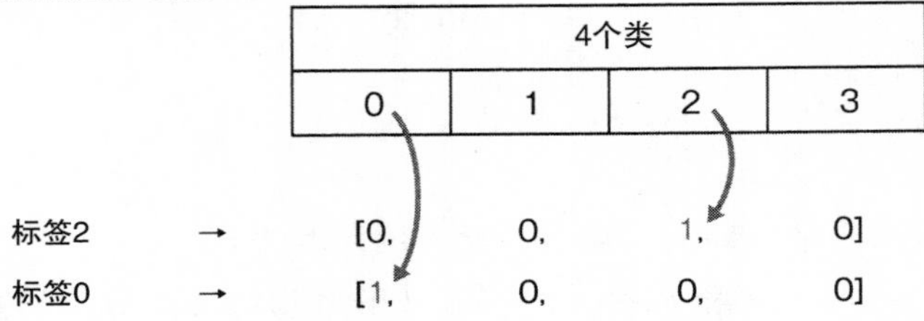

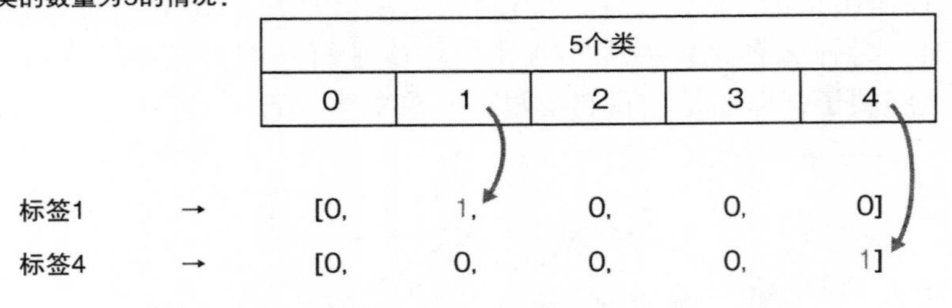

图 7-16　独热向量的例子

从独热向量转换为数字标签很容易。按照下面的方法，使用 argmax。argmax 是一个可以返回数组元素中最大值索引的函数。

```
# 只转换一个的情况
onehot = [0, 0, 1, 0]  # 4类，标签2
label = np.argmax(onehot)  # label = 2

# 转换多个的情况
onehot = [[1, 0, 0, 0],
          [0, 0, 1, 0]]
labels = np.argmax(onehot, axis=1)  # labels = [0, 2]
```

相反，从数字标签转换为独热向量时，你可以执行以下操作。

```
label = 2
onehot = np.zeros(4)  # [0, 0, 0, 0]
onehot[label] = 1     # [0, 0, 1, 0]
```

或者，你可以使用 scikit - learn 中的 OneHotEncoder，如下所示。

```
from sklearn.preprocessing import OneHotEncoder

# 创建4个类的编码器
enc = OneHotEncoder(n_values=4)

labels = [[0],
          [2]]

# 将数值类转换为独热向量
enc.fit_transform(labels).toarray()
# array([[ 1.,  0.,  0.,  0.],
#        [ 0.,  0.,  1.,  0.]])
```

7.4.2 softmax 函数

不使用 ReLU 或 tanh 作为输出层的激活函数，而使用 softmax 函数。这个函数简单地将输出层的所有输出（在 4 个类的情况下为 4 个输出）转换为总共 1 个。因此，正常激活函数与单元之间是一一对应的关系，但是这个函数与单元之间是一对多的关系，即一个函数可用于多个单元（见图 7-17）。

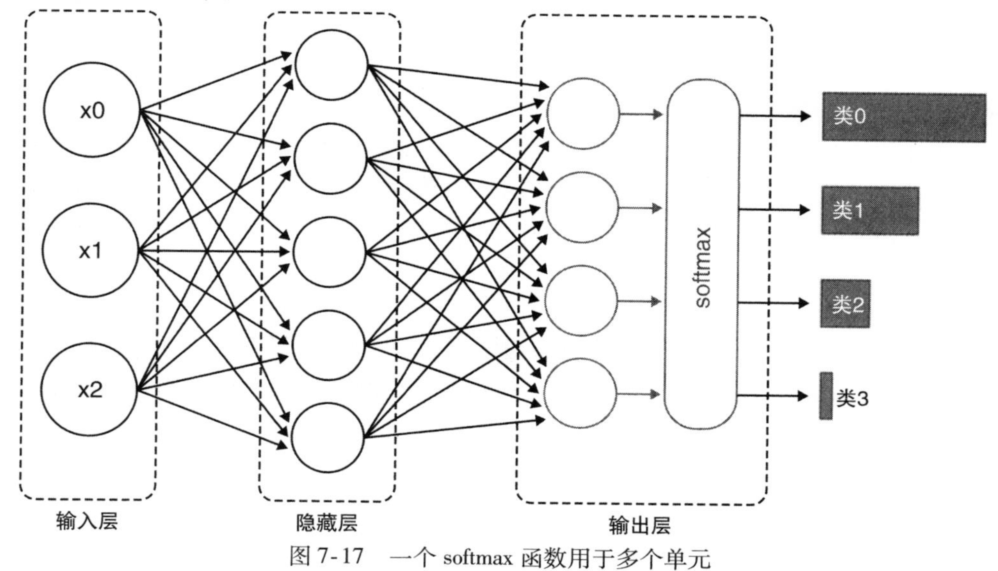

图 7-17　一个 softmax 函数用于多个单元

那么，值是如何变化的呢？就让我们实际地转换为合适的值看看其输出吧。softmax 函数如下所示[㊀]。

```
def softmax(scores):
    f = scores
    f -= np.max(f)
    return np.exp(f) / np.sum(np.exp(f))
```

在此，试着转换由 4 个单元构成的输出层的输出 [1, 2, 788, 789]。这个值没有特别的意义，不过，我们是选择了一组变化范围很大的数值。

```
outputs = np.array([1, 2, 788, 789])  # 输出层的输出(4个单元)
pred = softmax(outputs)

# 使打印时的格式一致
np.set_printoptions(formatter={'float': '{: 0.6f}'.format})
print(pred)  # [ 0.000000  0.000000  0.268941  0.731059]
```

执行此代码后 [1, 2, 788, 789] 被转换为 [0.000000, 0.000000, 0.268941, 0.731059]。数值的和为 1，可以像各个要素（推理的类）的"预测概率"那样处理。例如，在这个例子中，类 0、1、2、3 的概率分别为 0%、0%、26.8941%、73.1059%。我们使用 softmax 函数的原因不仅在于找到其概率。由于该函数在神经网络的输出层中，因此将推理的结果表示为概率。将此推理结果与正确结果的标签进行比较。

```
[0,        0,        0,        1       ] # 正确结果标签3
[0.000000, 0.000000, 0.268941, 0.731059] # 推理结果
```

我试图将正确结果的标签设置为 3。这是用一个独热向量来表达标签的含义。由于独热向量对应于正确的标签为 1，而对应于其他的标签全是 0，因此可以认为正确的标签索引是 100%，而另一个以 0% 的概率表示。换句话说，正确结果和推理之间的概率差异表现为该神经网络的损失。

7.4.3 损失函数

既然你有一对正确的标签，并用独热向量表示，推理结果用 softmax 函数输出，让我们定义一个损失函数并计算损失值。最简单和最熟悉的是均方误差（Mean Squared Error, MSE）。这是正确结果和推理的差的二次方和。

㊀ 此代码基于斯坦福大学的 CS231n 讲座。

```
# 均方误差
def mse(pred, label):
    return 0.5 * np.sum((pred - label)**2)


pred = np.array([0.000000, 0.000000, 0.268941, 0.731059])  # 推理
label = np.array([0, 0, 0, 1])  # 正确的标签

print(mse(pred, label))  # 0.072329261481
```

在这里，因为 softmax 函数的最大输出标签和正确标签一致，所以损失只有 0.072…。尝试将正确结果的标签重写为［0，0，1，0］或［1，0，0，0］，并试着执行。由于它与 softmax 函数的输出不匹配，你可以看到损失增加。

另一个损失函数是交叉熵误差（cross entropy error）。作为与 softmax 函数的组合，这是比较普遍的。为了获得推理结果的对数，其特征是随着正确结果概率的降低，它的损失呈指数增长（见图 7-18）。换句话说，就是损失越大，学习得越好。

```
def cross_entropy(pred, label):
    # 由于np.log(0)变为-inf，因此调整使得clip不会变为0
    return -np.sum(label * np.log(pred.clip(1e-6)))


pred = np.array([0.000000, 0.000000, 0.268941, 0.731059])  # 推理
label = np.array([0, 0, 0, 1])  # 正确的标签

print(cross_entropy(pred, label))  # 0.313261111135
```

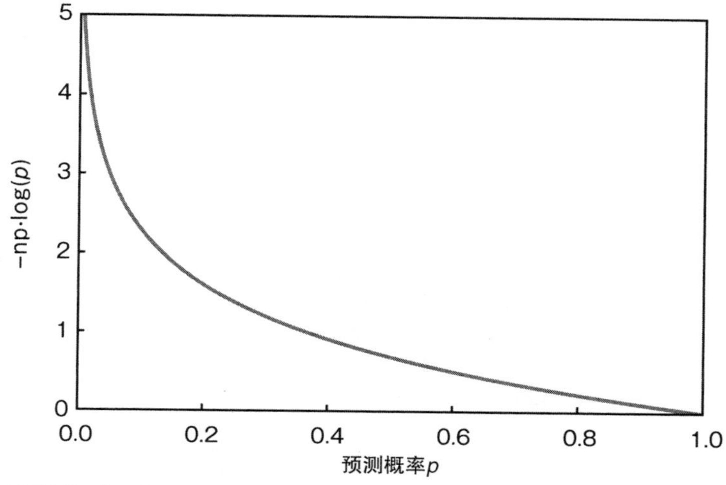

图 7-18　正确预测概率 p 与 $-$np. log（p）之间的关系（当概率接近 0 时，它会增加到无穷大）

请通过将正确的标签更改为［0，0，1，0］或［1，0，0，0］再试一次。与均方误差相比，你可以看到损失数字不同。

7.5 各种梯度下降法

本节关键词： 批量梯度下降法，随机梯度下降法，小批量梯度下降法

本节介绍梯度下降法中的三种主要方法，并介绍优化参数的最新方法。

7.5.1 三种梯度下降法

在第 2 部分中，我们解释了最快下降法，它以损失函数斜率的最陡方向下降，作为减少损失的方法。深度学习通常会增加训练数据的数量，因此你必须考虑降低（更新）梯度的单位。下面来介绍这三种下降方法。

1. 批量梯度下降法（batch gradient decent）

该方法计算整个训练数据的损失函数的斜率。由于需要处理所有数据，因此处理速度很慢，并且不能用于因数据量太大而无法在内存中存储的数据集。在伪代码中，它看起来如下所示。

```
for i in range(epochs):  # 循环次数
    gradient = # 所有数据的梯度
    param = param - learning_rate * gradient
```

2. 随机梯度下降法（Stochastic Gradient Decent，SGD）

另一方面，在该方法中，代替所有数据的梯度，每次逐个查看梯度时更新参数。因为不需要所有的数据集来计算梯度，所以每个迭代的运算速度也很快，内存使用量也很少。随机梯度下降法可以用伪代码表示如下。

```
for i in range(epochs):  # 循环次数
    for data in dataset:
        gradient = # 1个数据的梯度
        param = param - learning_rate * gradient
```

3. 小批量梯度下降法（mini - batch gradient decent）

此方法类似于前两个方法的组合。将训练数据划分为一定数量的小批量数据，计算梯度并以小批量更新参数。由于数据大小是固定的，因此这种方法比逐个更新更容易执行矩阵运算并且收敛更稳定。

```
for i in range(epochs):  # 循环次数
    for data in np.split(dataset, len(dataset)/50): # 除以50
        gradient = # 50个数据的梯度
        param = param - learning_rate * gradient
```

现在已经出现了三种方法，但通常使用小批量梯度下降法来学习神经网络和进行深度学习。然而，即使采用小批量梯度下降法，如果参数更新公式是最快下降法，它通常被称为随

机梯度下降法（SGD）。

7.5.2　优化方法

通过学习更新参数，从而使得参数被优化以使损失最小化。在最陡梯度方向上更新参数是另一种优化方法。以下是一些最新的优化技术。

1. SGD

SGD在当前位置的最陡梯度方向上更新参数。乍一看这是合理的，但是当它达到图7-19所示的梯度时会出现问题。斜坡的形状像“山谷”，山谷的底部也略微弯曲。这样的情况下SGD不是谷底的中心，而是向山谷相反方向下落。虽然山谷很深但是并不宽，所以跳到山谷的对面，一边弯曲一边慢慢地落到谷底的中心。如果降低学习率，它将不会曲折，但是需要一些时间才能到达山谷的底部。

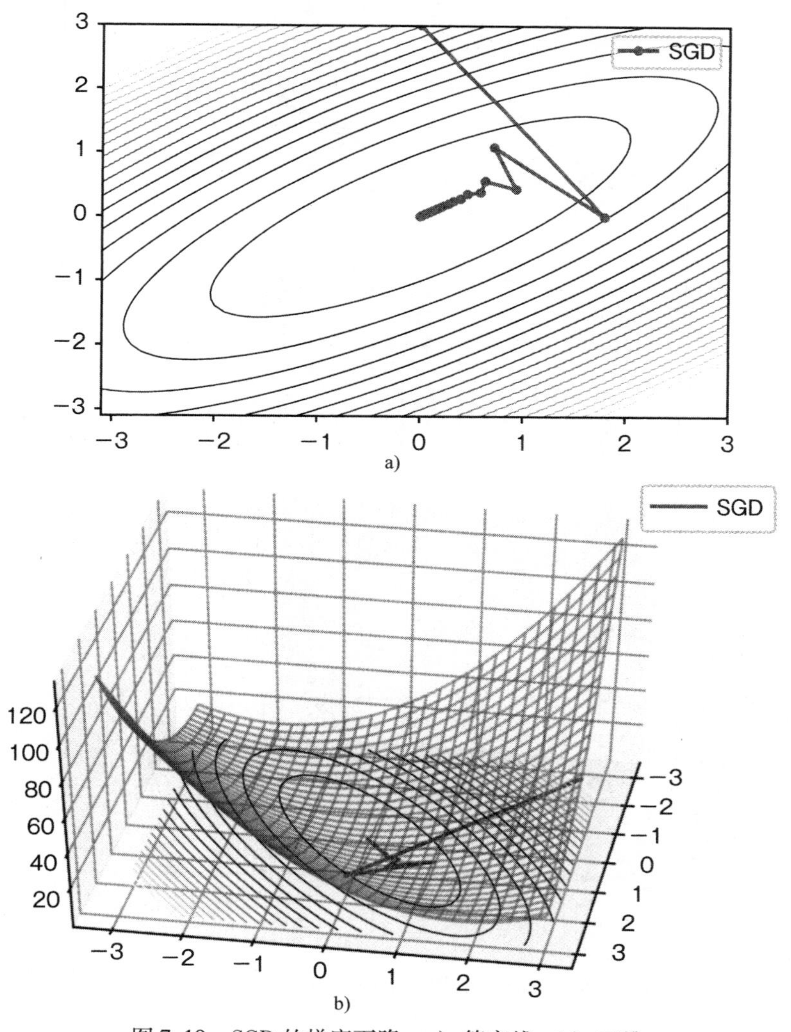

图7-19　SGD的梯度下降：a）等高线；b）三维

2. Adagrad

学习率不是固定的，慢慢衰减的方法也是很有效的。Adagrad 为每一个参数调整学习率。保持过去的梯度二次方和以调整参数更新量（eps 只是一个很小的值，可以防止被零除），伪代码如下[⊖]。让我们看看具有与 SGD 相同的损失函数的学习过程。这不是像 SGD 那样的锯齿状搜索，但可以确认它是“曲线”下降的（见图 7-20）。

```
eps = 1e-8
cache += gradient**2
param += - learning_rate * gradient / (np.sqrt(cache) + eps)
```

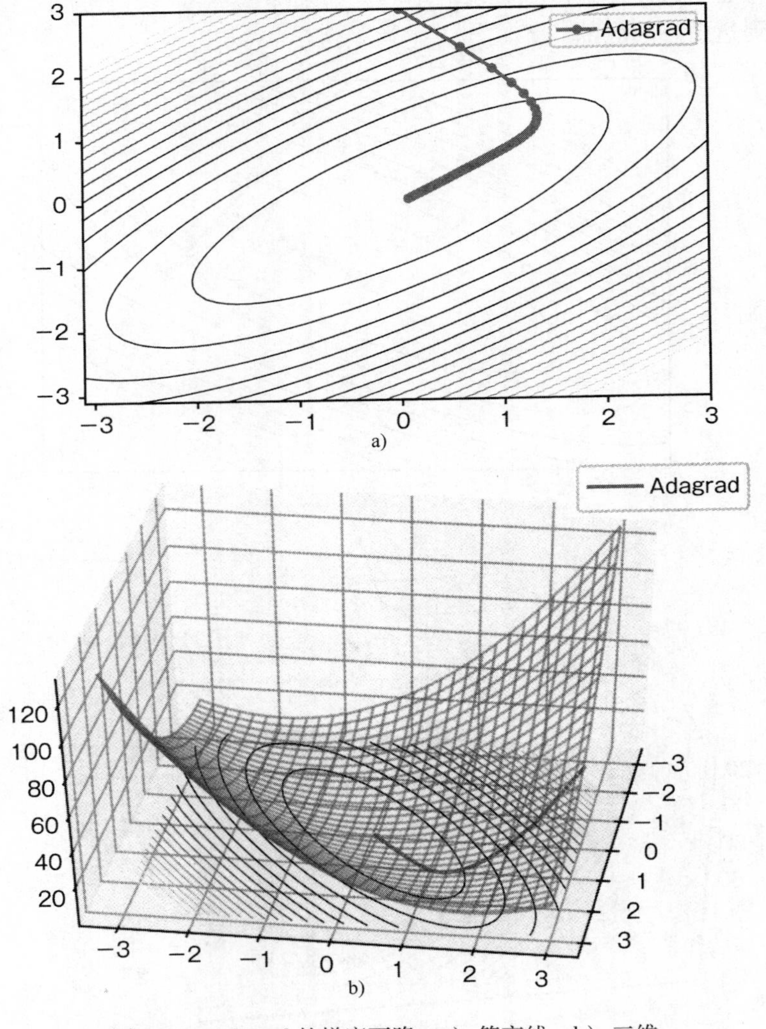

图 7-20　Adagrad 的梯度下降：a）等高线；b）三维

⊖ 见 http：//cs231n. github. io/neural – networkS – 3/

3. RMSprop

Adagrad 的问题在于，当学习进行时，因为保持了梯度（即当梯度变得更平缓时），学习率的降低并且没有得到任何改变。RMSprop 可以作为这个问题的解决方案。它不像 Adagrad 一样将所有梯度的二次方相加，而是将衰减率（decay rate）与过去的梯度相乘，从而逐渐“忘记”过去的梯度。这样，我们就能保持现在的梯度。

```
dacay_rate = 0.99
cache = decay_rate * cache + (1 - decay_rate) * gradient**2
param += - learning_rate * gradient / (np.sqrt(cache) + eps)
```

绘制学习过程与 Adagrad 非常相似，但在相同的步骤数下，它的下降速度比 Adagrad 快（见图 7-21）。

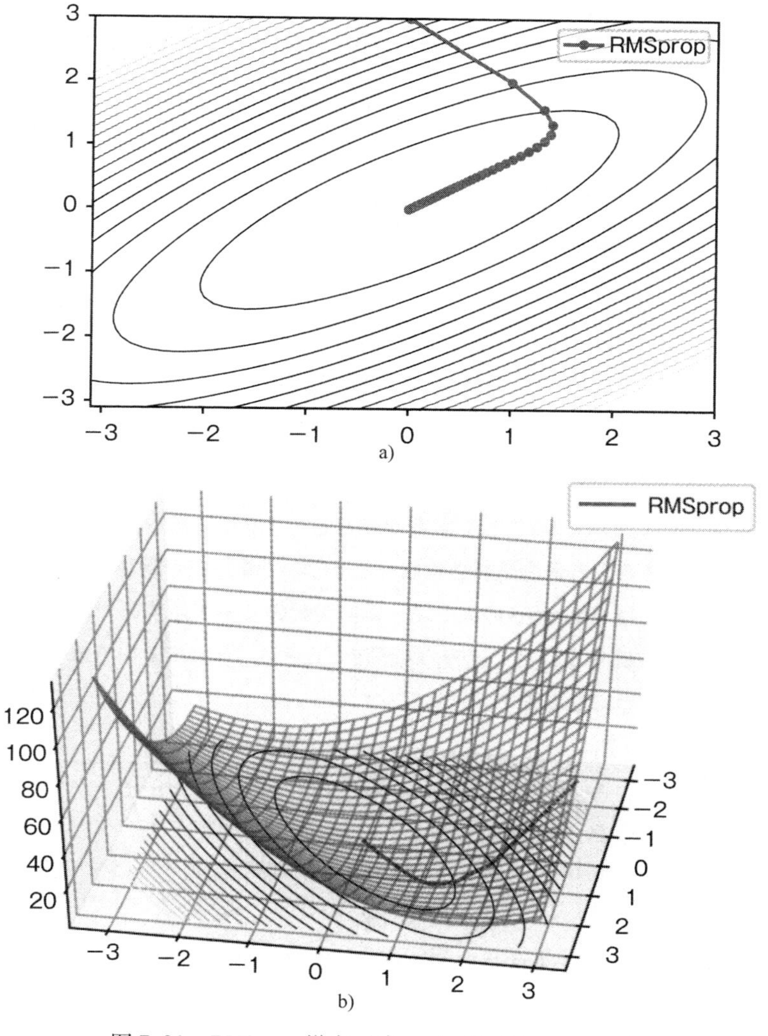

图 7-21 RMSprop 梯度下降：a）等高线；b）三维

4. Adam

Adam 就是像在 RMSprop 中加入了动量的概念。动量就意味着运动中的能量，如果你想象一下在下坡时的惯性，就很容易理解。我们来看看伪代码。

```
beta1 = 0.9
beta2 = 0.999
m = beta1*m + (1-beta1)*gradient
v = beta2*v + (1-beta2)*(gradient**2)
param += - learning_rate * m / (np.sqrt(v) + eps)
```

v 对应于 RMSprop 的缓存。有一个新的 m。这是在削弱过去梯度的同时增加了新的梯度，所以过去梯度下降的“速度”会逐渐减弱，这就像惯性定律一样。如果你绘制一个学习过程，就会看到图 7-22 的样子。

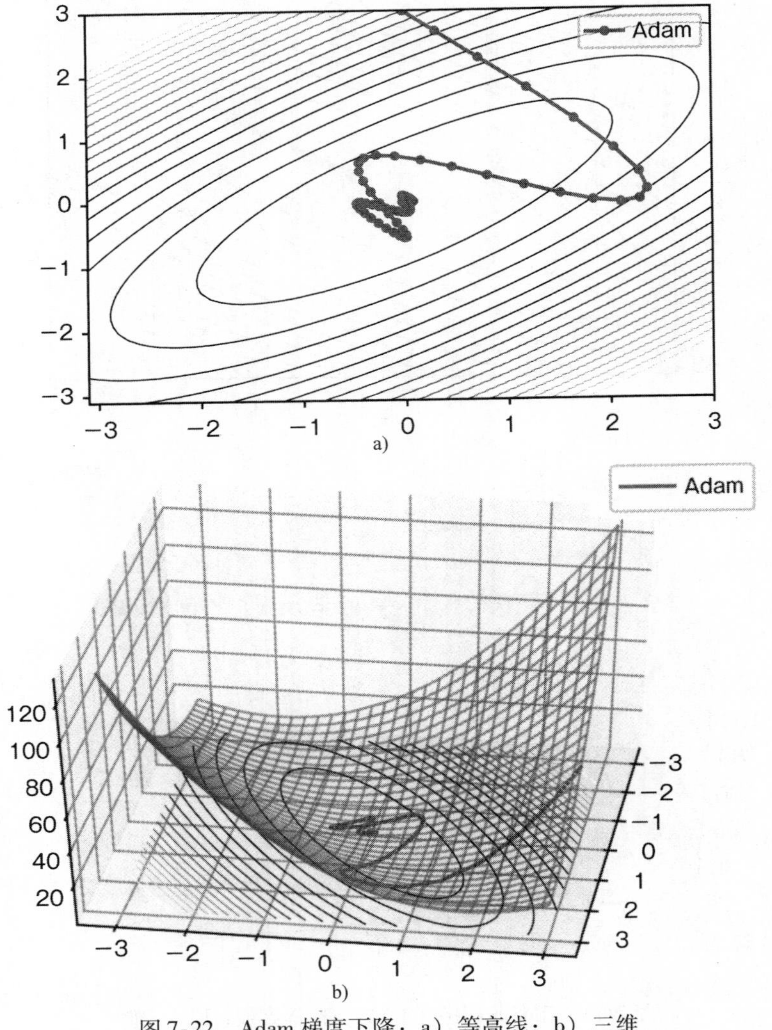

图 7-22　Adam 梯度下降：a）等高线；b）三维

7.5.3 优化方法的比较

至此，已介绍了4种优化方法。如果将它们绘制在一起，就会得到图7-23所示的图像。那么这4种方法中哪个是最好的呢？很遗憾，答案是它们中没有哪一个是最优的。近来，Adam似乎经常被使用，因为它的结果最好。然而，有趣的是，SGD也经常被使用，因为它最简单。首先，让我们来使用Adam，如果时间允许，也可以尝试其他的优化方法。

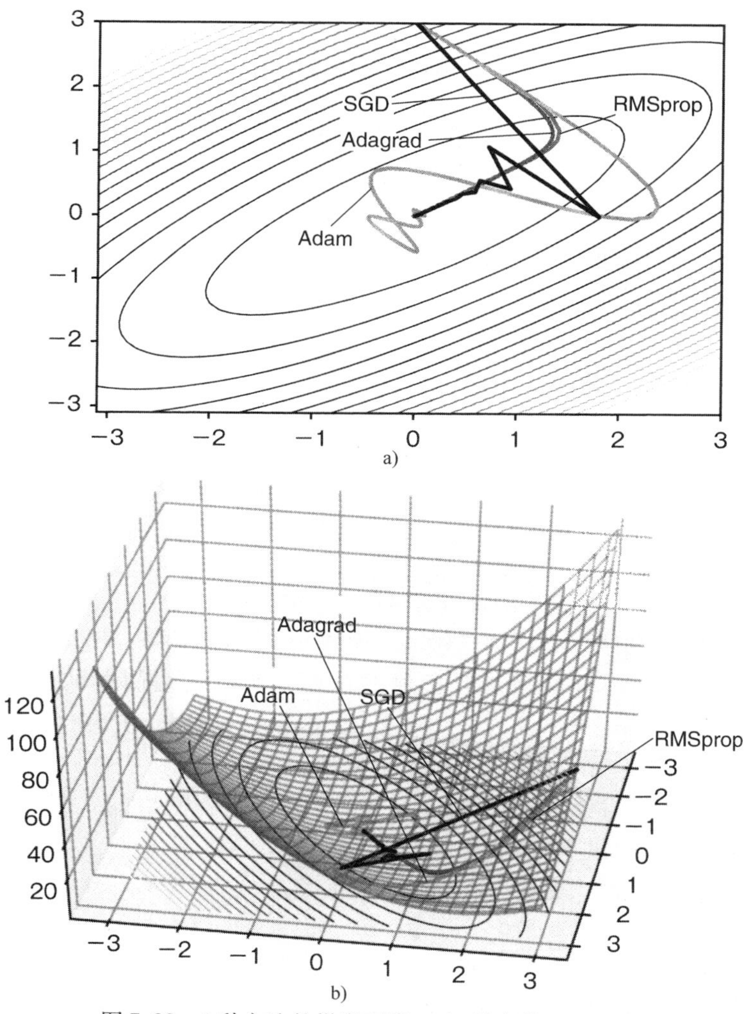

图7-23　4种方法的梯度下降：a）等高线；b）三维

7.6 TensorFlow的准备

本节关键词：计算图，会话，占位符

从这里开始，我们将解释如何使用TensorFlow来建模神经网络。TensorFlow是Google于

2015 年发布的机器学习开源框架（它最初是一个执行矩阵运算的框架，提供各种高级 API，使机器学习建模变得简单）。它与 GCP 的兼容性非常好，准备了 GCS 的 I/O 作为标准，并且准备了完全托管的 TensorFlow 的环境，例如 Dataflow 和 ML Engine。

7.6.1 使用 Datalab 中的 TensorFlow

Datalab 已经安装了 TensorFlow，因此你可以立即使用它。让我们先从一个简单的计算开始。

```
# 加载包
import tensorflow as tf

with tf.Graph().as_default():
    # 定义常量
    x = tf.constant(10, name="x")
    y = tf.constant(32, name="y")

    # 加法
    op = tf.add(x, y)

    # 执行运算
    with tf.Session() as sess:
        result = sess.run(op)
print(result)  # -> 42
```

这是进行 10 + 32 的加法。当你这样做时，会输出 42 这个答案。也许你会惊讶为什么要使用加法。在 TensorFlow 中有许多需要记住的东西，所以就用简单的例子来一点点地记住吧。

首先，tf. constant 定义一个常量。x = tf. constant(10，name = “x”）是一个值为 10 的常量，名为“x”。对于常量的命名，如 name = “x”并不是强制性的。但是，如果你给它命名，它会在 TensorBoard 中以此名称显示（在 7.9 节中会介绍它）。因此对它命名，在后面会更加便于应用。

接下来，使用 tf. add 进行 x 和 y 的加法运算。如果用图形表示这里的运算，则会如图7-24所示。像这种如同电路图一样，对运算进行图形化的图叫作计算图（computational graph，也称为运算图）。这种计算图在 tf. Graph( ) . as_default( ) 中被定义为默认图。由于它在 with 语句中定义，因此在退出语句时会自动释放。

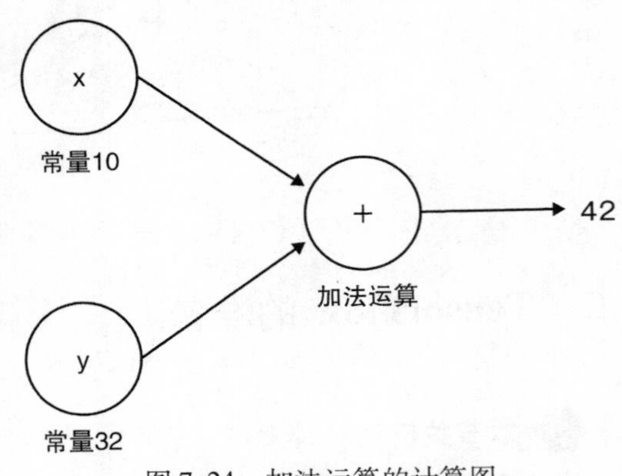

图 7-24 加法运算的计算图

Datalab(Jupyter) 可以多次执行一个块，因此如果你不用它包装，每次执行时都会生成一个带别名的网络（如 x_1、y_1 等）。

接下来，使用 tf. Session( ) 定义会话。会话是用于执行操作的单元，并且通过调用 run( )来执行计算图的操作。在这里，传递加法变量 op 以获得加法的结果。

到目前为止的流程总结如下：

① 定义计算图。

② 定义会话。

③ 执行计算。

在步骤①和②中，尚未进行任何操作。通过步骤③的运行，首次执行了计算。

7. 6. 2 变量和占位符

在前面的示例中，我们为 x 和 y 设置了常量值。但是，在实际计算中，不仅要处理常量，还要处理随计算而变化的值。为此目的而设有变量（variable）和占位符（placeholder）。

变量是一个容器，它可以像其他编程语言中的变量那样填充各种值[⊖]。例如，在计算图中，“权重”的值随着学习而变化，因此需要有变化。

占位符是一个接受来自计算图外部输入的变量。在学习或推理期间输入特征量时需要使用此占位符。让我们用一个简单的例子来确认它们的使用方法。下面的例子是对输入 x 的值和常量 y 进行加法运算，将结果存储在变量 z 中（见图 7-25）。

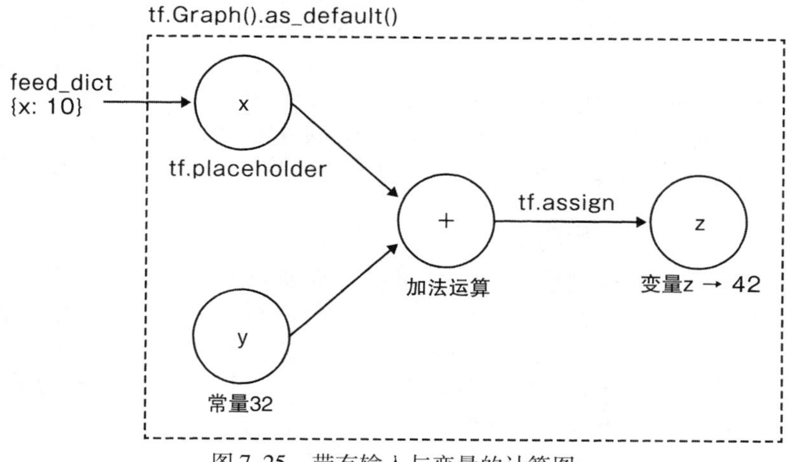

图 7-25 带有输入与变量的计算图

```
with tf.Graph().as_default():
    # x是一个接受输入的容器
    x = tf.placeholder(tf.int32, name="x")
    y = tf.constant(32, name="y")
```

⊖ 虽然作为变量的含义是相同的，但这里的变量（variable）仅存在于计算图中，并且与 Python 变量不同。

```
    # 加法运算
    op1 = tf.add(x, y)

    # 存储加法运算结果的变量
    z = tf.Variable(0, name="z")

    # 将加法运算的结果代入变量
    op2 = tf.assign(z, op1)

    # 变量的初始化
    init_op = tf.global_variables_initializer()

    # 执行计算
    with tf.Session() as sess:
        # 执行变量初始化
        sess.run(init_op)
        # 在feed_dict中为x输入10并获得结果
        result = sess.run(op2, feed_dict={x: 10})

print(result)  # -> 42
```

首先是输入部分。tf. placeholder(tf. int32， name = “x”） 定义一个类型为 tf. int32 的占位符。通过在 sess. run 中设置 feed_dict = {x:10}，你可以在图外部的这个占位符中输入值。

下一个变量是 tf. Variable(0， name = “z”)，可以将其初始值定义为 0。但是，它在此状态下未初始化，因此通过在会话中执行 tf. global_variables_initializer( ) 而首次对其进行初始化，使它的初始值为 0。使用 tf. assign 为变量赋值。在这里，将加法运算 op1 分配给变量 z。

7.6.3 通过逻辑回归进行识别

让我们用 TensorFlow 实现逻辑回归。本书已经介绍过几次，相比之下它应该更容易理解。数据集也是使用了前面介绍的 make_blobs 制作的。不同之处在于将标签数据 reshape 转换成[[0],[0],…]的形式。这是由于 TensorFlow 需要进行矩阵运算，所以它与 X_dataset 的形式相吻合（虽然在计算图中也可以进行这种转换，但是因为使用打印等方式很容易确认数据是怎样的形式，所以在这里进行了转换）。

```
import pandas as pd
from sklearn.datasets import make_blobs

X_dataset, y_dataset = make_blobs(centers=[[-0.3, 0.5], [0.3, -0.2]],
                                  cluster_std=0.2,
                                  n_samples=100,
                                  center_box=(-1.0, 1.0),
                                  random_state=42)
y_dataset = y_dataset.reshape(-1, 1)
```

接下来是计算图。输入的是二维特征量和标签，shape 是［None，2］、［None，1］。此 None 是 NumPy 中 -1 的含义，并且可以用于存储任意数量的数据。在逻辑回归中学习的权重和偏差是由 Variable 定义的。损失函数是提前准备好的几个。因为这次是逻辑回归，所以使用了 sigmoid_cross_entropy_with_logits。其他的还有 softmax_cross_entropy_with_logits 等。最后，定义将损失降至最低的操作。在这里使用最快下降法 GradientDescentOptimizer，学习率是1.0。

```
# 输入特征量和标签
x = tf.placeholder(tf.float32, shape=[None, 2], name="x")
y = tf.placeholder(tf.float32, shape=[None, 1], name="y")

# 使用变量定义权重和偏差
w = tf.Variable(tf.zeros([2, 1]), name="w")
b = tf.Variable(tf.zeros([1]), name="b")

# 到识别边界的距离
score = tf.sigmoid(tf.matmul(x, w) + b)

# 求出损失
loss = tf.reduce_mean(
    tf.nn.sigmoid_cross_entropy_with_logits(logits=score, labels=y))

# 使用最快下降法使损失最小化
train_step = tf.train.GradientDescentOptimizer(1.0).minimize(loss)

# 变量的初始化
init_op = tf.global_variables_initializer()
```

最后执行学习。将数据集传递给 sess. run 中的占位符 x 和 y，并执行操作 train_step 以减少损失。除了 train_step 之外，列表中还包括 loss、w 和 b，这样可以获得每个中间值。

```
# 执行计算
with tf.Session() as sess:
    # 执行变量初始化
    sess.run(init_op)

    # 学习400次
    for i in range(400):
        _, _l, _w, _b = sess.run([train_step, loss, w, b],
                                 feed_dict={x: X_dataset, y: y_dataset})
        # 每100次进行一次打印
        if i % 100 == 0:
            print(_l, _w, _b)
```

当用中间值获得的 weight_w 和 bias_b 的数值绘制识别边界时，其结果如图 7-26 所示。你可以看到识别边界移动到损失逐渐减少的位置。然而，这减少了最快下降法的损失，因此当坡度变得平缓时学习变得不容易进行。因此，请将其重写为 AdamOptimizer 而不是 GradientDescentOptimizer，然后重试。你应该看到它更快收敛。

从加法到逻辑回归，我们学习了 TensorFlow 运算的方法。构建神经网络时也可以这样做，但对于复杂的配置，也可以从高级 API 获得帮助。接下来，让我们稍微放松一下，构建一个神经网络吧。

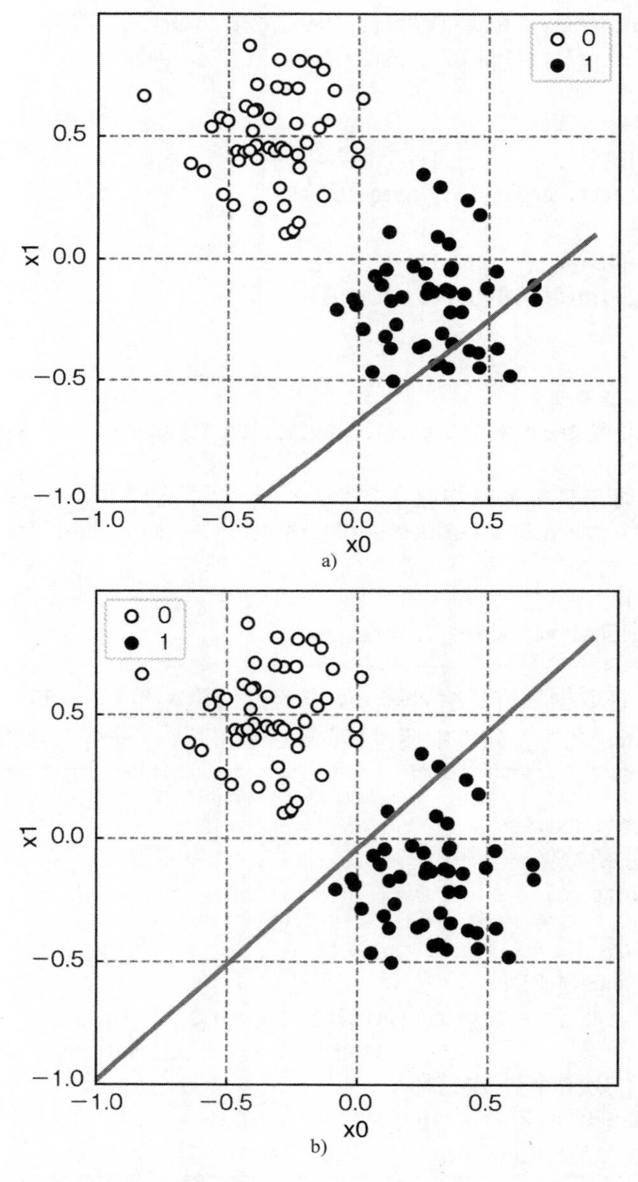

图 7-26　a）第 100 次；b）第 200 次；c）第 300 次；d）第 400 次

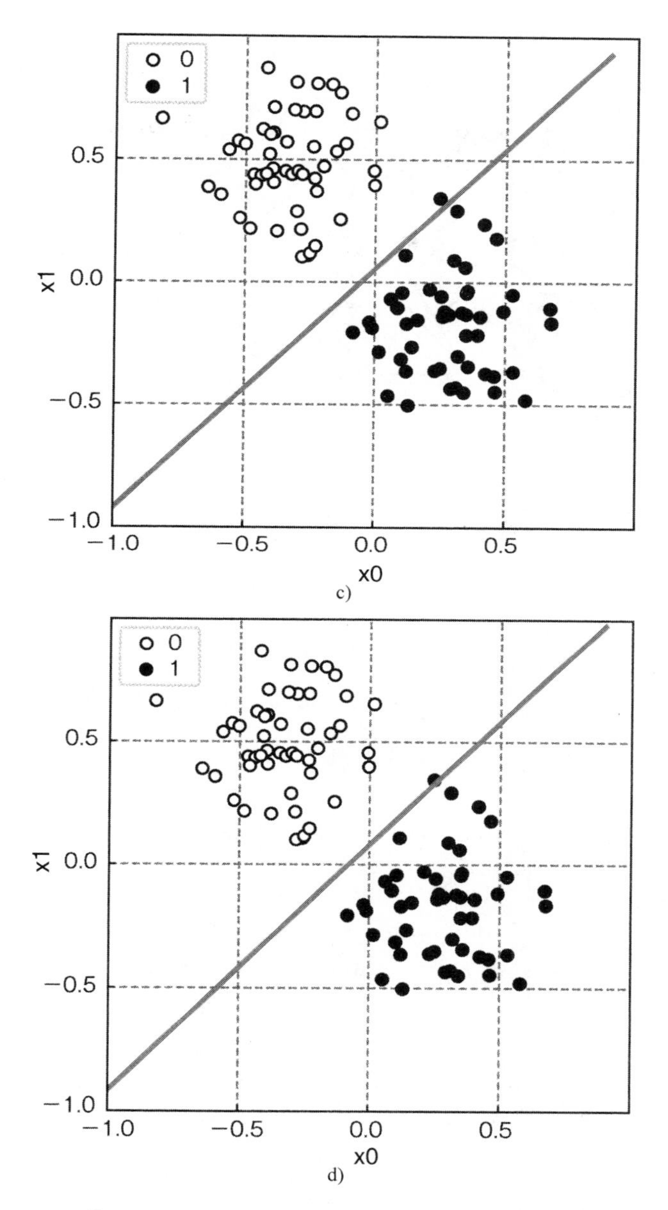

图 7-26　a）第 100 次；b）第 200 次；c）第 300 次；d）第 400 次（续）

7.7　神经网络的实现

本节关键词：全连接层，tf. layers，tf. matmul

既然你已经知道了如何编写 TensorFlow，那就让我们实现一个神经网络吧。这里的数据集使用 6. 2 节中出现过的乳腺癌数据。因为没有必要把层做得那么深，所以让我们构建一个具有 2 个隐藏层的神经网络，每层有 4 个单元，如图 7-27 所示。

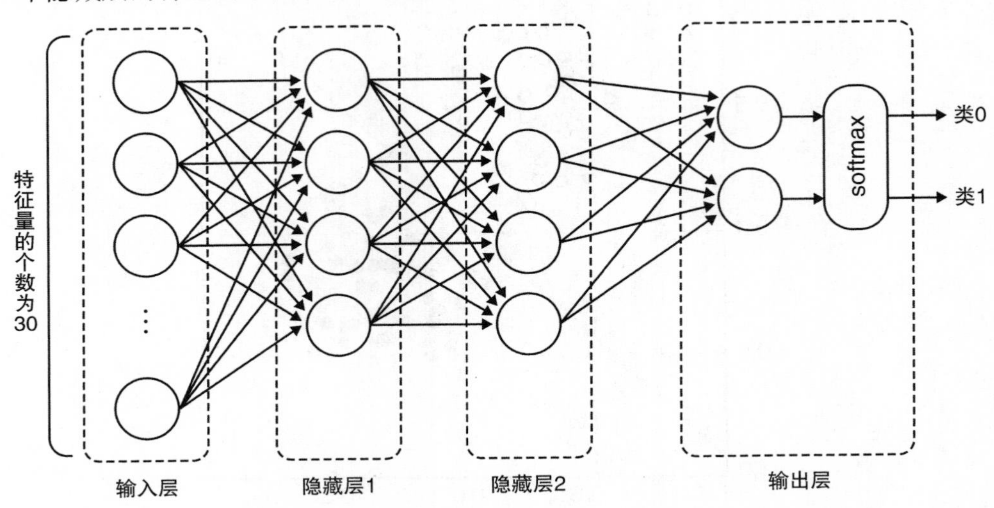

图 7-27　有 2 个隐藏层、各有 4 个单元的神经网络

首先是输入层。它接受来自图外部的输入，因此使用占位符定义它。X 是用于输入特征量的占位符，y 是用于输入正确标签的占位符。标签的 shape 在计算图中转换为独热向量。

```
NUM_FEATURES = 30  # wdbc的特征量个数
# 输入特征量和标签
X = tf.placeholder(tf.float32, shape=[None, NUM_FEATURES], name="X")
y = tf.placeholder(tf.float32, shape=[None,], name="y")
```

接下来是隐藏层。在这里使用 tf. layers 会很简单。tf. layers. dense 是一个全连接层（fully connected layer），是所有单元的输入层。这里只需要指定层的单元数量和各个单元的激活函数（这里是 ReLU）。

```
NUM_UNITS_H1 = 4  # 隐藏层1的单元数
NUM_UNITS_H2 = 4  # 隐藏层2的单元数

# 隐藏层
hidden1 = tf.layers.dense(
        inputs=X, units=NUM_UNITS_H1, activation=tf.nn.relu, name='hidden1')
hidden2 = tf.layers.dense(
        inputs=hidden1, units=NUM_UNITS_H2, activation=tf.nn.relu,
        name='hidden2')
```

tf. layers. dense 在内部保留了表示单元之间的组合权重的变量（variable），并且通过学习处理来优化权重值。如果你不使用 tf. layers. dense，则可以在明确地定义了变量（Variable）w1 和 b1 的基础上，写入单元内的运算。

```
# 隐藏层1
w1 = tf.Variable(tf.truncated_normal(
    [NUM_FEATURES, NUM_UNITS_H1], stddev=0.1), name='w1')
b1 = tf.Variable(tf.zeros([NUM_UNITS_H1]), name='b1')
hidden1 = tf.nn.relu(tf.matmul(X, w1) + b1)

# 隐藏层2
w2 = tf.Variable(tf.truncated_normal(
    [NUM_UNITS_H1, NUM_UNITS_H2], stddev=0.1), name='w2')
b2 = tf.Variable(tf.zeros([NUM_UNITS_H2]), name='b2')
hidden2 = tf.nn.relu(tf.matmul(h1, w2) + b2)
```

虽然 truncated_normal 的意思是截断的正态分布，但它用于给出随机初始值。tf. matmul 是用来计算矩阵积的，它与 np. dot 的使用目的相同（差异和详细说明将在后面给出）。顺便来说一下隐藏层，乍一看每层似乎只有一个单元。但是，因为每个单元都是相同的输入，所以这样就可以集中进行运算了。

例如，如图 7-28 所示，从输入层输入两个单元的 5 和 6。当各单元的权重分别为[1, 2]、[3, 4]时，各自单元的计算为 1 * 5 + 2 * 6 和 3 * 5 + 4 * 6。如果每个单元执行此运算，则如下所示。

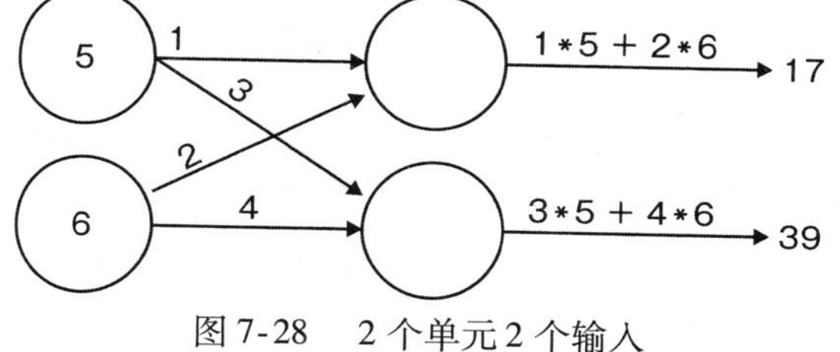

图 7-28　2 个单元 2 个输入

```
x = tf.constant([[5, 6]])

w1 = tf.constant([[1],
                  [2]])

w2 = tf.constant([[3],
                  [4]])

op1 = tf.matmul(x, w1)  # -> 1*5 + 2*6 = 17
op2 = tf.matmul(x, w2)  # -> 3*5 + 4*6 = 39
```

如果单元数增加，则描述量将会随之增加。但是，由于 matmul 是计算矩阵的乘积，因此可以总结如下。

```
x = tf.constant([[5, 6]])

w = tf.constant([[1, 3],
                 [2, 4]])

op = tf.matmul(x, w)  # -> 1*5 + 2*6 = 17,
                      #    3*5 + 4*6 = 39
```

把两个单元的分量集中到权重里也得到了同样的结果。如果你改变了 shape 的权重，你就可以较容易地改变单元数。

隐藏层之后是输出层。因为类的数量是 2，所以生成 2 个单元。这里没有用 softmax 函数，是为了寻找下一个损失。

```
NUM_CLASSES = 2  # 类的数量
# 输出层
logits = tf.layers.dense(inputs=hidden2, units=NUM_CLASSES, name='output')
```

求出损失。把来自输出层的输出结果和正确结果的标签交给 softmax_cross_entropy_with_logits，使用 tf. one_hot 将正确结果的标签转换成独热向量的形式。

```
# 损失
onehot_labels = tf.one_hot(indices=tf.cast(y, tf.int32), depth=NUM_CLASSES)
cross_entropy = tf.nn.softmax_cross_entropy_with_logits(
    labels=onehot_labels, logits=logits, name='xentropy')
loss = tf.reduce_mean(cross_entropy, name='xentropy_mean')
```

在图的最后，进行损失最小化处理和测试正确率的计算。tf. argmax 与 NumPy 的 argmax 类似，并返回数组元素的最大索引[⊖]。这适用于正确结果的标签和推理结果，并确定这些值是否在 tf. equal 中相互匹配。接下来，tf. reduce_mean 平均标签匹配结果以便找到准确率。

```
# 最小化损失
train_op = tf.train.AdamOptimizer(0.01).minimize(loss)

# 用于测试的准确率的计算
correct_prediction = tf.equal(tf.argmax(logits, 1), tf.argmax(onehot_labels, 1))
accuracy = tf.reduce_mean(tf.cast(correct_prediction, tf.float32))
```

这样图就完成了。现在建立一个会话，来进行学习。通过在 feed_dict 中传递训练数据的 X_train 和 y_train 来执行 train_op。由于这里的数据量较小，所以在此传递所有的数据，但通常将它们分成每 100 个为一个批次进行提交。学习 1000 次后，使用测试数据找到准确率。

```
with tf.Session() as sess:
    sess.run(tf.global_variables_initializer())

    for step in range(1000):
        _, loss_value = sess.run([train_op, loss],
                                 feed_dict={X: X_train, y: y_train})
```

⊖ 将独热向量转换为标签的操作（见图 7-16）。

```
        if step % 100 == 0:
            print('Step: %d, Loss: %f' % (step, loss_value))

    # 用测试数据求出准确率
    _a = sess.run(accuracy, feed_dict={X: X_test, y: y_test})
    print('Accuracy: %f' % _a)
```

在下面总结了全部的代码。

```
NUM_FEATURES = 30
NUM_UNITS_H1 = 4
NUM_UNITS_H2 = 4
NUM_CLASSES = 2

with tf.Graph().as_default():
    # 输入层
    X = tf.placeholder(tf.float32, shape=[None, NUM_FEATURES], name="X")
    y = tf.placeholder(tf.float32, shape=[None, ], name="y")

    # 隐藏层
    hidden1 = tf.layers.dense(
        inputs=X, units=NUM_UNITS_H1, activation=tf.nn.relu, name='hidden1')
    hidden2 = tf.layers.dense(
        inputs=hidden1, units=NUM_UNITS_H2, activation=tf.nn.relu,
        name='hidden2')

    # 输出层
    logits = tf.layers.dense(inputs=hidden2, units=NUM_CLASSES, name='output')

    # 损失
    onehot_labels = tf.one_hot(indices=tf.cast(y, tf.int32), depth=NUM_CLASSES)
    cross_entropy = tf.nn.softmax_cross_entropy_with_logits(
        labels=onehot_labels, logits=logits, name='xentropy')
    loss = tf.reduce_mean(cross_entropy, name='xentropy_mean')

    # 最小化损失
    train_op = tf.train.AdamOptimizer(0.01).minimize(loss)

    # 测试准确率的运算
    correct_prediction = tf.equal(
        tf.argmax(logits, 1), tf.argmax(onehot_labels, 1))
    accuracy = tf.reduce_mean(tf.cast(correct_prediction, tf.float32))

    with tf.Session() as sess:
```

```
    sess.run(tf.global_variables_initializer())

    for step in range(1000):
        _, loss_value = sess.run([train_op, loss],
                                 feed_dict={X: X_train, y: y_train})
        if step % 100 == 0:
            print('Step: %d, Loss: %f' % (step, loss_value))

    # 用测试数据求出准确率
    _a = sess.run(accuracy, feed_dict={X: X_test, y: y_test})
    print('Accuracy: %f' % _a)
```

执行此操作时，输出如下：每 100 次输出一次损失，最后测试数据显示准确率为 95.6%。至此，我们用 TensorFlow 构建了一个神经网络，使用其学习并进行推理。如果更改输入层的 shape，则可以轻松学习其他数据，因此请尝试一下。

```
Step: 0, Loss: 0.701905
Step: 100, Loss: 0.041793
Step: 200, Loss: 0.023070
Step: 300, Loss: 0.015927
Step: 400, Loss: 0.010672
Step: 500, Loss: 0.007115
Step: 600, Loss: 0.005560
Step: 700, Loss: 0.003148
Step: 800, Loss: 0.002190
Step: 900, Loss: 0.001556
Accuracy: 0.956140
```

7.8 使用 DNNClassifier 简化学习

本节关键词：DNNClassifier，SKCompat

本节将介绍如何使用 DNNClassifier 轻松地编写神经网络。

因为一直在进行一个难懂的话题，所以让我们来杯咖啡休息一下吧。对于上次构建的神经网络，实际上有更简单的写法，先来看一下代码吧。

```
from tensorflow.contrib.learn.python import SKCompat

# 特征量的定义
feature_columns = [tf.contrib.layers.real_valued_column("", dimension=30)]

# 2个隐藏层，每层4个单元
classifier = tf.contrib.learn.DNNClassifier(feature_columns=feature_columns,
```

```
                                      hidden_units=[4, 4],
                                      n_classes=2,
                                      model_dir="./dnnmodel/")
# 类似于scikit-learn,转换成SKCompat
classifier = SKCompat(classifier)

# 学习
classifier.fit(x=X_train, y=y_train, steps=1000, batch_size=50)

# 推理测试数据并计算准确率
classifier.score(X_test, y_test)
```

对于仅由全连接层组成的神经网络，可以使用 DNNClassifier 轻松编写 TensorFlow，并且可以像 scikit - learn 一样使用 fit 和 score。在 hidden_units 中，将隐藏层上的单元数量写在层数列表中。

例如，如果第一层是 20 个单元，第二层是 30 个单元，第三层是 10 个单元，只需写［20，30，10］。此外，n_classes 包含类的数量。因此没有必要写 tf. Graph 或 tf. Session。当然并不是所有的图都能构建，但是如果这样就足够了，还是轻松一点比较好。下面的 SKCompat 是一种转换为 DNNClassifier 的机制，因此它可以像 scikit - learn 一样使用。这就允许你使用 fit 学习并使用 score 计算准确率。我们使用与以前相同的数据集。

```
INFO:tensorflow:Create CheckpointSaverHook.
INFO:tensorflow:Saving checkpoints for 1 into ./dnnmodel/model.ckpt.
INFO:tensorflow:loss = 0.683607, step = 1
INFO:tensorflow:global_step/sec: 605.83
INFO:tensorflow:loss = 0.341605, step = 101
INFO:tensorflow:global_step/sec: 620.239
......
INFO:tensorflow:global_step/sec: 485.654
INFO:tensorflow:loss = 0.0305475, step = 901
INFO:tensorflow:Saving checkpoints for 1000 into ./dnnmodel/model.ckpt.
INFO:tensorflow:Loss for final step: 0.0948733.
{'accuracy': 0.97368419,
 'accuracy/baseline_label_mean': 0.69298244,
 'accuracy/threshold_0.500000_mean': 0.97368419,
 'auc': 0.98553342,
 'global_step': 1000,
 'labels/actual_label_mean': 0.69298244,
 'labels/prediction_mean': 0.69364429,
 'loss': 0.10457193,
 'precision/positive_threshold_0.500000_mean': 0.97500002,
 'recall/positive_threshold_0.500000_mean': 0.98734176}
```

除了准确率以外，还输出各种验证项目。在 DNNClassifier 的 model_dir 指定的目录中，输出稍后介绍的 TensorBoard，它可以监视学习进度和信息。这个目录可以指定 GCS 路径以及本地路径。尝试重写 Model_dir = “gs:// {BUCKET} /dnnmodel/”。该文件应在 GCS 上输出。当然，即使不使用 DNNClassifier 也可以轻松保存到 GCS 中。

接下来，我们将介绍关于 TensorBoard 和 GCS 的保存。

7.9 TensorBoard

本节关键词： TensorBoard，tf. name_scope，tf. summary

TensorBoard 是一种能将 TensorFlow 的运算和学习过程进行可视化的工具，同时它还配备了各种绘制功能。本节将介绍 TensorBoard 的基本使用和相关示例。

随着神经网络变得更深，参数数量增加，其内部发生的事情就会变得很难理解。此外，学习时间会变得很长，有时需要几天。如果你在几天之后才注意到某些事情是错误的，这样效率就会非常低。因此，在学习的同时对其监控并立即发现错误是非常重要的。

TensorBoard 是一个能够轻松监控 TensorFlow 操作的工具。由于它与 TensorFlow 捆绑在一起，因此无需单独安装。TensorBoard 具有许多功能，例如计算图形的图形显示、损失、准确率的变化以及权重分布的变化等。

7.9.1 准备和计算图的显示

默认情况下 TensorBoard 不显示任何内容。需要定义想要查看的内容以及何时对数据监控。首先，让我们来显示一个计算图。计算图仍然使用在 7.7 节中所构建的具有两个隐藏层、每层有 4 个单元的神经网络，并且还使用几乎一样的代码。以下只对变更的部分进行说明。

首先，在会话开始后立即添加以下行。

```
with tf.Session() as sess:
    writer = tf.summary.FileWriter('gs://{BUCKET}/dnnmodel', sess.graph)  # 添加的行
```

tf. summary. FileWriter 是一个将计算图信息写入文件的类。其参数是文件的存储地址和 tf. Graph。以前你可以在本地目录或 GCS 路径上保存文件，但这次你可以在 GCS 路径上保存文件（{BUCKET}的部分请改为自己的 Bucket 名）。现在，准备工作已经完成。请执行代码，并确认 GCS 上有文件。

然后启动 TensorBoard。这里已经从 Cloud Shell 上启动了。如果你已经从 Cloud Shell 上打开了 Datalab，单击选项卡中的“ + ”图标，然后在另一个选项卡中打开，最后输入以下命令（见图 7-29）。

```
tensorboard --logdir=gs://{BUCKET}/dnnmodel --port 8082
```

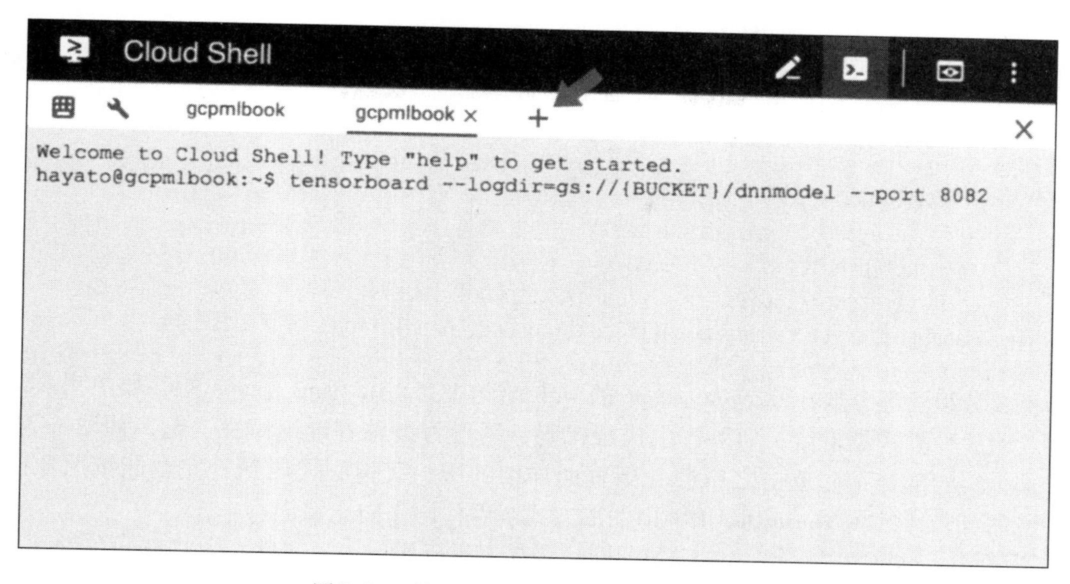

图 7-29　从 Cloud Shell 上启动 TensorBoard

然后，控制台将显示如下：

```
Starting TensorBoard 29 on port 8082
(You can navigate to http://172.17.0.2:8082)
```

如果出现这种情况，说明 TensorBoard 正在启动中。与 Datalab 一样，如果在 Cloud Shell 的 Web 预览中选择端口 8082，TensorBoard 则会显示在浏览器中。单击界面顶部选项卡上的 GRAPHS，可以将计算图显示在屏幕上（见图 7-30）。如果你看一下这个计算图，你可能会感到有些困惑，它看起来很乱。这是因为它显示了损失和准确率较低的计算。tf. name_scope 某种程度上允许对功能完整的部分进行分组。让我们使用 tf. name_scope 对以下面两个部分分组吧。

```
onehot_labels = tf.one_hot(indices=tf.cast(y, tf.int32), depth=NUM_CLASSES)
cross_entropy = tf.nn.softmax_cross_entropy_with_logits(
    labels=onehot_labels, logits=logits, name='xentropy')
loss = tf.reduce_mean(cross_entropy, name='xentropy_mean')

# 损失
with tf.name_scope('calc_loss'):
    onehot_labels = tf.one_hot(indices=tf.cast(y, tf.int32), depth=NUM_CLASSES)
    cross_entropy = tf.nn.softmax_cross_entropy_with_logits(
        labels=onehot_labels, logits=logits, name='xentropy')
    loss = tf.reduce_mean(cross_entropy, name='xentropy_mean')
```

```
correct_prediction = tf.equal(
    tf.argmax(logits, 1), tf.argmax(onehot_labels, 1))
accuracy = tf.reduce_mean(tf.cast(correct_prediction, tf.float32))

# 测试准确率的计算
with tf.name_scope('calc_accuracy'):
    correct_prediction = tf.equal(
        tf.argmax(logits, 1), tf.argmax(onehot_labels, 1))
    accuracy = tf.reduce_mean(tf.cast(correct_prediction, tf.float32))
```

把要分组的部分放在 tf. name_scope 的 with 语句中。在 tf. name_scope 的参数中写入组的名称。以这种方式编辑后，如果再次执行代码，图形将会整齐地组织在一起，如图 7-31 所示。被分组的部分，在单击之后会看到里面详细的图。我担心代码是否完全能按照预期显示，但你可以通过在 TensorBoard 中以图形方式查看代码来防止错误。

请注意，如果多次运行，在 GCS 的同一路径上可以生成多个文件，因此最好在运行之前删除这些文件，以免产生混淆。

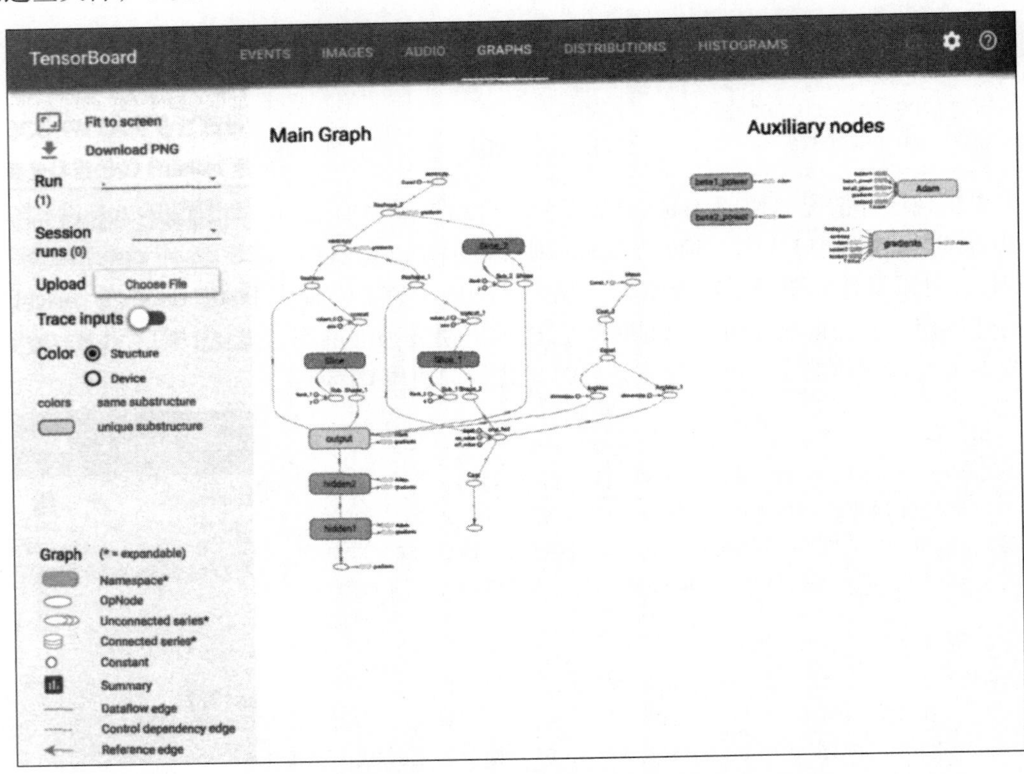

图 7-30　用 TensorBoard 显示计算图

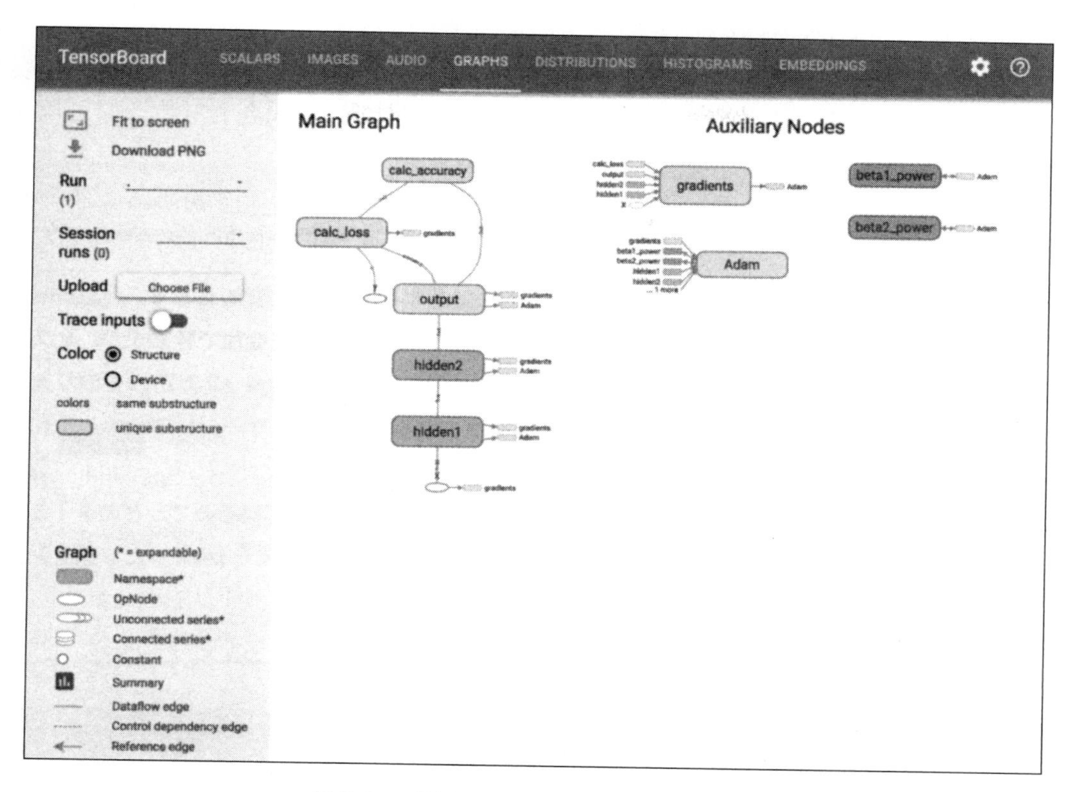

图 7-31　使用 name_scope 分组后的计算图

7.9.2　参数监控

准确率和损失的变化对于衡量学习进度非常重要。你还可以通过查看每个单元的权重和输出值的分布来检查学习是否正在进行（由于通过学习可以改变权重，如果权重值没有改变，就说明学习没有进展，因此可以看到出了问题）。

监控参数很简单。在代码中注意下面两个部分。

- 监控哪个参数。
- 何时获得参数。

首先是参数的选择，可以监测准确率（accuracy）、损失（loss）、隐藏层的输出（hidden1，hidden2）。代码会将以下内容添加到图中。

```
tf.summary.scalar('loss', loss)
tf.summary.scalar('accuracy', accuracy)
tf.summary.histogram('hidden1', hidden1)
tf.summary.histogram('hidden2', hidden2)
merged_summary = tf.summary.merge_all()
```

tf. summary. scalar 将标量值添加到要监控的列表中。可以将 tf. summary. histogram 添加到列表中以监控任何形状的实际值，但也可以用直方图的形式显示值的分布。将这些列表与 tf. summary. merge_all 合并。在此之后，使用 sess. run 获取参数，如果合并它们，则可以使用一个参数获取所有参数。

接下来是获取参数。由于参数在学习过程中变化得很快，因此你看到的值会因你获得的时间不同而发生变化。在这里，让我们在每 100 次学习打印一次损失的同时来获取参数。

```
if step % 100 == 0:
    s = sess.run(merged_summary, feed_dict={X: X_train, y: y_train})
    writer.add_summary(s, step)
    writer.flush()
```

在 if 语句后添加 3 行代码。使用 sess. run 获取以及合并参数，并使用 writer. add_summary 添加数据。最后，用 writer. flush( ) 显式地写入文件即可。

运行代码并查看 TensorBoard。

单击界面上方的 SCALARS 选项卡，就会显示 tf. summary. scalar 中所描述的参数的时间水平。这次，在总共 1000 步中每 100 次监测一次，因此图中的数据点数也是 100（见图 7-32）。

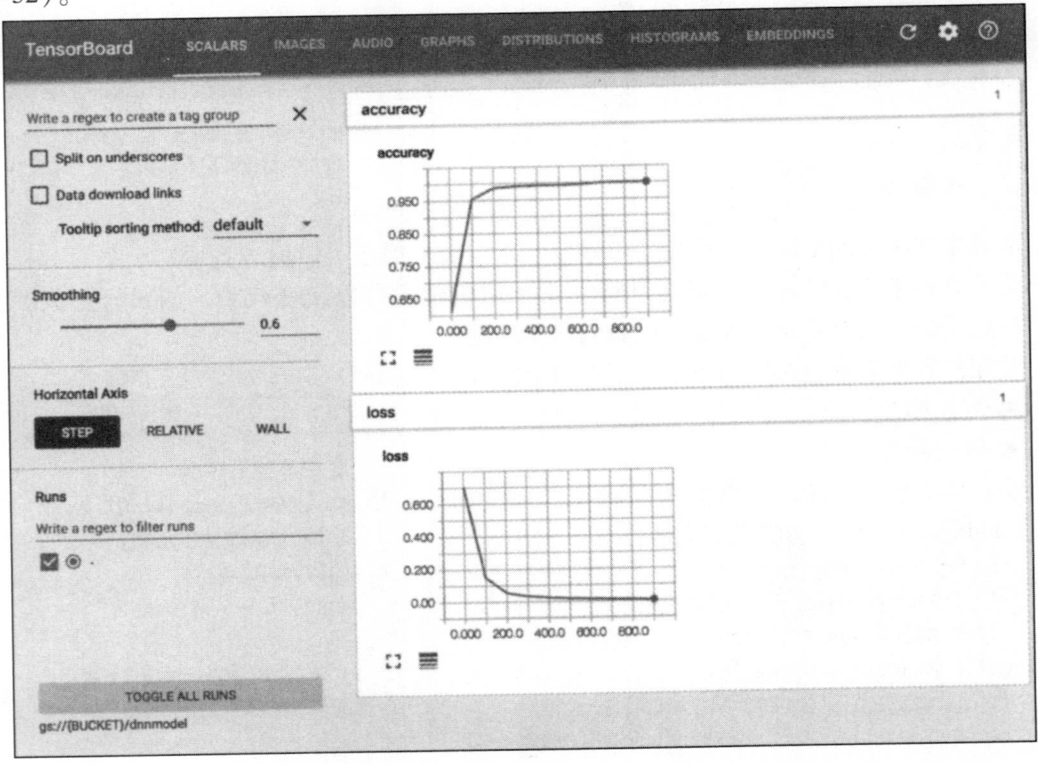

图 7-32　准确率和损失的变化

如果单击界面上方的 HISTOGRAMS 选项卡，在 tf. summary. histogram 中描述的参数的分布同样以 100 为单位进行显示（见图 7-33）。在此示例中，随着学习步骤的增加，分布就会增加，因此你可以假设正在学习某些内容。如果一切都没有变化，则说明某个地方出了问题，你可以抓住这个线索。

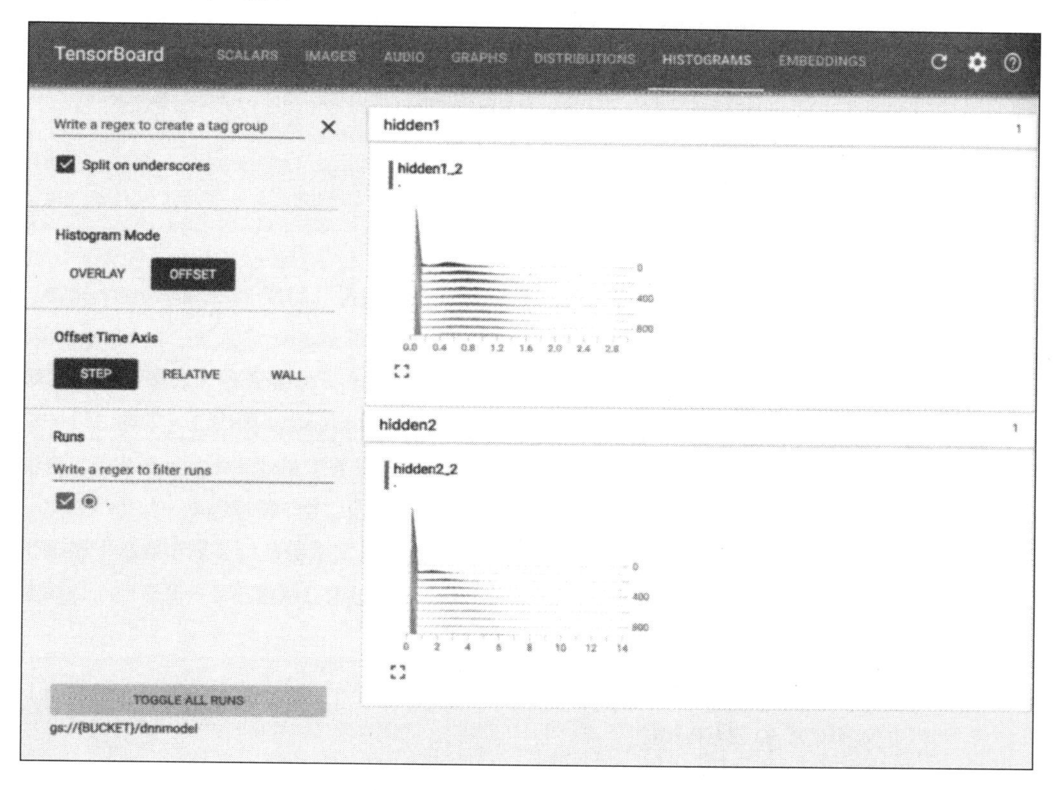

图 7-33　每个隐藏层的输出分布

在学习模型的试错阶段，图中可能存在错误，收集信息以提高准确度也很重要。请记住，使用 TensorBoard 可以轻松实现。但是，获取用于监控的参数也需要运算，文件的输入、输出也需要时间。不需要监控所有的步骤，而是应每隔若干次后监控一次。

在试错期间，获得更多的参数是个好主意。

总结到目前为止的代码，如下所示。

```
NUM_FEATURES = 30
NUM_UNITS_H1 = 4
NUM_UNITS_H2 = 4
NUM_CLASSES = 2
```

```
with tf.Graph().as_default():
    # 输入层
    X = tf.placeholder(tf.float32, shape=[None, NUM_FEATURES], name="X")
    y = tf.placeholder(tf.float32, shape=[None, ], name="y")

    # 隐藏层
    hidden1 = tf.layers.dense(
        inputs=X, units=NUM_UNITS_H1, activation=tf.nn.relu, name='hidden1')
    hidden2 = tf.layers.dense(
        inputs=hidden1, units=NUM_UNITS_H2, activation=tf.nn.relu,
        name='hidden2')

    # 输出层
    logits = tf.layers.dense(inputs=hidden2, units=NUM_CLASSES, name='output')

    # 损失
    with tf.name_scope('calc_loss'):
        onehot_labels = tf.one_hot(indices=tf.cast(y, tf.int32),
                                   depth=NUM_CLASSES)
        cross_entropy = tf.nn.softmax_cross_entropy_with_logits(
            labels=onehot_labels, logits=logits, name='xentropy')
        loss = tf.reduce_mean(cross_entropy, name='xentropy_mean')

    # 最小化损失
    train_op = tf.train.AdamOptimizer(0.01).minimize(loss)

    # 用于测试准确率的计算
    with tf.name_scope('calc_accuracy'):
        correct_prediction = tf.equal(
            tf.argmax(logits, 1), tf.argmax(onehot_labels, 1))
        accuracy = tf.reduce_mean(tf.cast(correct_prediction, tf.float32))

    # 参数监控
    tf.summary.scalar('loss', loss)
    tf.summary.scalar('accuracy', accuracy)
    tf.summary.histogram('hidden1', hidden1)
    tf.summary.histogram('hidden2', hidden2)
    merged_summary = tf.summary.merge_all()

    with tf.Session() as sess:
        writer = tf.summary.FileWriter(
            'gs://{BUCKET}/dnnmodel', sess.graph)
```

```
sess.run(tf.global_variables_initializer())

for step in range(1000):
    _, loss_value = sess.run([train_op, loss],
                             feed_dict={X: X_train, y: y_train})
    if step % 100 == 0:
        s = sess.run(merged_summary, feed_dict={X: X_train, y: y_train})
        writer.add_summary(s, step)
        writer.flush()
        print('Step: %d, Loss: %f' % (step, loss_value))

# 使用测试数据求出准确率
_a = sess.run(accuracy, feed_dict={X: X_test, y: y_test})
print('Accuracy: %f' % _a)
```

专栏 Dropout 层

可以说神经网络容易过度学习以换取其表达能力。

防止过度学习的一种技术是 Dropout。这样就可以在没有“随机”的情况下学习神经网络单元的连接。这样一来，来自该单元的信号一时无法传递，其权重也不会被更新。

从概念上讲，它是擦除某个单元，如图 7-34 左图所示，但在现实时，只需要形成一个执行 Dropout 的层，如图 7-34 右图所示，并停止信号传输。

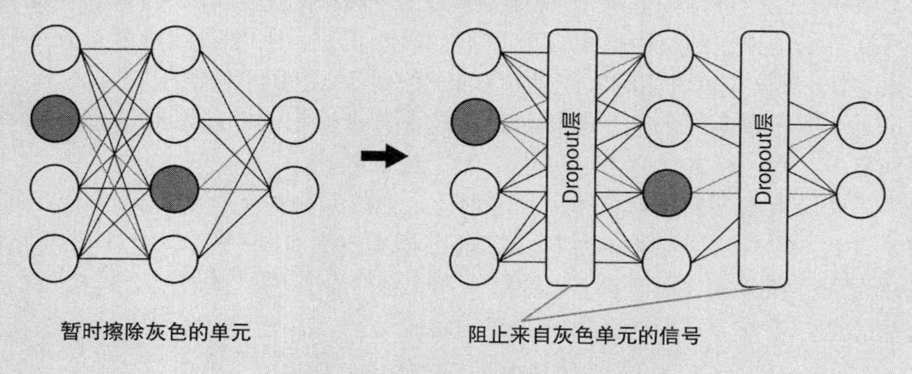

图 7-34 Dropout 的概念和实施

“为了防止过度学习，让学习停止”。这样说似乎是理所当然的，但是 Dropout 还有一个优点，就是它与集成学习一样有效。

集成学习是一种组合多个学习的方法，这是 5.4 节中描述的随机森林中的一种。通过每次随机删除单元来学习，可以获得与使用不同神经网络组合相同的效果。

第 8 章 CNN

本章将介绍 CNN（Convolutional Neural Network，卷积神经网络）。在图像识别中，它经常被使用，甚至被称为“图像识别 CNN”（图像识别是更为复杂的模型，但它是基于 CNN 的）。本章将解释它与目前所使用过的神经网络有什么不同以及会有什么问题（所有信号都连接到单元的全连接层）。

8.1 前面图像识别中的问题

本节关键词： MNIST，混淆矩阵

在前面的图像识别中，有不将图像作为图像来处理的问题。尽管如此，还是能够以相当高的精度进行图像识别的，也许这也正是机器学习的厉害之处。

在本节中，我们来实际确认一下如果不将图像作为图像来处理的话会发生什么样的问题。

在第 7 章中曾介绍过，如果每个图像都作为一个特征，它可以像以前那样被识别出来。由于每个特征量都是独立的，因此更改顺序不会影响识别。但是看到这样排列而成的图像，人们能认出是什么吗？（也可能有人能做到）通常这应该是相当困难的。

图像不是单纯将像素一个一个地罗列，而是各自纵横相连才能形成“形状”。在全连接层的神经网络中，我们根本没有考虑过这一点（见图 8-1）。

如果不考虑像素的纵横排列顺序，会出现什么样的问题呢？让我们来看一下下面的具体示例。图 8-2 是一个众所周知的名为 MNIST 的数据集，带有 0 ~ 9（28 × 28 像素）的手写数字图像，并为训练和测试分别准备了 60000 个和 10000 个标签。试着在全连接层的神经网络中识别这些信息，看看会发生什么样的“识别错误”。

8.1.1 加载 MNIST 数据集

用 TensorFlow 这个方便的函数，能轻松地加载 MNIST 数据集。如下所示，如果在 read_data_sets 函数中指定数据集的保存目标路径，则可进行数据的下载和保存。从下一次开始，它将从下载好的数据中进行读取。

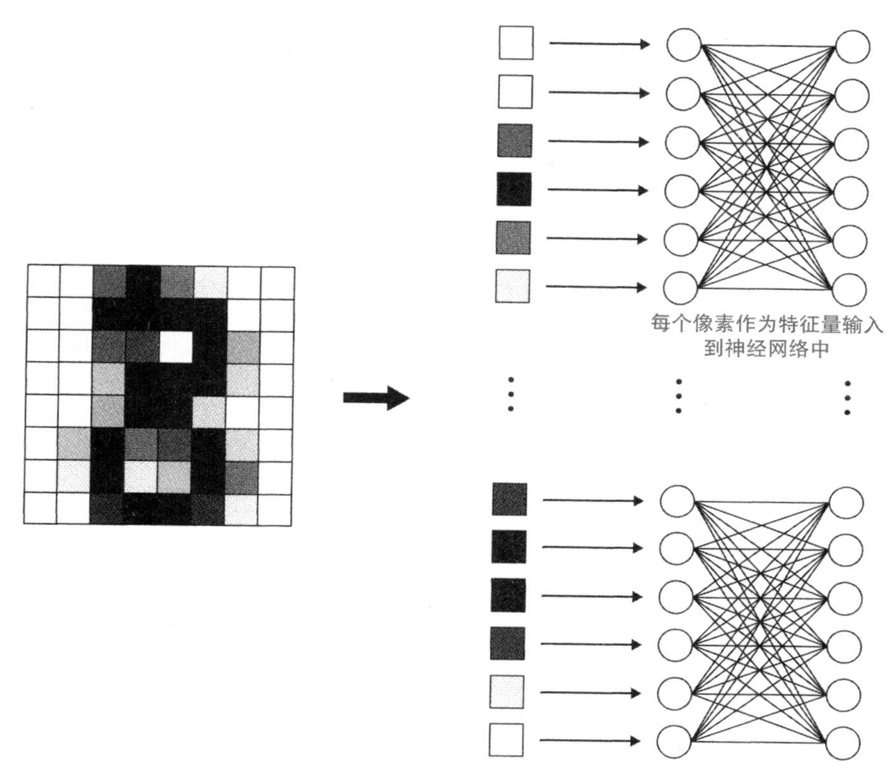

图 8-1　将像素分开作为特征量的情况

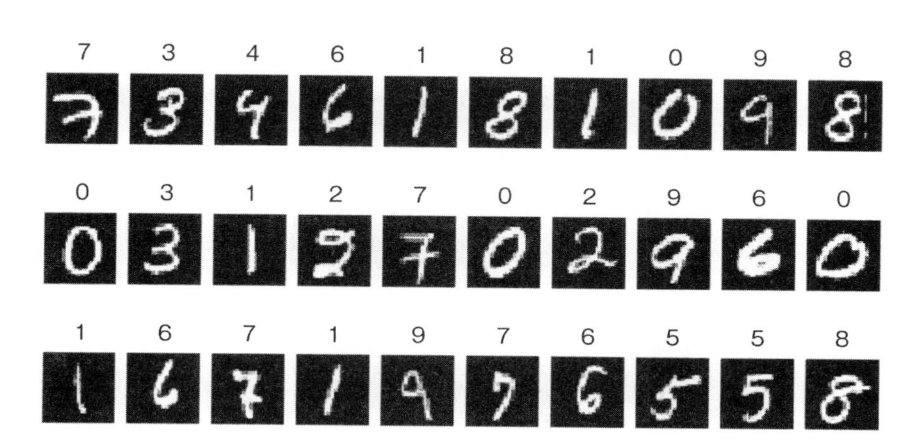

图 8-2　MNIST 数据集

```
from tensorflow.examples.tutorials.mnist import input_data
mnist = input_data.read_data_sets("./mnist/")
```

执行时，输出如下。

```
Successfully downloaded train-images-idx3-ubyte.gz 9912422 bytes.
Extracting ./mnist/train-images-idx3-ubyte.gz
Successfully downloaded train-labels-idx1-ubyte.gz 28881 bytes.
Extracting ./mnist/train-labels-idx1-ubyte.gz
Successfully downloaded t10k-images-idx3-ubyte.gz 1648877 bytes.
Extracting ./mnist/t10k-images-idx3-ubyte.gz
Successfully downloaded t10k-labels-idx1-ubyte.gz 4542 bytes.
Extracting ./mnist/t10k-labels-idx1-ubyte.gz
```

可以分别在 mnist. train 和 mnist. test 中查看训练数据和测试数据。让我们看看图像和标签是如何存储在训练数据中的。

```
mnist.train.images[0]
# ->
# array([ 0.        ,  0.        ,  0.        ,  0.        ,  0.        ,
#         0.        ,  0.        ,  0.        ,  0.        ,  0.        ,
#         0.        ,  0.        ,  0.        ,  0.        ,  0.        ,
# ...
#         0.        ,  0.        ,  0.35294119,  0.5411765 ,  0.92156869,
#         0.92156869,  0.92156869,  0.92156869,  0.92156869,  0.92156869,
#         0.98431379,  0.98431379,  0.97254908,  0.99607849,  0.96078438,
# ...
#         0.        ,  0.        ,  0.        ,  0.        ,  0.        ,
#         0.        ,  0.        ,  0.        ,  0.        ,  0.        ,
#         0.        ,  0.        ,  0.        ,  0.        ], dtype=float32)
```

mnist. train. images 包含图像列表，mnist. train. labels 包含标签列表。同样，mnist. test 有一个图像和标签列表。mnist. train. images［0］是用于训练的索引为 0 的图像数据，它是 784 像素（28 × 28）的 float 列表。由于它已经是被缩放到 0 ~ 1 范围内的值，因此它可以用于学习，而无需预处理数据。因为无法想象 float 列表是什么样的图像，所以用图像来表示吧。

```
import matplotlib.pyplot as plt

plt.gray() # 使用灰度图
plt.matshow(mnist.train.images[0].reshape(28, 28))
```

执行时，如图 8-3 所示，你可以看到对应于此图像的标签是 mnist. train. labels［0］中的数字 7（虽然它看起来像 3，但这是一种在 7 的竖线上加入水平线的写法）。

8.1.2 仅由全连接层的神经网络来识别

让我们尝试使用仅具有全连接层的神经网络来识别和训练 MNIST 数据集。这次我们只想看结果，所以我们使用 DNNClassifier，这很容易实现。

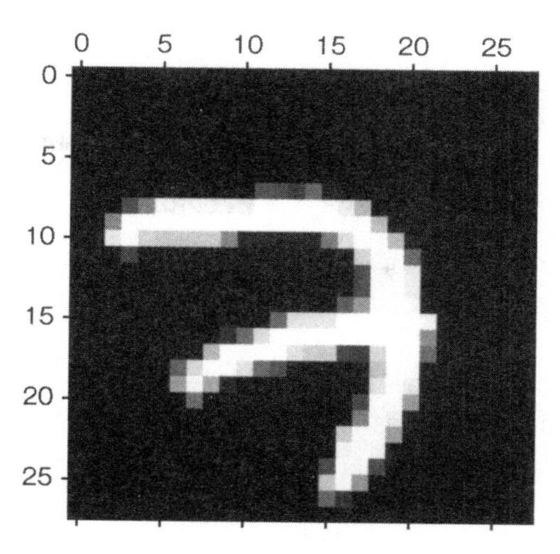

图 8-3　索引为 0 的训练数据的图像显示

```
from tensorflow.contrib.learn.python import SKCompat

# 定义特征量的数量
feature_columns = [tf.contrib.layers.real_valued_column("", dimension=28 * 28)]

# 3个隐藏层
classifier = tf.contrib.learn.DNNClassifier(feature_columns=feature_columns,
                                            hidden_units=[10, 20, 10],
                                            n_classes=10,
                                            model_dir="./dnnmnist/")
# 将SKCompat转换成scikit-learn
classifier = SKCompat(classifier)

# 学习
classifier.fit(x=mnist.train.images, y=mnist.train.labels.astype(
    np.int32), steps=20000, batch_size=50)

# 对所有测试数据进行推理
pred = classifier.predict(mnist.test.images)['classes']

# 用测试数据计算准确率
classifier.score(mnist.test.images, mnist.test.labels.astype(np.int32))
```

3 个隐藏层，每个单元的数量分别是 10、20、10。因输入的特征量为 28 × 28 像素，所以它为 784 维的。在训练数据 mnist. train 中学习，并在测试数据 mnist. test 中进行推理和计算准确率。在我的环境中，准确率为 0. 93559998，但因为没有指定随机数的种子，所以每次执行都会发生一些变动。

这个 predict 不仅是推理结果的标签，而且为了返回输出层的值，只使用［'classes'］来获取标签数据。

8.1.3 非正确解数据的分析

让我们仔细看看哪些标签上的解是错误的。在这里，我们将使用 6.3 节中介绍的混淆矩阵来检查推理结果是什么标签，以及它的解是否正确。和准确率一样，这个值在执行时也会有一些变动。

```
from sklearn.metrics import confusion_matrix
import seaborn as sns

# 计算混淆矩阵
cm = confusion_matrix(mnist.test.labels, pred)

# 绘制热图
sns.heatmap(cm, annot=True, fmt='d', vmin=0, vmax=50, cmap='Blues')
```

confusion_matrix 的执行结果以数组形式返回，但是当使用 seaborn heatmap 时，其输出值如图 8-4 所示。通过设置 vmax，可以确定色阶的上限，因此较小值的错误会变得更加明显。

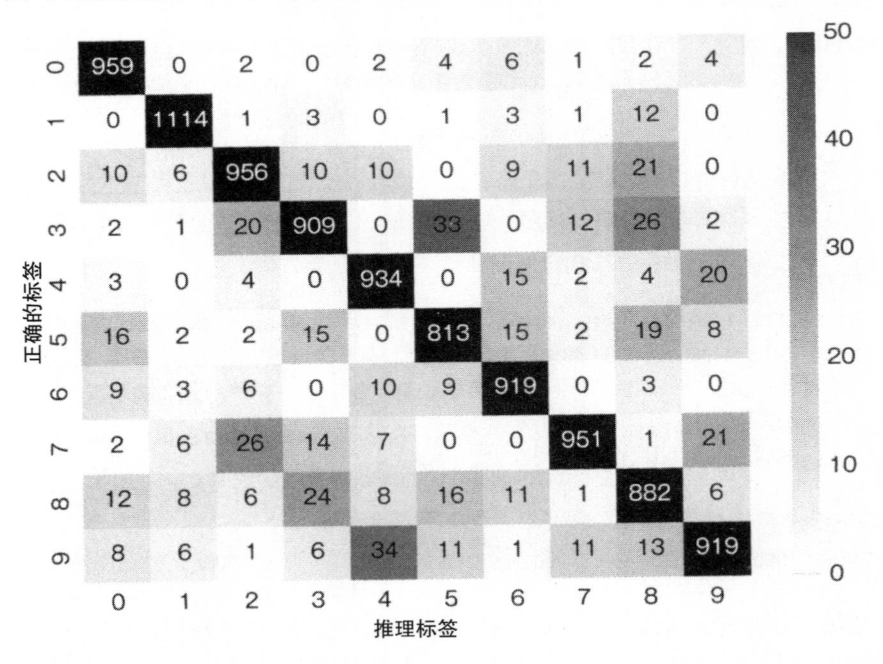

图 8-4 混淆矩阵

相似形状（如 5、8 和 9）中似乎有很多错误。让我们在这里看一个简单、明确的错误。

图 8-5 是 mnist. test. images［3906］中“1”的手写字符。若要使用 DNNClassifier 单独进行推理，请执行以下代码：

```
# mnist.test.images[3906] 的推理
classifier.predict(mnist.test.images[3906:3907])
# -> 3
```

该推理结果为“3”。如果只看头部，它和“7”一样，但是人类会知道它是“1”，因为在底部有一条水平线。然而，具有全连接层的神经网络仅关注每个像素的相似程度，而不是这些单独的特征。该手写字符的哪个像素更接近 1 或 3（见图 8-6）？

图 8-5　标签 1 的手写文字

图 8-6 左边的是 mnist. train 中 1 和 3 的所有图像的平均图像。在右侧，像素的亮度表示这次“1”的图像与以像素为单位的平均图像匹配了多少。以这种方式进行比较时，与 3 匹配的像素要更多。换句话说，神经网络被分类为具有最接近特征的类。但是，仅通过表征每个像素，就无法捕获手写字符的“真实”特征。

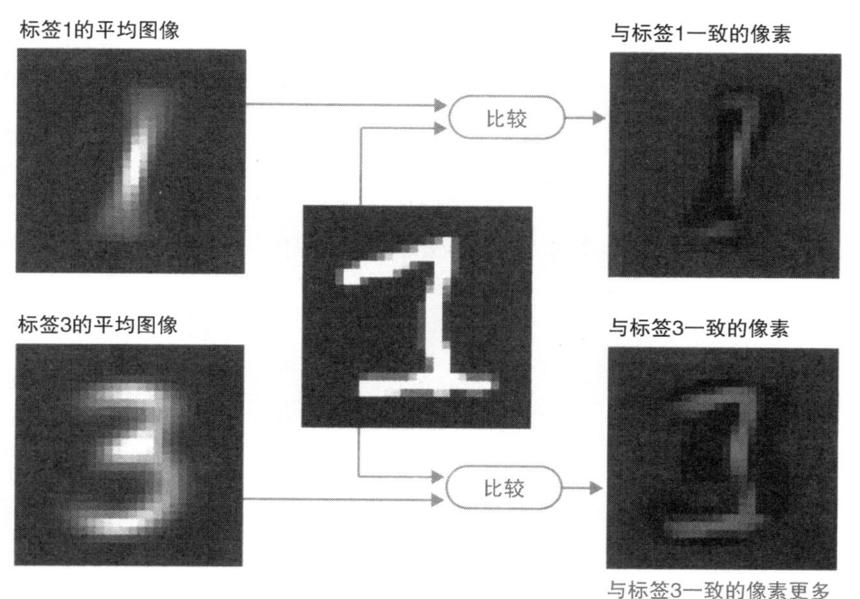

图 8-6　比较像素单元的相似度

如果每个像素不足以作为图像的特征，那么应如何捕获图像的特征呢？下面我们将介绍 CNN 是如何捕获图像特征的。

8.2 卷积层

本节关键词：卷积，图像滤镜，特征提取

CNN（Convolutional Neural Network，卷积神经网络）是一个神经网络，顾名思义，它包括一个卷积层。卷积（Convolution）是一种将函数逐步平移并相乘的运算，它并不是专门用于机器学习的运算，它也会被用于照片修饰软件中的图像滤镜运算。即使在 CNN 中，卷积层实际上也仅应用于图像滤镜。

8.2.1 图像滤镜

图像滤镜是一种处理图像的功能[㊀]，例如可以使图像模糊，强调图像，或使其变为棕色等。现在，它已成为智能手机相机和照片应用程序的标准配置，你可能已经在某处体验过了。这里简单地介绍一下图像滤镜是如何进行图像转换和处理的。图像滤镜的处理过程是按以下步骤执行的（见图 8-7）。

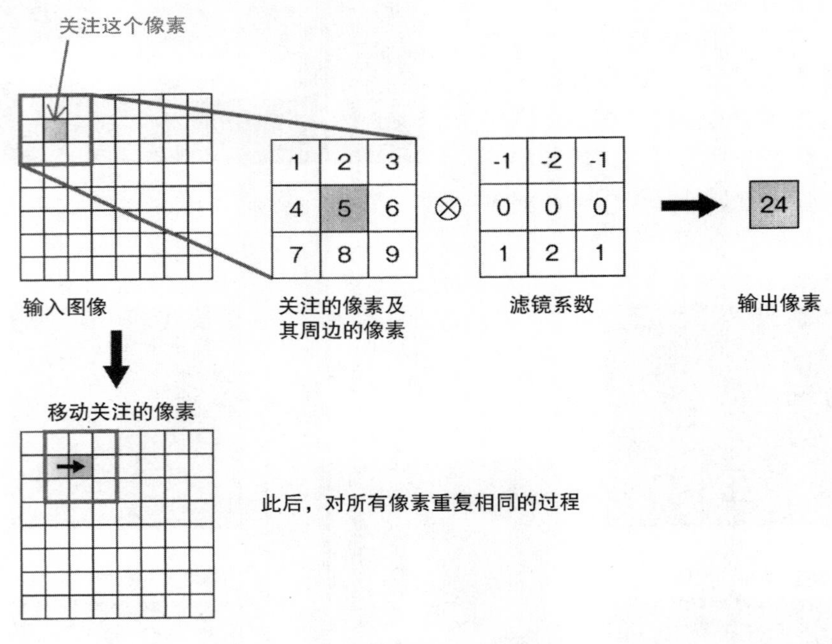

图 8-7　图像滤镜处理

① 关注一个输入像素。

② 将关注的像素周围的像素值乘以滤镜的系数。

㊀ 对于图像滤镜，还使用了卷积以外的方法。

③ 乘法和加法的结果用作转换后的像素值。

④ 将注意力转移到下一个像素，然后返回①。

如果对所有像素执行从步骤①到步骤④的处理，则图像滤镜处理完成。让我们编写一个简单的代码来检验一下吧。在这里，我们编写了过滤 MNIST 上 3×3 大小图像的代码。

```
import numpy as np
import matplotlib.pyplot as plt
from tensorflow.examples.tutorials.mnist import input_data

# 读取MNIST数据集
mnist = input_data.read_data_sets("./mnist/")

# 标签1的输入图像，它是一个28×28数组
img_in = mnist.test.images[3906].reshape(28, 28)

# 3×3滤镜
filt = [[-1, -2, -1],
        [0, 0, 0],
        [1, 2, 1]]

# 对图像使用滤镜
def apply_filter(img, filt):
    # 全为0的28×28数组
    img_out = np.zeros((28, 28))
    # 从左上方顺序扫描所关注的像素
    for y in range(1, 27):
        for x in range(1, 27):
            # 坐标（x,y）周围的3×3区域
            im = img[y - 1:y + 2, x - 1:x + 2]
            # 将过滤结果存储在img_out中
            img_out[y, x] = np.multiply(filt, im).sum()
    return img_out

img = apply_filter(img_in, filt)

# 得出结果
plt.gray()
plt.matshow(img)
plt.axis('off')
```

这里输入的图像是“1”的手写字符，在图 8-8 左图的底部具有一条水平线。执行后，将输出强调了水平线轮廓的图像，如图 8-8 右图所示。

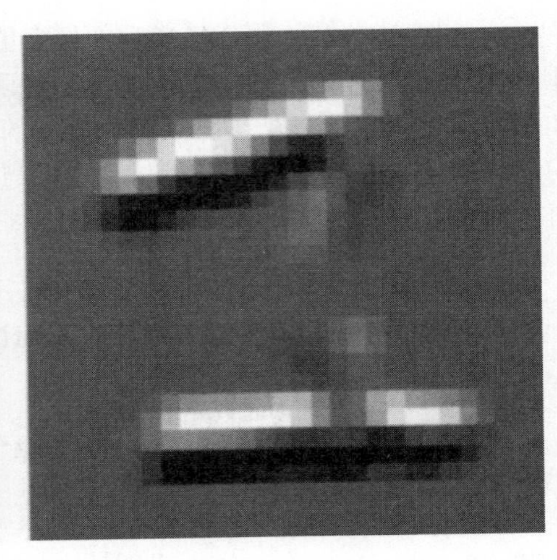

图 8-8 图像滤镜处理前后

for 循环中的部分是卷积处理，即图像滤波处理。循环中的变量 x 和 y 是所关注的像素的（x，y）坐标。在这里，目标像素从图像的左上向右侧移动（将在 8.3 节说明循环为何从 1 开始）。im = img[y-1:y+2,x-1:x+2]部分将所关注像素周围的 3×3 像素区域进行分割(见图 8-9)。

与此相同，将 3×3 形状与滤镜值 filt 相乘。将 3×3 相同位置的像素与滤镜值相乘，最后将所有值相加（见图 8-10）。处理完所有像素后，此过程完成。

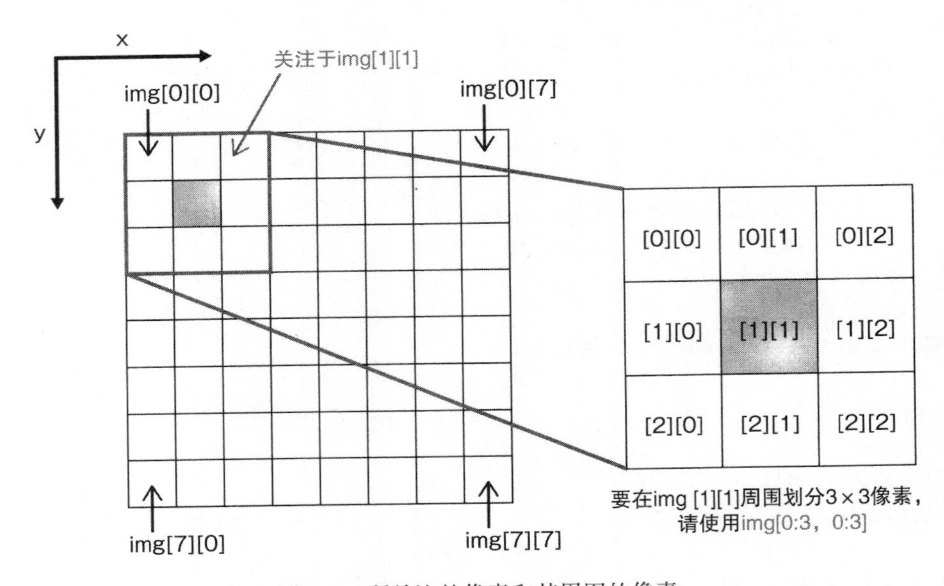

图 8-9 所关注的像素和其周围的像素

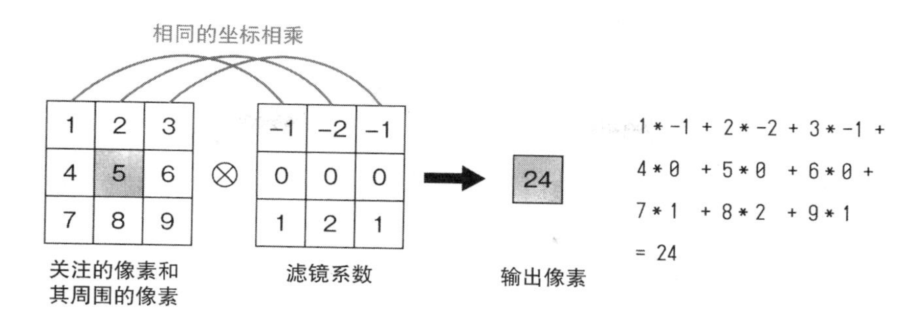

图 8-10　与滤镜系数相乘的方法

8.2.2　利用图像滤镜进行特征提取

像这样使用图像滤镜，只对像素浓淡的特征向量加上“横向边缘有多少”的信息。当然，不仅仅只有强调横向轮廓的滤镜，如果再加入强调纵向和斜向轮廓的滤镜，还能够捕捉到图像的其他细微特征。如果将该图像的详细特征输入到全耦合层（见图 8-11），这与将每一个像素简单地用于输入的情况相比，不是更容易捕捉到图像的形状并进行识别吗？

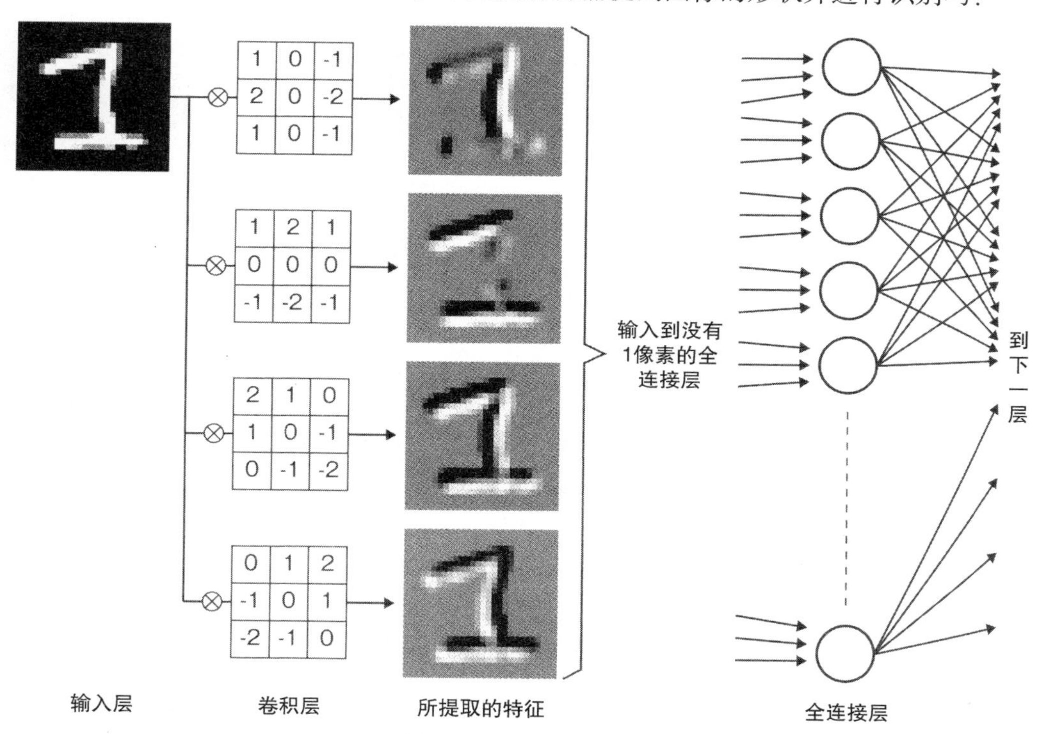

图 8-11　输入图像输出至全连接层进行识别

这就是 CNN 的卷积层所做的工作，调整滤镜的值以便减少学习带来的损失（换句话说，找到了能捕获更多特征的滤镜）。实际上，除了图中所示的四个滤镜之外，你还需要使用数十到数百个滤镜，或者增加卷积层以提供更多的图像滤镜，来提取更多的特征。

8.2.3 卷积层的学习

卷积层中的每个滤镜的值需要通过学习来改变（否则就不是“机器学习”了）。

那么该如何来改变这些值呢？回顾到目前为止的学习，都可以通过在感知器和神经网络中学习来改变“权重”的值。

这同样适用于卷积层，并且可以通过学习来更改“权重”。

在图像滤镜的计算上，将滤镜的系数乘以输入像素（所关注像素及其周边像素），将该值相加，便得到输出像素。另一方面，神经网络单元的计算只是输入值和权重的内积（乘法和加法）。也就是说，如果将图像滤镜的系数作为权重，则两者进行着相同的计算（见图 8-12）。图 8-12 的计算在 TensorFlow 中进行，如下所示。

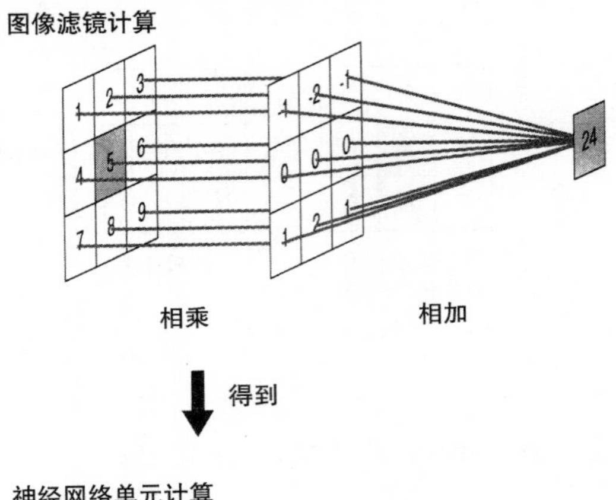

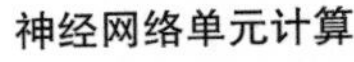

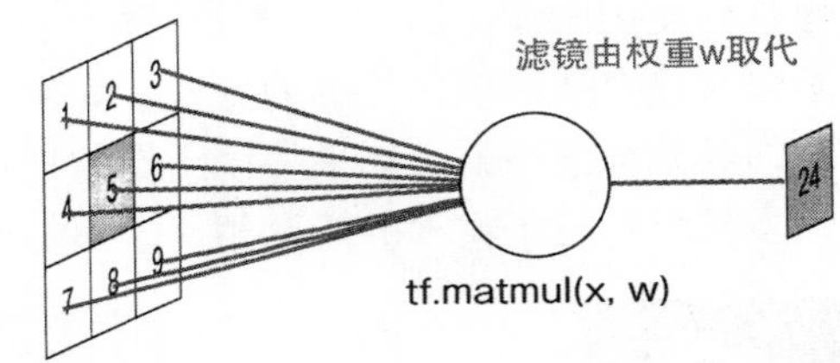

x = [[1, 2, 3],
[4, 5, 6],
[7, 8, 9]]

w = [[-1, -2, -1],
[0, 0, 0],
[1, 2, 1]]

注：matmul是矩阵的乘积，因此x和w需要reshape

图 8-12 图像滤镜和权重的关系

```
import tensorflow as tf

with tf.Graph().as_default():
    x = tf.constant([[1, 2, 3],
                     [4, 5, 6],
                     [7, 8, 9]], shape=[1, 9])

    w = tf.constant([[-1, -2, -1],
                     [0, 0, 0],
                     [1, 2, 1]], shape=[9, 1])
    op = tf.matmul(x, w)

    with tf.Session() as sess:
        sess.run(tf.global_variables_initializer())
        result = sess.run(op)
print(result)  # -> [[24]]
```

这里只需要1的结果，x是行矢量 shape = [1，9]，w是列矢量 shape = [9，1]。使用矩阵计算的方便之处在于，如果你想增加图像滤镜的数量，可以通过增加一个权重w的维数，然后设置滤镜的数量，这样就可以实现同样的计算。类似地，在彩色图像的情况下，存在三个通道R、G和B，因此，如果权重w增加一维，并且通道数设置为3，则可以用相同的方式计算。在代码中，它看起来像这样：

```
# 在下面的示例中，权重使用全零初始化，但请注意，权重
# 通常不使用零初始化。

# 3×3滤镜，1个通道，滤镜数10
w = tf.Variable(tf.zeros([3, 3, 1, 10]))
# 5×5滤镜，3个通道，滤镜数20
w = tf.Variable(tf.zeros([5, 5, 3, 20]),
```

具体的代码说明见8.4节。这里要记住滤镜的大小、通道的数量、滤镜的数量和权重的关系。

8.3 卷积层运算的种类和池化层

本节关键词：填充（padding），步长（stride），池化（pooling）

虽说卷积只是一个简单的图像滤镜，但滤镜的使用方法也分为多种。本节说明了在卷积层中使用的卷积运算关键字，最后介绍了与卷积层一起用作集合的池化层。

8.3.1 填充

填充（padding）在这里指的是输入图像的边缘填充情况。图像滤波器是通过对关注像素的周边 $N \times M$ 像素（3×3像素、5×5像素、3×5像素等）乘以系数获得各种效果。然而，在输入图像的最末端，周围的像素只有一小部分（见图8-13左图所示）。在这种情况下，通过将灰度为0[1]的像素填充到输入图像的外侧，可以参照周边像素（见图8-13右图）。

另一方面，也有不做填充的情况。在这种情况下，为了使周边像素处于输入图像的范围内，所关注像素的开始位置不是从边缘开始，而是从稍微偏移（3×3滤镜偏移一个像素，5×5像素偏移两个像素）的位置开始进行滤镜处理（见图8-14）。然而，在那种情况下，输出图像的尺寸将小于输入图像，因此当组合多层卷积层时，可以执行填充以防止输出图像变小。

在8.2节中，由于不使用填充，所以卷积处理从x，y = [1，1]开始而不是从边缘开始。但是因为对输出图像的尺寸与输入图像相同的尺寸进行了模糊，所以输出图像也变得相同了。

[1] 0被广泛用于卷积层填充，但非零值也被用于常规图像滤镜。

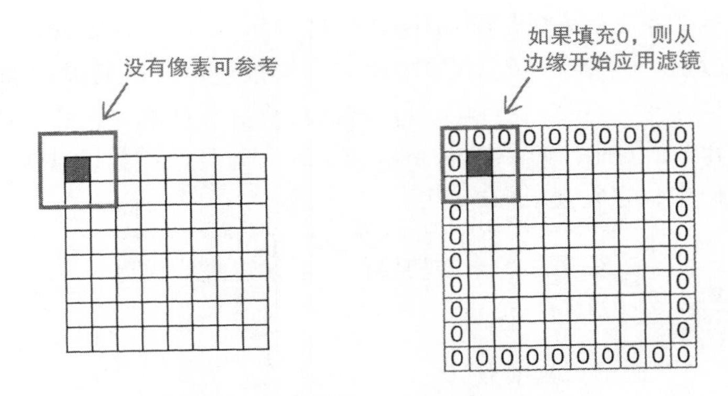

图 8-13　在输入图像的“边缘”中填入 0

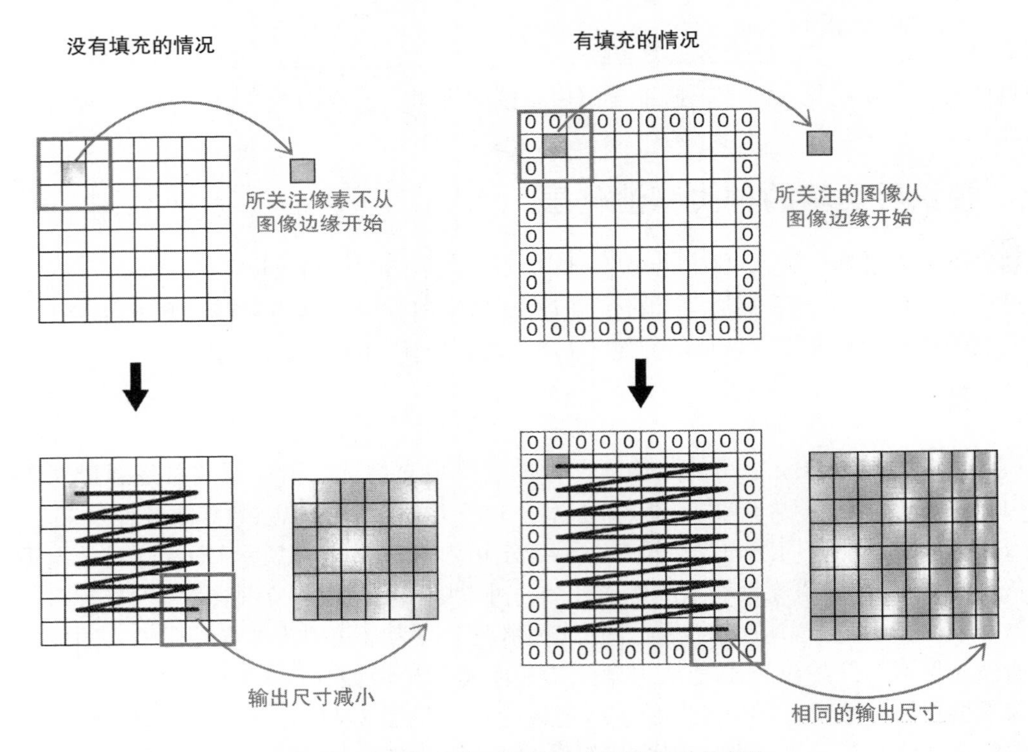

图 8-14　由于填充而导致输出图像尺寸的变化

8.3.2　步长

步长（stride）是指每次移动的大小。到目前为止，我们已经说明了目标像素被一步步地移位，但是也可以将其移位两个像素（跳过一个像素）或多个像素（见图 8-15）。但是，因为你忽略了一部分像素（即使参考了周边像素），所以也不能排除去掉某些特征的可能性。通常步长是 1，也就是通常说一个一个地像素移动比较好。

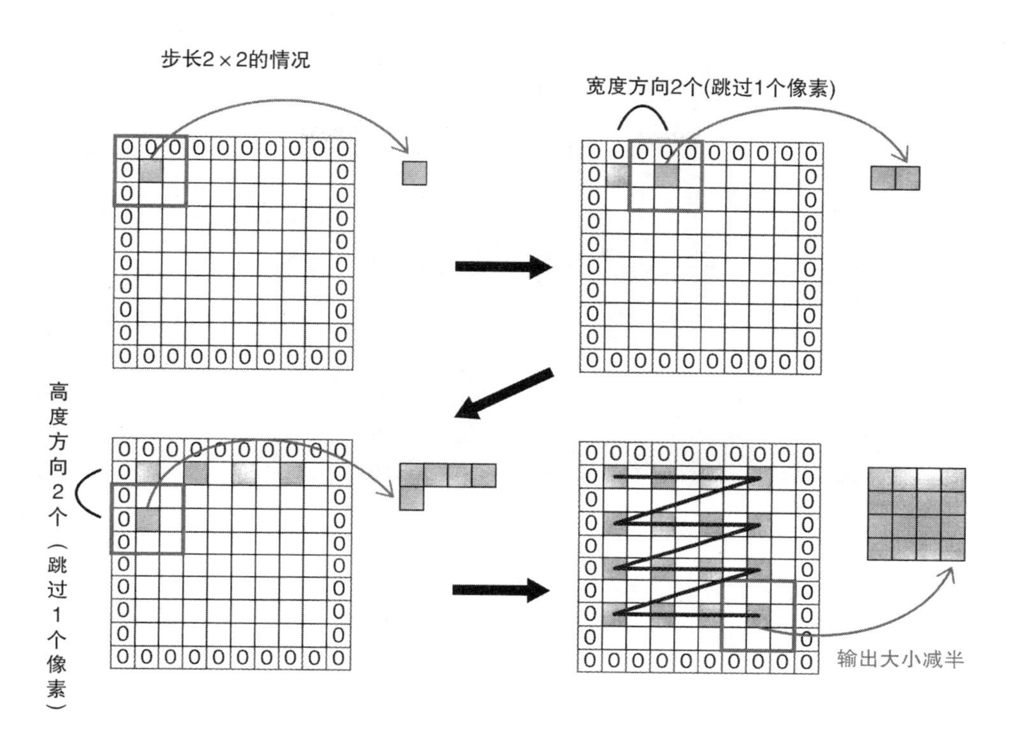

图8-15　步长2的示例（跳过1个像素）

8.3.3　池化层

池化层（pooling layer）通常在卷积层之后使用。这个层只是按照规定缩小图像，所以没有学习的参数。池化方法通常有两种：最大池化（max pooling）和平均池化（average pooling）。在图像识别中，通常使用最大池化，通常所说的池化指的是最大池化。

作为池化的示例，假设你想将输入图像垂直和水平方向减半。如图8-16所示，当将2×2的4个像素聚合为1个像素时，垂直和水平尺寸变为原来的1/2。作为聚合方法，将4个像素中具有最大值的值作为最大池，将4个像素的平均值作为平均池。而且，池大小（如2×2）和池层跨度通常是匹配的。

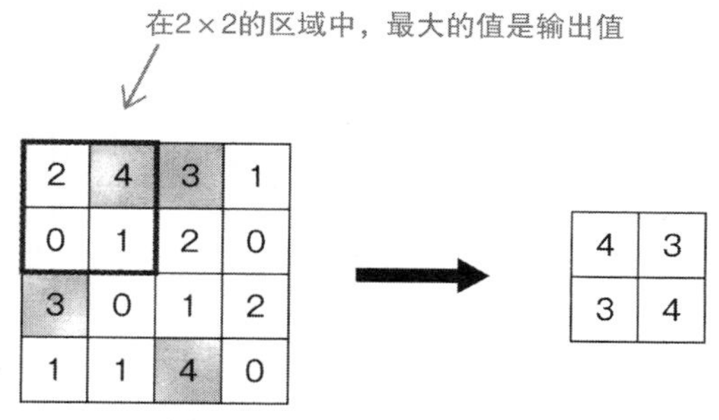

图8-16　池化的2×2示例

进行池化的目的是缓解输入图像（特征）位置偏差的影响。如图8-17那样，试着用“1”的手写文字图像来考虑吧。知道左图和右图的不同吗?

右图相对于左图向下移动了一个像素。用人的肉眼来看，它是完全相同的图像，但是由于像素发生了移动，因此数据有很大不同。执行池化时，即使图像稍微偏移，输出结果也几乎相同（见图8-18）。

图 8-17　输入图像偏移 1 个像素

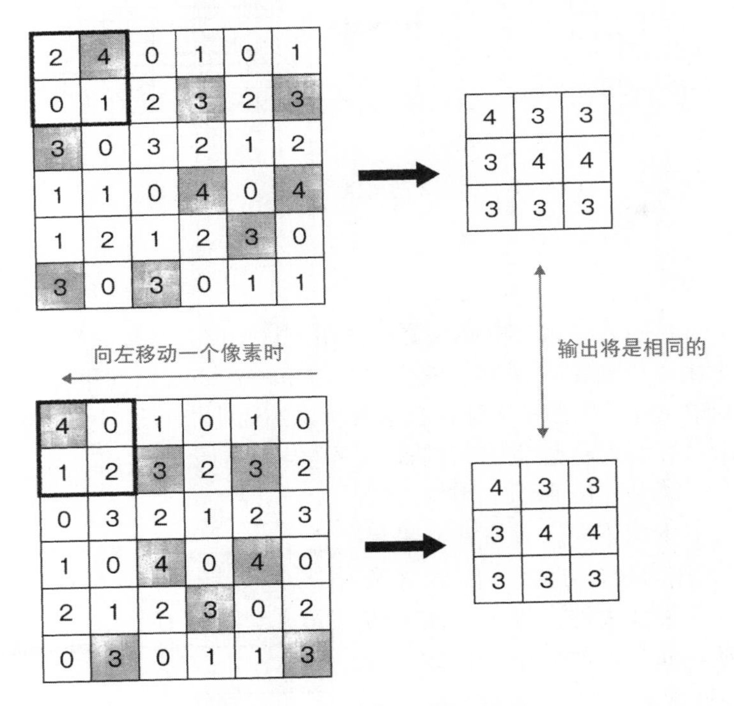

图 8-18　通过池化减小图像偏移

8.3.4　使用 TensorFlow 实现卷积层

如果你理解了卷积运算的关键字，就可以在 TensorFlow 中设置这些参数，然后在卷积层中设置图像滤镜。测试用的图像和上次的一样，是手写的“1”。

```
import tensorflow as tf
import numpy as np
import matplotlib.pyplot as plt
# 读取MNIST数据集
from tensorflow.examples.tutorials.mnist import input_data
mnist = input_data.read_data_sets("./mnist/")

# 标签1的输入图像
img_in = mnist.test.images[3906]
```

接下来的代码是使用卷积层输出经图像滤镜处理过的图像，并将其作为图像输入。执行后就会得到与图8-11中上方滤镜相同的结果。让我们一个一个往下看。首先是输入图像，你可以通过 tf. reshape 改变它的形状（批量，高度，宽度，通道数）。这是因为执行卷积运算的 tf. nn. conv2d 被设计成一次可以执行多个操作。

接下来用 tf. constant 来定义权重。如图8-12所示，它是表示具有权重的图像滤镜。因为这次不需要学习，所以使用了 tf. constant。但如果需要进行学习，则可以使用 tf. Variable。此外，由于一次执行了多种操作，其图像形状也发生了改变（高度，宽度，输入通道数，输出通道数等）。

其次，是卷积层，它使用 tf. nn. conv2d 进行计算。它将输入图像和权重作为参数进行传递，并设置步长和填充。指定方向上的步长（批量，高度，宽度，通道数）。例如，如果要在图像的高度和宽度方向上使用步长2（跳过一个像素），则其将为［1，2，2，1］。当填充为“SAME”时，表示输出图像大小为“相同”，即填充（0）。如果不填充，这个值则为“VALID”。

```
with tf.Graph().as_default():
    x = tf.placeholder(tf.float32, shape=[784])
    x_image = tf.reshape(x, shape=[-1, 28, 28, 1]) # 批量，高度，宽度，通道数

    # 定义滤镜的权重
    # shape包括高度、宽度、输入通道数、输出通道数
    w = tf.constant([[1, 0, -1],
                     [2, 0, -2],
                     [1, 0, -1]], dtype=tf.float32, shape=[3, 3, 1, 1])
    # 卷积层
    # 步长是批量、高度、宽度、通道方向上的步幅
    conv = tf.nn.conv2d(x_image, w, strides=[1, 1, 1, 1], padding='SAME')

    with tf.Session() as sess:
        sess.run(tf.global_variables_initializer())
        result = sess.run(conv, feed_dict={x: img_in})
```

```
# 将卷积层的输出可视化
plt.gray()
plt.matshow(result.reshape(28, 28))
```

接下来，让我们添加一个池化层。代码如下。在卷积层计算 conv 之后添加了池化层计算池。tf. nn. max_pool 计算最大池。ksize 和 strides 分别是池化时的池大小和步长。形状与输入相同，即批量、高度、宽度、通道方向。在这里你可以沿高度和宽度方向进行 2×2 的池化。

```
with tf.Graph().as_default():
    x = tf.placeholder(tf.float32, shape=[784])
    x_image = tf.reshape(x, shape=[-1, 28, 28, 1])  # 批量，高度，宽度，通道数

    # 定义滤镜权重
    # shape包括高度、宽度、输入通道数、输出通道数
    w = tf.constant([[1, 0, -1],
                     [2, 0, -2],
                     [1, 0, -1]], dtype=tf.float32, shape=[3, 3, 1, 1])
    # 卷积层
    # 步长是在批量、高度、宽度、通道方向上的步幅
    conv = tf.nn.conv2d(x_image, w, strides=[1, 1, 1, 1], padding='SAME')

    # 池化层
    pool = tf.nn.max_pool(conv, ksize=[1, 2, 2, 1], strides=[1, 2, 2, 1],
                          padding='SAME')
    with tf.Session() as sess:
        sess.run(tf.global_variables_initializer())
        result = sess.run(pool, feed_dict={x: img_in})

# 将卷积层的输出可视化
plt.gray()
plt.matshow(result.reshape(14, 14))
```

输出结果如图 8-19 所示。将图像滤镜应用于卷积层，在池化层中进行 2×2 的池化，即图像大小减为原来的一半。

由于 TensorFlow 是通过矩阵运算一次性执行多个处理，所以初次见到时比较难以理解。尤其是数据的形状（shape），如果在这里出错就会得到不同的结果，或者因为错误而停止。像这次一样，你可以一个一个地分解处理，将结果绘制成图像。

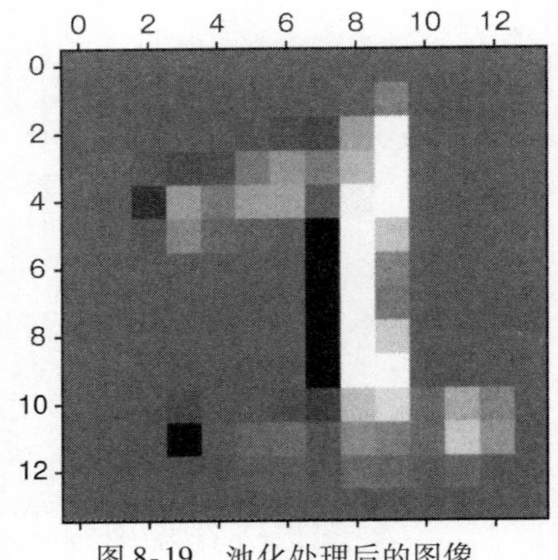

图 8-19　池化处理后的图像

8.4 使用 TensorFlow 实施两层 CNN

本节关键词：Dropout 层，滤镜数

到目前为止，我们已经解释了神经网络和卷积层。现在与实施 CNN 相关的关键词都涉及到了，那么就安装上 CNN 体验一下它的强大之处吧。为理解这种与仅具有全连接层的神经网络的不同之处，让我们在 8.1 节中使用 CNN 进行 MNIST 推理，并查看看准确率提高了多少（或降低了多少）。

8.4.1 CNN 的整体配置

这次，我们将实现一个 CNN，其中包括两层卷积层和池化层，以及一个全连接层和一个 Dropout 层（见图 8-20）。层数和滤镜数是根据前面的知识得出的，没有这些值将无法正常工作。但是，设置滤镜数量时有一些规则，因此请确保没有错误。

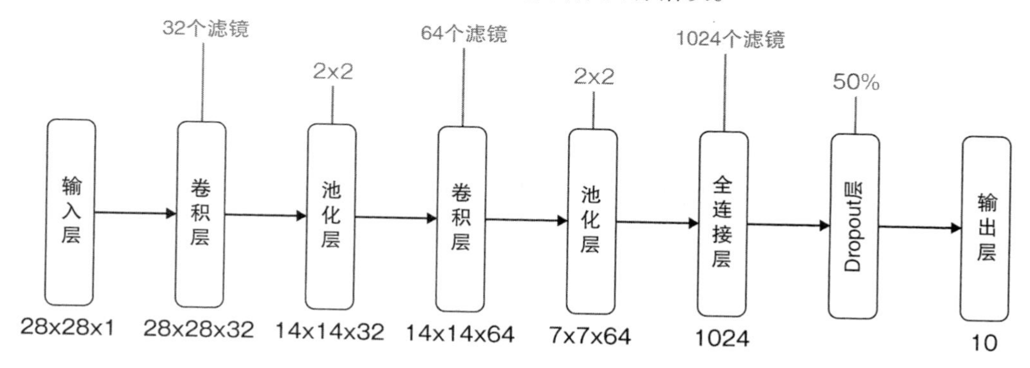

图 8-20　两层 CNN 的配置以及每层的输出形状

8.4.2 卷积层的实现

卷积层已在 8.3 节中实现，但是由于这次进行机器学习，因此权重由 tf. Variable 定义，而不是使用 tf. constant 定义。

第一个卷积层如下。

```
# 5×5滤镜，1个通道输入，32个滤镜
W1 = tf.Variable(tf.random_normal([5, 5, 1, 32]))
conv1 = tf.nn.conv2d(X_image, W1, strides=[1, 1, 1, 1], padding='SAME')
```

第一个卷积层设置为 5×5 滤镜、1 个通道输入和 32 个滤镜。tf. random_normal 是使用正态分布初始化随机数的函数。

接下来是第二个卷积层。

```
# 5×5滤镜，32个通道输入，64个滤镜
W2 = tf.Variable(tf.random_normal([5, 5, 32, 64]))
conv2 = tf.nn.conv2d(conv1, W2, strides=[1, 1, 1, 1], padding='SAME')
```

与第一层一样，它是一个 5×5 滤镜，但请注意是 32 个通道输入。MNIST 在灰度图像中只有一个通道，但是它在第一个卷积层中通过了 32 个滤镜。这意味着已经生成了 32 个通道的图像，因此第二个卷积层具有 32 个通道的输入。卷积层中的层数和每层中的滤镜数可以根据输入数据集自由设置，但是层数和输入输出滤镜数必须相匹配。

现在，你可以像这样一个一个地来设置权重，但是也可以通过使用 tf. layers 来更轻松地设置它。

```
# 5×5滤镜，32个滤镜，步长为1×1(默认)
conv1 = tf.layers.conv2d(
      inputs=X_image,
      filters=32,
      kernel_size=[5, 5],
      padding="SAME",
      activation=tf.nn.relu)
```

这是第一个卷积层的结尾。权重（和偏差）由 tf. layers. conv2d 自动创建。另外，输入通道数是自动确定的。因此，你在编写代码时不必担心本节开头介绍的设置滤镜数量的规则。但是，由于连接到后一层时必须知道输出大小，因此最好检查输入/输出大小，而不要过多地在黑盒子中使用它。tf. layers. conv2d 因为在卷积层之后应用了激活函数（上述例子为 ReLU），所以引入非线性提高了 CNN 的性能。

8.4.3 池化层的实现

使用 tf. layers 可以使池化层更容易编写。池化层首先没有要学习的参数，因此通过简单地编写来实现它也不应该成为问题（它似乎不是黑盒子）。下面是使用 tf. layers 来实现池化层。

```
pool1 = tf.layers.max_pooling2d(inputs=conv1, pool_size=[2, 2], strides=2)
```

你可以一眼看出如何将步长 2 池化为 2×2 大小。

8.4.4 全连接层和 Dropout 层的实现

最后是全连接层，这里与图像的形状无关。因此，请使用 tf. reshape 将它们连续重新排列。此时，请注意大小，但是图像大小已通过两个 2×2 池，由 28×28→14×14→7×7 这样一个过程减小了。

此外，由于第二个卷积层中的滤镜数量为 64，因此有 64 个 7×7 图像的滤镜（通道）。这是连续 3136 个像素的 tf. reshape。

```
pool2_flat = tf.reshape(pool2, [-1, 7 * 7 * 64])
dense = tf.layers.dense(inputs=pool2_flat, units=1024, activation=tf.nn.relu)
dropout = tf.layers.dropout(
      inputs=dense, rate=0.5, training=True)
```

8.4.5 全部代码

两层 CNN 的全部代码如下所示。准确率已提高到 0.9923！比仅具有全连接层的神经网络提高了大约 5 个百分点。

另一方面，有必要记住，通过 CNN 的学习通常非常耗时。例如，如果你在没有 GPU 的环境中运行此代码，则通常需要 1h 或更长时间才能完成学习。像这样花费一定时间学习时，最好将循环次数和步数设置为总数的 1/10 或 1/100，并测量学习所需的时间。

你也可以使用 Cloud ML Engine。在 BASIC_GPU（这是 GPU 的正常模式）中，这种学习可以在 1 ~2min 内完成（分阶段需要几分钟）。在本章后面的专栏中，你将了解如何轻松地将机器学习任务从 Datalab（Jupyter）发送到 Cloud ML Engine 上。

```
import tensorflow as tf
from tensorflow.examples.tutorials.mnist import input_data
mnist = input_data.read_data_sets("./mnist/")

batch_size = 50

with tf.Graph().as_default():
    X = tf.placeholder(tf.float32, [None, 784], name='X')
    y = tf.placeholder(tf.float32, [None,], name='y')

    X_image = tf.reshape(X, [-1, 28, 28, 1])

    # 第1个卷积层
    conv1 = tf.layers.conv2d(
      inputs=X_image,
      filters=32,
      kernel_size=[5, 5],
      padding="SAME",
      activation=tf.nn.relu)
    # 第1个池化层
    pool1 = tf.layers.max_pooling2d(inputs=conv1, pool_size=[2, 2], strides=2)

    # 第2个卷积层
    conv2 = tf.layers.conv2d(
      inputs=pool1,
      filters=64,
      kernel_size=[5, 5],
      padding="SAME",
      activation=tf.nn.relu)

    # 第2个池化层
    pool2 = tf.layers.max_pooling2d(inputs=conv2, pool_size=[2, 2], strides=2)
```

```
# 全连接层
pool2_flat = tf.reshape(pool2, [-1, 7 * 7 * 64])
dense = tf.layers.dense(inputs=pool2_flat, units=1024, activation=tf.nn.relu)

# Dropout层
dropout = tf.layers.dropout(
  inputs=dense, rate=0.5, training=True)

# 输出层
logits = tf.layers.dense(inputs=dropout, units=10, name='output')
predict = tf.argmax(logits, 1)

# 损失
with tf.name_scope('calc_loss'):
    onehot_labels = tf.one_hot(indices=tf.cast(y, tf.int32), depth=10)
    cross_entropy = tf.nn.softmax_cross_entropy_with_logits(
        labels=onehot_labels, logits=logits, name='xentropy')
    loss = tf.reduce_mean(cross_entropy, name='xentropy_mean')

# 损失优化
train_op = tf.train.AdamOptimizer(0.0001).minimize(loss)

# 计算准确率
with tf.name_scope('calc_accuracy'):
    correct_prediction = tf.equal(
        tf.argmax(logits, 1), tf.argmax(onehot_labels, 1))
    accuracy = tf.reduce_mean(tf.cast(correct_prediction, tf.float32))

with tf.Session() as sess:
    sess.run(tf.global_variables_initializer())

    total_batch = int(mnist.train.num_examples//batch_size)
    for epoch in range(20):
        for step in range(total_batch):
            batch_xs, batch_ys = mnist.train.next_batch(batch_size)
            _, loss_value = sess.run([train_op, loss],
                                     feed_dict={X: batch_xs, y: batch_ys})
        print('Step: %d, Loss: %f' % (step, loss_value))

    # 测试
    _a = sess.run(accuracy, feed_dict={X: mnist.test.images,
                                       y: mnist.test.labels})

    print('Accuracy: %f' % _a)
```

专栏 更深层次的网络

你可能在深度学习的新闻报道和论文中看到过非常“深”的网络的相关介绍。这些是为了识别一般物体（“车”“狗”“花”等）而制作的，其数量非常多。

例如，在 ILSVRC（ImageNet Large Scale Visual Recognition Challenge，ImageNet 大型视觉识别挑战赛）这样的图像识别竞赛中，需要进行 1000 类的识别[㊀]，在这个竞赛中取得优秀成绩的 VGG 和被称为 Inception－v3 的网络（见图 8-21）就可以进行 1000 类的识别。

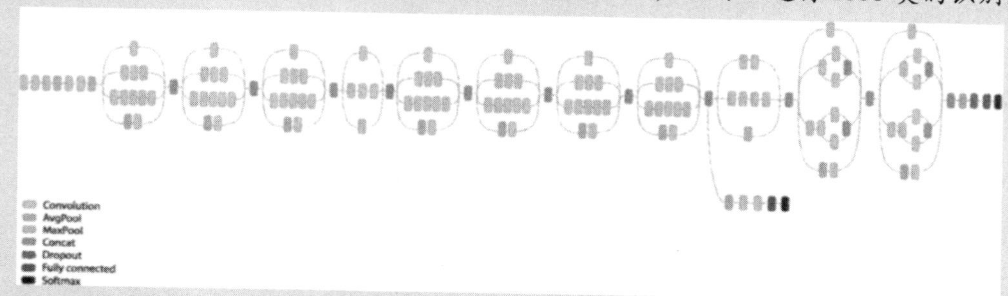

图 8-21　Inception－v3 网络（引用自 Google Research Blog：https：//research. googleblog. com/）

通常，像这样的深度网络，学习所需的数据量很大（100 万以上），而且学习时间也很长，所以不宜轻易使用自己的数据。但是有一种方法可以不用花费大量的学习时间和使用大量的数据就能获得高级认知能力的“好处”。这就是所谓的转移学习（transfer learning）方法。转移学习使用了这些深度网络。如果是这样的话，你智能在学习时的类别中进行识别（例如，在前面的例子中，“车”“狗”“花”等），你可以直接将这些部分转换成未学习的层（全连接层等）。在这种状态下学习想要识别的图像（如花朵的类别），与没有进行任何学习的状态相比，在同样准确率的情况下所需的学习样本会更少。

我们可以这样理解它的工作原理。它是对原始的类所具有特征（轮廓、质感等）提取能力的借用，并且将特征组合为你要标识和学习的类，而非原始类。另一方面，如果原始类和原始的特征完全不符，那么转移学习可能不会提高准确率。

今后，也将提供已学习过的模型，利用它们会使新的学习变得容易些。在一部分的框架中，默认提供了已学习过的模型。

专栏 Cloud ML engine

Cloud ML Engine 是 TensorFlow 中完全托管的运行环境。这是非常方便的 GCP 服务，可提供分布式处理相关的学习和推理。

例如，在 8.4 节中 CNN 的学习，在没有 GPU 的环境中要花费大量时间，但是在 Cloud ML Engine 上运行只需要几分钟！

另外，当我们使用学习的模型开展某项服务时，我们必须构建相应的“机制”，将想要推理的数据提供给模型，以获得推理结果。通常需要在 GCE 等虚拟机环境中，创建 HTTP 服

㊀ 1000 个类的列表见 http：//image－net. org/challenges/LSVRC/2014/browse－synsets

务器和 TensorFlow 环境，然后编写接受请求的程序等。我们需要做各种准备。但是如果使用 Cloud ML Engine 的 Online Prediction 服务，将学习后的模型放到 GCS 中，从 Console 设置该模型后，就可以完成用 REST API 接受推理并返回结果的服务（见图 8-22）。

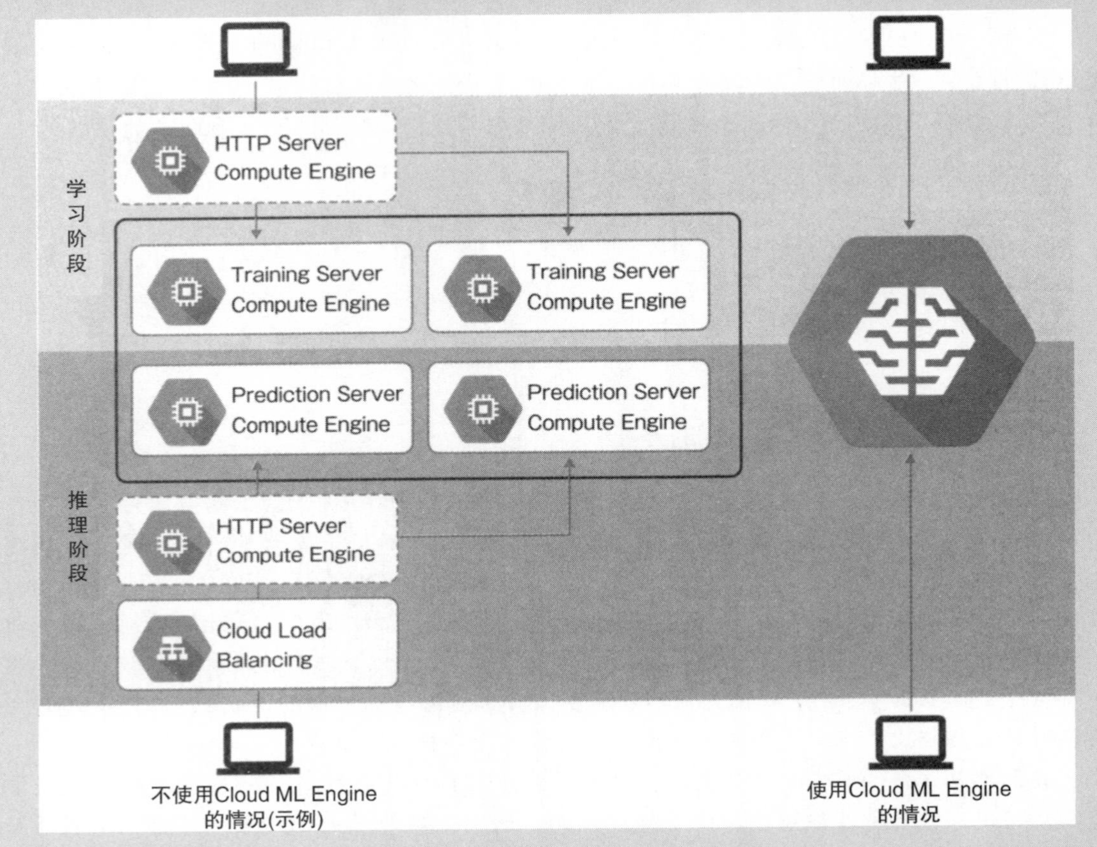

图 8-22　Cloud ML Engine

通过添加我创建的扩展，可以轻松地从 Datalab（Jupyter）中使用 Cloud ML Engine。如果你有兴趣，请在 Cloud ML Engine 上运行 8.4 节中的 CNN 代码，体验学习时间上的差异（Notebook 在 ML_Engine. ipynb 中）。

附　　录

附录 A　Python2 的基本使用方法

编程语言 Python 具有 ver2 和 ver3 两个版本，这些版本通常分开使用，因为 ver3 版本不向后兼容。由于本书的代码要支持 GCP 所对应的状态，所以它们是采用 Python2（ver2）编写的。这里将介绍 Python2 的简单实用方法。

◆ print

首先让我们将“Hello World!”这句话显示出来。这里使用 print 来打印文本。

```
print('Hello World!')
```

字符串可以使用双引号(“)或单引号(‘)括起来。

◆ 变量

Python 的变量是动态生成的，有一般的“整型”“浮点型”和“字符串”等类型。

```
a = 42        # 整型
b = 3.14      # 浮点型
c = 'Hello'   # 字符串

d = a + b     # 浮点型 45.14
```

变量 d 是整型和浮点型相加后的结果，这种情况下的运算结果是浮点型。

“#”号后面的文字是注释，如果你想写多行注释，可以用三个连续的单引号(’’’)或三个连续的双引号(”””)将它们括起来。

◆ 列表、数组

列表（数组）在方括号([ ])中定义，并用逗号(,)分隔。可以混合使用多种类型。也可以在列表中嵌套列表。

```
a = [10, 20, 30, 40]
print(a[1]) # 输出20

b = [100, 200, 'abc']
print(b[2]) # 输出字符串abc

c = [[1, 2], [3, 4]]
print(c[0])     # 输出[1,2]
print(c[1][1])  # 输出4
```

数组和列表很类似，但它的值是不可变的。使用数组时，用小括号（）来代替中括号［］。

```
a = (10, 20, 30)
print(a[2])  # 输出30
a[1] = 100   # 值无法重写，这里会出错
```

◆ 字典型

字典型（dict）是一组键值对。列表的值具有顺序，但是字典型中的值不具有顺序。

```
a = {'x': 42, 'y': 3.14}
print(a['x'])  # 输出42

a['z'] = 100   # 添加键值对
```

◆ 流程控制

在 Python 中，使用缩进来确定代码块。缩进可以使用空格和制表符，但是 PEP 样式指南中是使用四个空格。

if 语句在其后面的条件表达式末尾添加冒号(:)，并缩进后面的处理语句部分。

```
a = 42

if a > 100:
    print('a > 100!!')
elif a > 40:
    print('100 >= a > 40!!')
else:
    print('40 >= a!!')
```

for 语句通过迭代执行迭代器对象来执行循环过程。迭代器对象是一次可以接受一个值的对象，例如列表或数组。

```
for i in [10, 20, 30]:
    print(i)
```

临时变量 i 按顺序存储值 10、20 和 30。

◆ 函数

函数由 def 关键字定义。块范围的缩进方式与流程控制语句相同。

```
def my_func(x, y):
    """ 函数说明：函数返回x*y+10
    z = x * y
    print(z)
    return z + 10

print(my_func(2, 4))  # 2 * 4 + 10 = 18
```

my_func 是函数名称，x 和 y 是参数。此参数的类型也是动态确定的。

◆ 库文件

使用 import 关键字装入库文件。库文件由一个名为“module”的文件以及一个包构成，其中的文件被组织在文件夹中。你可以读取整个包，也可以只读取包中的一部分模块。

```
import numpy as np

print(np.random.randint(10))  # 随机数
```

在这里我们使用 import 将整个 NumPy 包导入，并给它起一个简短的名字 np。NumPy 是一个大型的包，其中还包含与随机数相关的包，称为 random。要访问包或包中的模块，请用点（.）来连接。在使用 import 时，只会导入内部包，如下所示。

```
from numpy import random

print(random.randint(10))  # 随机数
```

附录 B　Jupyter 的设置

本书中的示例代码是以运行在 Datalab 中的笔记本的形式出现的，但是如果你的网络速度较慢，或者想在没有 Internet 连接的环境中临时运行，请在本地计算机上使用 Jupyter（除了一些特定于 Datalab 的命令）。本附录说明如何在 Mac(OS) 和 Windows 上设置 Jupyter。

◆ Docker 的安装

Docker 是提供了容器环境的开源软件。容器是 OS 和各种执行环境的集合。

要安装 Docker，请从 Docker 官方页面（https://www.docker.com/）下载安装程序。单击正式页面画面上部的“Get Docker”时，菜单会弹出选择想安装的环境(“Mac”或者“Windows”)。进入图 B-1 所示页面，请单击“Download from Docker Store”。

转移到 Docker Store 页面后，单击右侧的“Get Docker”按钮（见图 B-2）。在下载完成后，请打开安装器，按照指示安装。

◆ 下载并启动 Jupyter 映像

在 Docker Hub（https://hub.docker.com/）网站上注册了各种容器映像，并且 Google 还发布了与 Google Cloud SDK 捆绑在一起的映像。这里，我所使用的映像是在之前的映像中

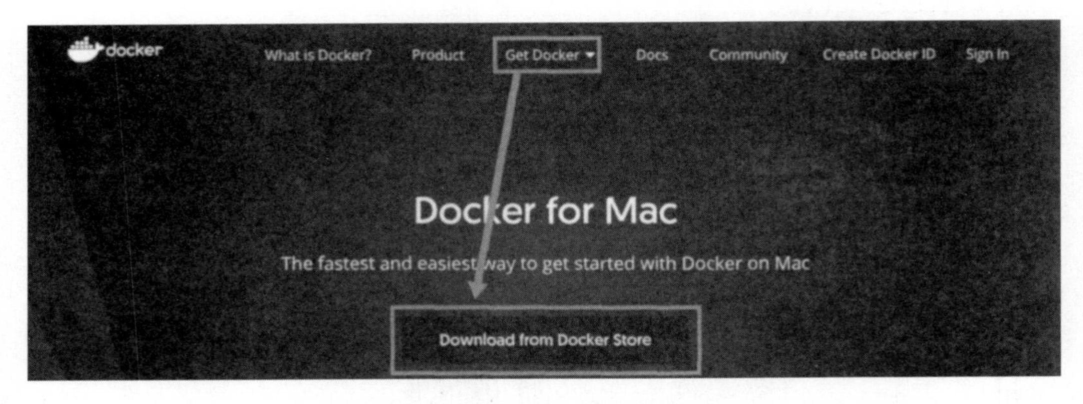

图 B-1 Docker 官方下载页面（Mac 版本）

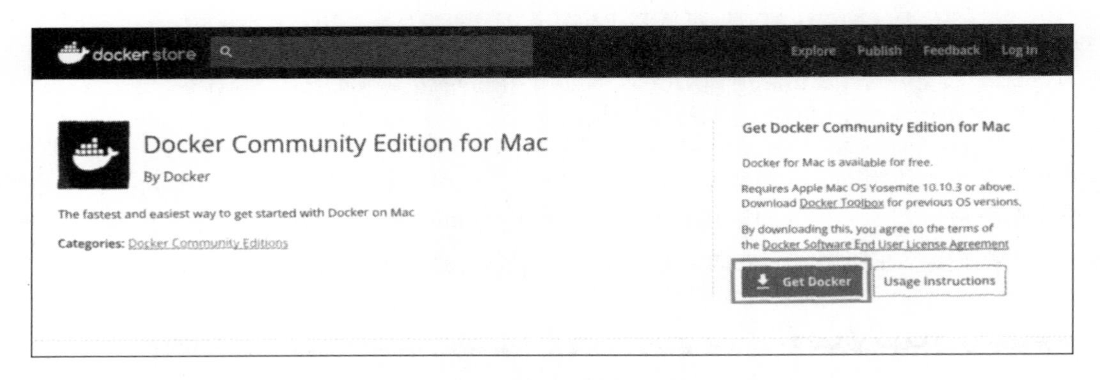

图 B-2 Docker Store 下载页面（Mac 版）

添加了 Jupyter、TensorFlow 和 scikit - learn 的映像。

要在 Docker 运行的情况下下载并启动映像，请在命令行上输入以下命令（Mac 上为 Terminal，Windows 上为命令提示符）。PASSWORD = 123456 的“123456”部分是 Jupyter 的登录密码。请在适当变更后输入命令：

```
mkdir ~/gcpml
docker run -it -v ~/gcpml:/home/gcpuser/notebook --rm -e PASSWORD=123456 -p
8888:8888 hayatoy/gcpml-notebook
```

在第一次启动时，将执行映像下载（大约 600MB），但是从下一次开始，将使用下载好的映像。

```
The Jupyter Notebook is running at: http://[all ip addresses on your
system]:8888/
```

当它显示在命令行上时，启动已完成，因此在浏览器中打开 http://localhost:8888/。在出现等待命令输入的界面时，使用你之前设置的密码登录。登录时，存在一个名为“notebook”的文件夹，创建一个新的笔记本并在此文件夹中复制示例代码。

◆ Jupyter 的新建菜单

Jupyter 的用户界面与 Datalab 不同，但是功能几乎相同。要创建一个新的笔记本，请单击右上角的“New”按钮，然后选择“Python2”（见图 B-3）。另外，如果在同一菜单中选择了“Terminal”，则可以启动允许命令行输入的终端。

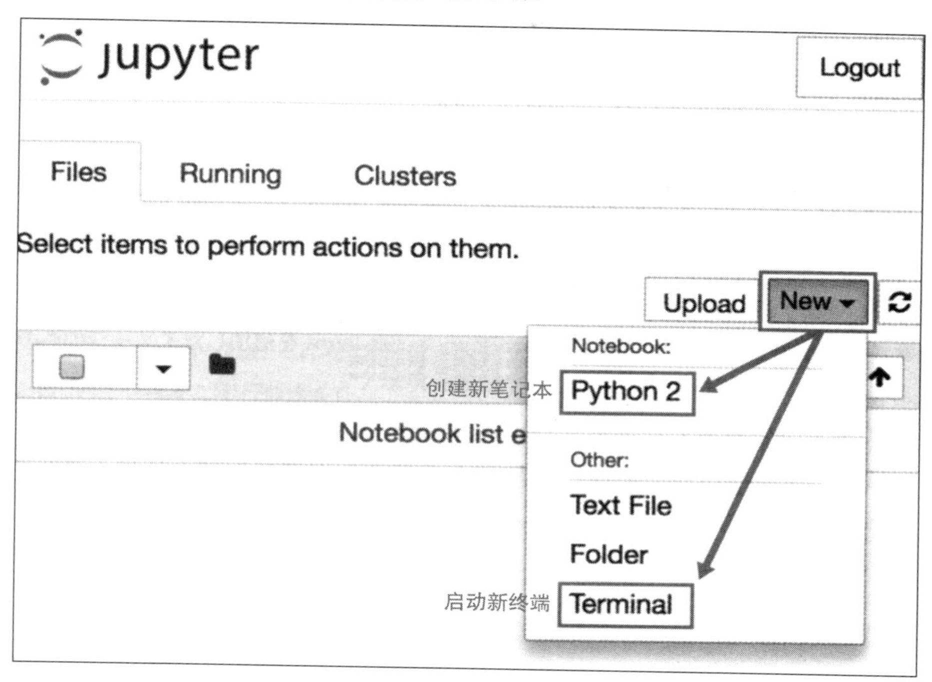

图 B-3　新建菜单

◆ 设置 Google Cloud SDK

在示例代码中，由于已访问了 GCP 资源，因此必须对 Jupyter 执行的代码进行身份验证。从图 B-3 所示的“New”菜单中，选择“Terminal”以启动新终端。终端启动时，输入以下命令：

```
$ gcloud auth login
```

执行该命令后，在其下方显示“Go to the following link in your browser:”，下面会显示较长的 URL。复制这个 URL，在浏览器上打开。然后，将显示 Google 账户登录界面，因此请使用 GCP 项目中所使用的账户登录。接下来，会显示“是否要允许访问 Google Cloud SDK?”此时单击“允许”按钮。在选择“允许”后，则会将显示代码，将其复制，返回到终端屏幕，然后粘贴代码。

接下来，设置默认项目。输入以下命令。将 PROJECTID 替换为要设置的项目的 ID。

```
$ gcloud config set project PROJECTID
```

这样就能使用 Google Cloud SDK 的命令了。接下来，为了能够访问 API，设定默认许可证。输入下面的命令：

```
$ gcloud auth application-default login
```

因为和刚才一样显示 URL，所以复制到浏览器后获取代码。将获得的代码粘贴到命令行上就完成了。

◆ 退出 Jupyter

如果你有正在运行的笔记本，请保存它。若要退出，请在启动 docker run 的命令行上输入 Ctrl + C （control ＋ C）。系统将提示你“关闭此笔记本服务器（y / [n])?”输入 y 并退出。